Smart Farm Management Strategy

스마트팜 경영전략

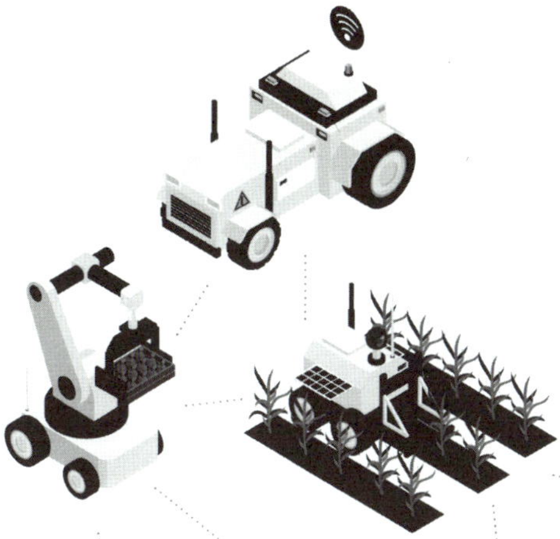

허철무 · 안문형

도서출판 청람

서 문
prologue

뉴딜(New Deal) 시대,
농촌의 대변혁을 가져오는 스마트팜(Smart Farm)

2007년 6월 애플은 아이폰을 세상에 선보였다. 필자가 생각할 때 스마트 시대의 시작은 바로 그 시점이 아닌가 생각해본다. 18세기 증기기관의 1차 산업혁명, 19~20세기 내연기관의 2차 산업혁명, 20세기 후반부터 시작된 인터넷의 3차 산업혁명, 지금의 4차 산업혁명에 이르기까지 파괴적 기술과 역사적인 산업혁명이 전개되었다.

최근에 4차 산업혁명은 IoT, 로봇, AI, 3D프린팅, AR/VR의 기술을 바탕으로 하고 있지만 4차 산업혁명의 핵심동인은 AI기술로서 상품 · 서비스의 생산 · 유통 · 소비 전까지의 과정에서 모든 것이 연결되고 지능화됨에 있다고 생각한다.

세계적 투자가 짐 로저스는 향후 가장 유망하고 잠재력이 뛰어난 산업 중의 하나는 농업이라고 했으며, 프랑스 사르코지 전 대통령도 농업은 국가를 여는 열쇠라고 했다. 금융인이 최고인 시대가 있었던 것처럼 이제 농업인이 최고인 시대가 올 것이라며 미래농업의 가치를 전망하기도 했다.

그리고 2021년 2월 '2021 평창평화포럼'에서 화상으로 특별연설을 한 짐 로저스는 한반도가 농업 관련 역할을 할 수 있고 멋진 관광명소가 될 것이라고 말하면서 20~30년 내에 가장 유망한 투자처가 될 것이라고 말했다.

농업은 식량안보와 직결되는 주요 산업이지만 그동안 시장개방화, 고령화 등의 이유로 농업의 성장과 농가의 소득이 정체되고 있었다. 이에 정부에서는 4차 산업혁명의 기술을 접목한 스마트팜을 혁신성장 선도사업으로 선정하여 종합적인 대책을 마련했다. 스마트팜 확산으로 농촌에 청년을 유입하고 농업에 투자를 끌어낼 수 있는 효과적인 대안이라고 생각했기 때문이다.

이 책에서는 국내외 스마트팜과 관련한 전반적인 기술 및 도입 현황에 대해 살펴보고 사례를 중점분석하여 향후 사업화를 했을 때 성공요인으로 활용할 수 있도록 제시하고 있다.

따라서 이 책의 활용성은 대학에서의 기본교재, 스마트팜을 준비하는 예비창업인, 스마트팜으로 전환을 준비하는 농업인, 전문컨설턴트, 공기관의 관련자에게 큰 도움이 될 것으로 기대된다.

이 책의 집필에 참여한 호서대학교 벤처대학원의 허철무 교수는 농산업시스템을 전공 · 담당하고 있으며, 2001년부터 농식품에 관심을 두고 상품기획 및 유통 · 마케팅, 물류시스템에 대한 연구를 했다. 지금까지 500회 이상의 초청 강의, 30회 이상의 관련 연구서를 보고하였으며 최근에는 컨테이너 스마트팜의 연구를 위해 직접 테스트베드를 운영하고 있기도 하다. 다른 참여자인 스마트팜경영연구소의 안문형 소장은 서울대학교 농대 출신으로 스마트팜과 관련하여 다양한 연구 및 대학 강의, 심사 · 평가위원으로 활동하고 있다.

시대는 무한속도로 변화되고 있다. 2020년 우리는 코로나19로 인한 위기를 맞았고 기후변화로 인한 집중호우와 긴 장마, 더위를 경험할 수 있었다. 농업에서의 열사병과 냉해 등 유례없는 환경 변화에 직면하면서 농업 피해를 예방하고 식량을 생산할 수 있는 방안을 모색하고 있는데 스마트팜이 그 중의 하나라고 할 수 있다.

세상은 배우는 자와 준비된 자에게 결실을 가져다준다. 이 책이 모든 것을 해결해 줄 수는 없겠지만 스마트팜의 기본을 이해하고 국내외 현황과 경영 체계를 알려주는 안내서로 활용될 수 있기를 바란다.

2021년 2월

허철무 · 안문형

차 례
contents

Part 1 국내 농업 현황

Chapter 6_스마트팜의 적용분야 • 45

Chapter 7_스마트팜의 형태별 종류 • 66

Chapter 11_스마트팜 경영분석 사례 • 210

Part 4 스마트팜 경영전략

Chapter 12_스마트팜 정부지원제도 • 220

Chapter 13_스마트팜 사업계획 수립 • 242

Chapter 14_스마트팜 미래전망 • 281

표 차례

그림 차례

Part 1
국내 농업 현황

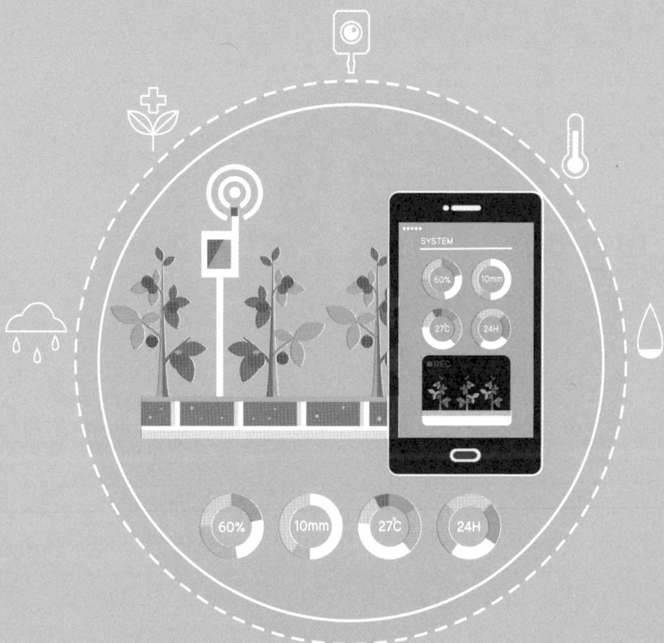

Chapter 1 농업 현황

1 일반 현황

포스트 코로나 시대 농업은 어떻게 변화되고 있는가? 2020년 발생한 코로나19 사태, 기후온난화에 따른 긴 장마와 폭우, 잦은 태풍 발생 등 농업에 미치는 영향은 상상보다 빠른 변화를 예고하고 있다.

2020년 4월 통계청에서 발표한 '2019년 농림어업조사'결과에서는 농가 및 농가 인구, 고령화 비율, 판매금액에 대한 소득 등 다양한 조사결과를 발표하고 있다.

본 농업 현황에서는 통계청의 자료를 중심으로 주요 내용을 살펴보고자 한다. [그림 1-1]에서 보는 바와 같이 2019년 기준으로 우리나라 농가 수는 100만 7천 가구로 2018년 대비하여 1.3% 감소한 것으로 나타나고 있다. 참고로 어가는 5만 1천 가구, 임가는 8만 가구로 파악되며 2018년 대비하여 각각 −1.1%, −2.6%로 모두 감소한 것으로 발표되었다.

그림 1-1 | 농가 수 및 농가 인구 추이(2010~2019년)

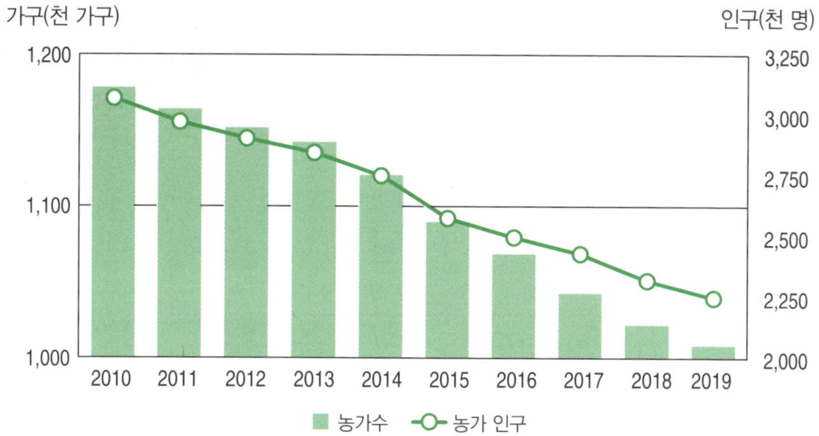

출처: 통계청(2020), "농업조사", "농업총조사."

| 표 1-1 | 농가 및 농가 인구(2010~2019년)

(단위: 천 가구, %, 천 명)

구분	2010	2011	2012	2013	2014	2015	2016	2017	2018	2019
농가 수	1,177	1,163	1,151	1,142	1,121	1,089	1,068	1,042	1,021	1,007
총가구 중 비중	6.7	6.5	6.4	6.2	6	5.7	5.5	5.3	5.1	5
농가당 가구원 수	2.6	2.6	2.5	2.5	2.5	2.4	2.3	2.3	2.3	2.2
농가 인구	3,063	2,962	2,912	2,847	2,752	2,569	2,496	2,422	2,315	2,245
총인구 중 비중	6.2	5.9	5.8	5.6	5.4	5	4.9	4.7	4.5	4.3
65세 이상 비중	31.8	33.7	35.6	37.3	39.1	38.4	40.3	42.5	44.7	46.6

출처: 통계청(2020), "농업조사", "농업총조사."

농가 인구는 농가의 경우 224만 5천 명, 어가 11만 4천 명(내수면 제외), 임가 17만 8천 명으로 나타났고 각각 2018년 대비 농가 −3.0%, 어가 −2.6%, 임가 −5.7%로 역시 감소세를 보이고 있다.

| 표 1-2 | 농가 및 농가 인구(2015~2019년)

(단위: 천 가구, 천 명, %, %p)

구분	2015	2016	2017	2018(A)	2019(B)	증감 (C=B-A)	증감률 (C/A×100)
농가	1,089	1,068	1,042	1,021	1,007	-14	-1.3
농가 비율(%)*	5.7	5.5	5.3	5.1	5.0	-0.1	-
농가 인구	2,569	2,496	2,422	2,315	2,245	-70	-3.0
남자	1,265	1,222	1,184	1,130	1,100	-31	-2.7
여자	1,305	1,275	1,238	1,185	1,145	-40	-3.4
성비	96.9	95.9	95.7	95.4	96.1	0.7	-
농가 인구 비율(%)*	5.0	4.9	4.7	4.5	4.3	-0.2	-

* 총가구 및 총인구에 대한 농가 및 농가 인구의 비율
출처: 통계청(2020), "농업조사", "농업총조사."

[표 1-2]에 따르면 농가 비율은 총가구의 5.0%로 전년 대비 0.1%p, 농가 인구 비율은 총인구의 4.3%로 전년 대비 0.2%p 감소하였다. 그리고 농가 인구 중에서는 남자는 110만 명, 여자는 114만 5천 명으로 96.1의 성비를 나타내고 있다.

그림 1-2 | 연도별 농가 추이(2015~2019년)

출처: 통계청(2020), "농림어업조사결과."

농가구조를 분석해보면 가장 주된 가구 유형은 2인 가구이며, 평균 가구원 수는 2.2명으로 나타나고 있다.

| 표 1-3 | 가구원 수별 농가(2018~2019년)

(단위: 천 가구, 명, %)

구분	계	1인	2인	3인	4인	5인 이상	평균 가구원
2018	1,021 (100.0)	195 (19.1)	560 (54.8)	141 (13.9)	73 (7.2)	51 (5.0)	2.3
2019	1,007 (100.0)	198 (19.7)	562 (55.8)	133 (13.2)	69 (6.8)	46 (4.5)	2.2
증감	-13.7	3.1	2.2	-8.6	-4.6	-5.8	-0.1
증감률	-1.3	1.6	0.4	-6.1	-6.2	-11.3	-

출처: 통계청(2020), "농림어업조사결과."

[표 1-3]에 따르면 농가는 2인 가구가 56만 2천 가구로 전체 농가의 55.8%를 차지하는 것으로 나타났고, 1인 가구가 19만 8천 가구(19.7%), 3인 가구가 13만 3천 가구(13.2%) 순으로 나타나고 있다.

그림 1-3 | 가구원 수별 농가 비율(2018~2019년)

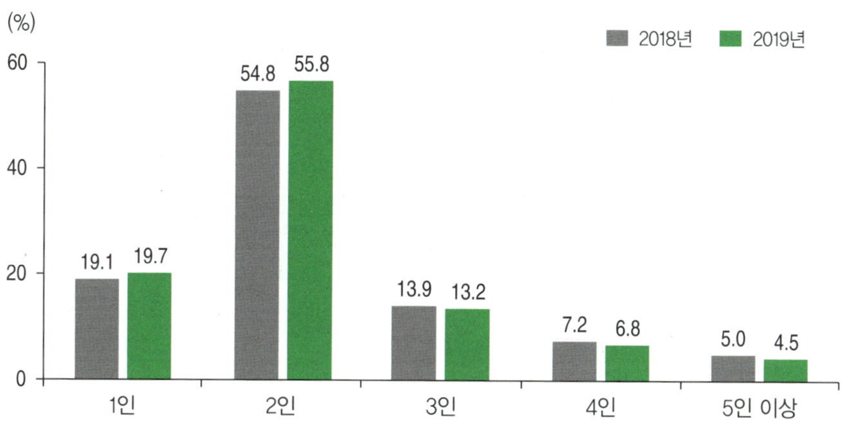

출처: 통계청(2020), "농림어업조사결과."

농가 경영주는 70세 이상이 전체 농가의 45.8%(46만 2천 가구)로 가장 많고, 60대 32.1%(32만 4천 가구), 50대 16.9%(17만 가구) 순으로 나타나고 있다. 또한 70세 이상의 경영주는 2018년 대비 2% 증가했고, 60대 이하 모든 연령구간에서는 모두 감소하고 있다.

| 표 1-4 | 경영주 연령별 농가(2018~2019년)

(단위: 천 가구, 세, %)

구분	계	40세 미만	40~49세	50~59세	60~69세	70세 이상	평균연령
2018	1,021 (100.0)	8 (0.7)	50 (4.9)	186 (18.3)	324 (31.7)	453 (44.3)	67.7
남자	830 (81.3)	7 (0.7)	46 (4.5)	169 (16.5)	278 (27.2)	331 (32.4)	66.7
여자	191 (18.7)	1 (0.1)	4 (0.4)	18 (1.7)	46 (4.5)	122 (11.9)	72.2
2019	1,007 (100.0)	7 (0.7)	45 (4.5)	170 (16.9)	324 (32.1)	462 (45.8)	68.2
남자	819 (81.3)	6 (0.6)	42 (4.1)	154 (15.3)	279 (27.7)	339 (33.6)	67.2
여자	188 (18.7)	1 (0.1)	3 (0.3)	16 (1.6)	45 (4.5)	123 (12.2)	72.7
증감	-13.7	-0.8	-4.8	-16.6	-0.4	8.9	0.5
증감률	-1.3	-10.0	-9.6	-8.9	-0.1	2.0	-

출처: 통계청(2020), "농림어업조사결과."

| 표 1-5 | 연령별 농가(2018~2019년)

(단위: 천 명, %)

구분	계	10세 미만	10~19세	20~29세	30~39세	40~49세	50~59세	60~69세	70세 이상
2018	2,315 (100.0)	60 (2.6)	110 (4.7)	115 (5.0)	106 (4.6)	166 (7.2)	409 (17.7)	605 (26.1)	745 (32.2)
남자	1,130 (100.0)	31 (2.7)	58 (5.1)	63 (5.6)	59 (5.2)	86 (7.6)	192 (17.0)	289 (25.5)	353 (31.2)

여자	1,185 (100.0)	29 (2.5)	52 (4.4)	52 (4.4)	46 (3.9)	79 (6.7)	217 (18.3)	317 (26.7)	392 (33.1)
2019	2,245 (100.0)	51 (2.3)	101 (4.5)	107 (4.8)	95 (4.3)	152 (6.8)	379 (16.9)	607 (27.1)	753 (33.5)
남자	1,100 (100.0)	26 (2.4)	54 (4.9)	59 (5.4)	53 (4.9)	81 (7.3)	176 (16.0)	290 (26.4)	361 (32.8)
여자	1,145 (100.0)	25 (2.2)	47 (4.1)	48 (4.2)	42 (3.7)	71 (6.2)	203 (17.7)	317 (27.7)	392 (34.2)
증감	-70.2	-8.8	-9.3	-7.6	-10.3	-13.7	-30.2	2.0	7.7
증감률	-3.0	-14.6	-8.5	-6.7	-9.7	-8.3	-7.4	0.3	1.0

출처: 통계청(2020), "농림어업조사결과."

전업농가는 58만 3천 가구(전체 농가의 57.9%), 겸업농가는 42만 4천 가구(42.1%)로 조사되고 있다. 2018년 대비 전업농가 비율은 1.1%p 증가했고, 1종 겸업농가 비율은 0.8%p 감소, 2종 겸업농가는 0.2%p 감소한 것으로 나타나고 있다.

| 표 1-6 | 전 · 겸업별 농가(2018~2019년)

(단위: 천 명, %)

구분	계	전업	겸업		
			소계	1종	2종
2018	1,021 (100.0)	580 (56.8)	441 (43.2)	116 (11.4)	325 (31.8)
2019	1,007 (100.0)	583 (57.9)	424 (42.1)	106 (10.6)	318 (31.6)
증감	-13.7	2.6	-16.3	-9.5	-6.9
증감률	-1.3	0.5	-3.7	-8.2	-2.1

* 1종 겸업: 농업 수입≥농업 이외 수입, 2종 겸업: 농업 수입<농업 이외 수입

출처: 통계청(2020), "농림어업조사결과."

2 작물 재배 현황

경지규모 1.0ha 미만 농가는 70만 5천 가구로 전체 농가의 70.0%를 차지하고 있다. 3.0ha 이상 농가는 7만 7천 가구로 전체 농가의 7.7%이고, 경지규모가 5.0ha 이상은 3만 5천 가구로 전체 농가의 3.5%를 차지하고 있다.

| 표 1-7 | 경지규모별 농가(2018~2019년) (단위: 천 가구, %)

구분	계	경지 없는 농가	경지 있는 농가						
			소계	0.5ha 미만	0.5~1.0ha	1.0~2.0ha	2.0~3.0ha	3.0~5.0ha	5.0ha 이상
2018	1,021 (100.0)	9 (0.9)	1,012 (99.1)	482 (47.2)	233 (22.8)	163 (16.0)	56 (5.5)	42 (4.1)	36 (3.6)
2019	1,007 (100.0)	9 (0.9)	999 (99.1)	479 (47.5)	227 (22.5)	161 (16.0)	55 (5.5)	42 (4.1)	35 (3.5)
증감	−13.7	−0.6	−13.1	−3.0	−6.4	−1.9	−0.6	−0.4	−0.8
증감률	−1.3	−6.3	−1.3	−0.6	−2.7	−1.1	−1.2	−0.9	−2.2

출처: 통계청(2020), "농림어업조사결과."

농가의 경영형태는 논벼(39.1%), 채소 · 산나물(22.8%), 과수(16.9%) 순으로 나타나고 있다. 2018년 대비 식량작물농가는 증가하고 있으나 약용작물, 채소 · 산나물 재배농가는 감소하는 것으로 나타나고 있다.

참고로 주요 과수재배 종류는 떫은 감이 5%로 가장 많고, 사과 4.4%, 복숭아 3.9%, 단감 3.2% 순으로 나타났다. 2018년 대비하여 포도, 사과, 복숭아 재배농가는 증가하는 반면, 배, 감귤 등은 감소하고 있는 것으로 파악되었다.

| 표 1-8 | 경영형태별 농가(2018~2019년)

(단위: 천 가구, %)

구분	계	논벼	식량작물	채소 산나물	특용작물 버섯	과수	약용작물	화초 관상작물	기타 작물	축산
2018	1,021 (100.0)	387 (37.9)	89 (8.8)	255 (25.0)	40 (3.9)	173 (17.0)	8 (0.8)	11 (1.1)	5 (0.5)	53 (5.2)
2019	1,007 (100.0)	394 (39.1)	95 (9.5)	229 (22.8)	42 (4.2)	171 (16.9)	7 (0.7)	12 (1.2)	4 (0.4)	53 (5.3)
증감	−13.7	7.1	6.0	−25.4	2.2	−2.4	−0.8	0.5	−1.0	0.2
증감률	−1.3	1.8	6.7	−10.0	5.4	−1.4	−10.8	4.4	−20.2	0.4

출처: 통계청(2020), "농림어업조사결과."

Chapter 2 국내외 유통 현황

1 유통 현황

농산물과 축산물 판매금액이 1천만 원 미만 농가는 65만 8천 가구로 전체 농가의 65.3%이고 1억 원 이상 농가는 3만 5천 가구로 전체 농가의 3.5%에 해당된다.

| 표 2-1 | 농축산물 판매금액 규모별 농가(2018~2019년) (단위: 천 가구, %)

구분	계	판매금액규모					
		120만 원 미만	120만~1천만 원 미만	1천만~3천만 원 미만	3천만~5천만 원 미만	5천만~1억 원 미만	1억 원 이상
2018	1,021 (100.0)	241 (23.6)	422 (41.3)	195 (19.1)	71 (6.9)	56 (5.5)	36 (3.6)
2019	1,007 (100.0)	225 (22.4)	433 (43.0)	198 (19.6)	64 (6.3)	52 (5.2)	35 (3.5)
증감	−13.7	−15.3	10.8	2.4	−6.9	−3.7	−1.0
증감률	−1.3	−6.4	2.6	1.2	−9.7	−6.7	−2.9

출처: 통계청(2020), "농림어업조사결과."

[표 2-1]을 살펴보면 2018년 대비 판매금액 1억 원 이상의 농가 비율이 0.1%p 감소된 것을 알 수 있다.

| 표 2-2 | 농축산물 판매처별 농가(2018~2019년) (단위: 천 가구, %)

구분	계	도매 시장	산지 공판장	농협·농업법인	정부 기관	수집상	친환경 농산물 전문 유통업체	소비자 직접 판매	농축산물 가공업체	농축산물 소매상	기타 (판매 없음 포함)
2018	1,021 (100.0)	41 (4.0)	63 (6.2)	341 (33.4)	31 (3.0)	87 (8.5)	5 (0.4)	267 (26.1)	42 (4.1)	12 (1.2)	133 (13.1)
2019	1,007 (100.0)	37 (3.7)	64 (6.4)	359 (35.7)	27 (2.7)	80 (7.9)	6 (0.6)	259 (25.7)	40 (3.9)	14 (1.4)	120 (12.0)
증감	-13.7	-4	1	19	-4	-7	2	-7	-2	2	-13
증감률	-1.3	-9.1	1.8	5.5	-12.4	-8.3	34.4	-2.8	-5.6	19.2	-9.6

출처: 통계청(2020), "농림어업조사결과."

[표 2-2]를 보면 농축산물 판매처는 농협 및 농업법인이 전체 농가의 35.7%로 가장 많고, 소비자 직접 판매가 25.7% 순으로 나타났다.

2 수출 현황

2020년 코로나19 사태를 계기로 '한국식품=건강식품'이라는 인식이 높아지면서 수출에 대한 기대도 커지고 있다.

라면과 같은 가공식품뿐만 아니라 김치, 전통장류 등이 전년 대비 큰 폭으로 성장세를 보이고 있지만 구조적인 문제를 안고 있는 것이 현실이다.

신선농산물의 경우 국내 시세가 상승하면 수출물량을 확보하기에 어려움이 있고, 반대로 국내 시세가 떨어지면 밀어내기식 수출로 물량이 몰리면서 단가가 하락한다.

[그림 2-1]에서는 2018~2019년의 수출실적을 살펴보면서 현황을 파악하고 이후의 상황을 전망해보고자 한다.

그림 2-1 | 월별 수출추이 비교(2018년~2019년)

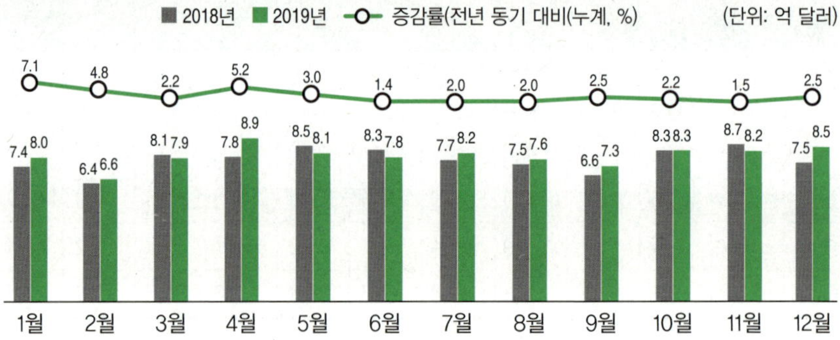

출처: 한국농수산식품유통공사(2020), "2019년도 농림수산식품 수출입동향 및 통계."

1억 달러 이상 수출품목은 2018년 대비 2개 품목이 증가하였으며, 수출액은 2억 달러 이상이 증가했다. 딸기 · 포도 등 과채류는 수출호조세를 보이고, 인삼류 · 양파는 수출기록을 경신하며 강세를 보였다. 라면 · 김은 수출 증가세가 지속되는 경향을 보이는 것으로 나타났다. 다만 궐련 · 참치는 수출이 부진하고, 파프리카는 수출이 소폭 감소했다.

| 표 2-3 | 최근 3개년 1억 달러 이상 수출품목(2017~2019년) (단위: 백만 달러, %)

구분		2017		2018		2019		증감률
		품목	금액	품목	금액(A)	품목	금액(B)	(B/A)
합계			9,153.4	-	9,300.3	-	9,529.2	2.5
소계(1억 달러)			3,826.3	-	3,640.2	-	3,858.4	6.0
1		궐련	1,125.6	궐련	792.2	궐련	717.4	△9.4
2		참치	625.5	참치	617.7	김	579.2	10.2
3		김	513.2	김	525.6	참치	571.6	△7.5
4		라면	381.0	음료	417.7	라면	467.0	13.0
5		음료	346.8	라면	413.1	음료	422.0	1.0
6		커피조제품	272.4	커피조제품	265.7	커피조제품	270.3	1.7
7		설탕	167.3	인삼류	187.9	인삼류	210.3	11.9
8		인삼류	158.4	맥주	154.4	맥주	146.2	△5.3
9		비스킷	123.7	설탕	140.2	흡연용 담배	133.5	44.3
10		맥주	112.4	비스킷	125.8	설탕	119.8	△14.5
11		(제3맥주)	(97.4)	(조제분유)	(99.2)	비스킷	116.1	△7.6
12		(오징어)	(78.5)	(소주)	(97.6)	김치	105.0	7.7

출처: 한국농수산식품유통공사(2020), "2019년도 농림수산식품 수출입동향 및 통계."

1억 달러 이상 수출국은 2018년 대비 1개국이 증가한 16개국으로 파악된다. 최대 수출 증가 국가는 중국으로 인삼류, 김 등 신선식품, 수산식품의 수출 호조에 힘입어 2018년 대비 8.5%가 증가했다.

한편, 최대 수출국 일본은 한일 간의 관계 경색에도 불구하고 연초류, 면 등 가공식품의 선전으로 수출은 회복세를 보이고 있다.

미국은 미 · 중 무역분쟁 여파에 따른 한국산 농식품 수요 증가 및 주류시장, 온라인 마켓 진출 확대로 인하여 수출은 증가세를 지속하고 있다.

| 표 2-4 | 주요 국가별 수출실적(1억 달러 이상)(2018~2019년) (단위: 백만 달러, %)

구분	국가	2018		2019		증감률 (B/A)	증감액 (B-A)
		금액(A)	비중	금액(B)	비중		
합계		9,300.3	100.0	9,529.2	100.0	2.5	228.9
1	일본	2,084.1	22.4	2,158.3	22.6	3.6	74.2
2	중국	1,501.6	16.1	1,628.7	17.1	8.5	127.1
3	미국	1,080.0	11.6	1,171.3	12.3	8.5	91.3
4	베트남	584.9	6.3	671.7	7.0	14.8	86.9
5	홍콩	424.2	4.6	413.3	4.3	△2.6	△10.9
6	태국	409.1	4.4	398.2	4.2	△2.7	△10.9
7	대만	369.5	4.0	366.9	3.8	△0.7	△2.6
8	러시아	215.8	2.3	204.7	2.1	△5.1	△11.1
9	인도네시아	227.2	2.4	197.7	2.1	△13	△29.5
10	호주	164.9	1.8	161.2	1.7	△2.3	△3.7
11	필리핀	162.1	1.7	157.2	1.6	△3.0	△4.9
12	싱가포르	136.0	1.5	145.2	1.5	6.8	9.2
13	아랍에미리트	196.3	2.1	137.6	1.4	△29.9	△58.7
14	캐나다	122.3	1.3	133.3	1.4	9.0	11.0
15	말레이시아	122.9	1.3	116.6	1.2	△5.1	△6.3
16	캄보디아	90.1	1.0	102.5	1.1	13.8	12.4

출처: 한국농수산식품유통공사(2020), "2019년도 농림수산식품 수출입동향 및 통계."

다음으로 품목별 수출동향에 대해 정리해보고자 한다. 먼저 채소류의 경우에는 베트남 내 딸기 수요 확산, 과잉 생산된 양파의 긴급 수출지원, 채소 종자, 토마토 등 주요 품목의 호조로 채소류 전체 수출이 증가세를 나타냈다.

| 표 2-5 | 채소류 수출실적(2018~2019년) (단위: 톤, 천 달러, %)

구분	2018(A)		2019(B)		증감률(B/A)	
	물량	금액	물량	금액	물량	금액
합계	98,422	279,273	169,414	324,198	72.1	16.1
파프리카	31,920	92,260	35,325	91,515	10.7	△0.8
채소종자	568	50,218	633	55,981	11.4	11.5
딸기	4,895	47,511	5,740	54,448	17.3	14.6
토마토	7,335	16,815	7,498	17,486	2.2	4.0
양파	3,462	1,066	50,420	16,669	1,356.6	1,463.4

출처: 한국농수산식품유통공사(2020), "2019년도 농림수산식품 수출입동향 및 통계."

과실류의 경우에는 샤인머스캣을 중심으로 아세안 시장의 지속적인 한국식품 수요 증가와 단감의 생산량 감소로 인한 단가 상승에 힘입어 2018년 대비 13% 증가한 3억5천1백만 달러의 수출실적을 보였다.

| 표 2-6 | 과실류 수출실적(2018~2019년) (단위: 톤, 천 달러, %)

구분	2018(A)		2019(B)		증감률(B/A)	
	물량	금액	물량	금액	물량	금액
합계	130,522	310,888	129,667	351,451	△0.7	13.0
배	32,947	80,059	30,730	83,271	△6.7	4.0
유자차	15,241	41,244	13,137	38,503	△13.8	△6.6
포도	1,424	14,312	2,012	23,525	41.3	64.4
단감	5,716	7,604	5,463	8,328	△4.4	9.5
사과	2,867	7,640	2,889	7,025	0.8	△8.0
감귤	1,763	2,365	2,305	2,932	30.7	24.0
복숭아	462	2,330	601	2,626	29.9	12.7

출처: 한국농수산식품유통공사(2020), "2019년도 농림수산식품 수출입동향 및 통계."

인삼류는 세계적 건강 트렌드와 동남아지역 한류 붐에 힘입어 2018년 대비 11.9% 증가한 2억1천만 달러 수출을 기록하여 최초로 수출실적 2억 달러를 달성했다.

| 표 2-7 | 인삼류 수출실적(2018~2019년)

(단위: 톤, 천 달러, %)

구분	2018(A)		2019(B)		증감률(B/A)	
	물량	금액	물량	금액	물량	금액
합계	7,514	187,920	10,575	210,277	40.7	11.9
홍삼	225	66,826	222	67,341	△1.3	0.8
홍삼조제품	2,059	41,655	2,502	49,071	21.5	17.8
인삼음료	4,378	23,680	7,122	40,106	62.7	69.4
홍삼정	429	29,489	411	28,698	△4.3	△2.7
홍삼분	24	4,907	34	7,292	43.9	48.6
백삼정	20	7,448	22	6,554	11.1	△12.0

출처: 한국농수산식품유통공사(2020), "2019년도 농림수산식품 수출입동향 및 통계."

2019년 김치수출은 2018년 대비하여 7.7% 증가한 1억5백만 달러로 2012년 1.1억 달러의 수출실적 이후 다시 1억 달러 수출 달성에 성공했다.

| 표 2-8 | 김치 수출실적(2018~2019년)

(단위: 톤, 천 달러, %)

구분	2018(A)		2019(B)		증감률(B/A)	
	물량	금액	물량	금액	물량	금액
합계	28,197	97,456	29,628	104,992	5.1	7.7
일본	16,343	56,104	15,949	55,184	△2.4	△1.6
미국	2,570	8,969	3,725	14,802	45.0	65.0
홍콩	1,280	4,489	1,441	4,953	12.5	10.3
대만	1,587	5,099	1,421	4,781	△10.5	△6.2
호주	936	3,113	1,105	3,485	18.0	12.0
네덜란드	791	2,989	902	3,398	14.1	13.7

출처: 한국농수산식품유통공사(2020), "2019년도 농림수산식품 수출입동향 및 통계."

버섯류 수출실적은 주 수출국인 유럽, 북미, 호주 등에서의 지속적 상승세를 유지하며 2018년 대비 수출 실적 9.6%가 증가하여 사상 최초 수출실적 5천만 달러를 돌파했다.

| 표 2-9 | 버섯류 수출실적(2018~2019년) (단위: 톤, 천 달러, %)

구분	2018(A)		2019(B)		증감률(B/A)	
	물량	금액	물량	금액	물량	금액
합계	19,822	49,644	22,010	54,411	11.0	9.6
새송이버섯	6,578	23,497	7,584	26,297	15.3	11.9
팽이버섯	12,032	21,479	13,143	22,732	9.2	5.8
느타리버섯	237	1,176	289	1,383	22.1	17.6

출처: 한국농수산식품유통공사(2020), "2019년도 농림수산식품 수출입동향 및 통계."

곡류의 경우에는 국내 쌀가격 상승으로 쌀 수출물량이 감소하였으나 수출금액은 증가했다. 쌀 주요 수출국인 미국, 호주 수출물량은 2018년 수준 또는 소폭으로 감소했다. 반면에 싱가포르는 증가했다.

| 표 2-10 | 곡류 수출실적(2018~2019년) (단위: 톤, 천 달러, %)

구분	2018(A)		2019(B)		증감률(B/A)	
	물량	금액	물량	금액	물량	금액
합계	98,138	49,539	98,403	51,898	0.3	4.8
쌀	52,031	24,262	51,823	24,689	△0.4	1.8

출처: 한국농수산식품유통공사(2020), "2019년도 농림수산식품 수출입동향 및 통계."

화훼류의 수출실적은 주 수출국인 일본 내 자국산 화훼가격의 하락과 화훼류에 대한 전반적인 소비 감소에 따라 지속적인 수출 하락세를 보이고 있다.

| 표 2-11 | 화훼류 수출실적(2018~2019년)

(단위: 톤, 천 달러, %)

구분	2018(A)		2019(B)		증감률(B/A)	
	물량	금액	물량	금액	물량	금액
합계	2,163	18,685	1,902	17,160	△12.1	△8.2
백합	787	6,922	616	6,110	△21.8	△11.7
선인장	272	3,931	262	4,063	△3.8	3.4
장미	368	1,590	373	1,709	1.4	7.5
국화	170	1,441	131	1,000	△23.2	△30.6
난초	166	1,188	90	926	△45.7	△22.0

출처: 한국농수산식품유통공사(2020), "2019년도 농림수산식품 수출입동향 및 통계."

최근 10개년의 농림수산식품 수출실적을 살펴보면, 2010년 58.8억 달러에서 2019년 95.3억 달러까지 지속적인 소폭의 성장세를 보이고 있다. 2020년에도 전년 대비 성장할 것으로 추정되고 있다. 다만 중·장기적인 관점에서 신규 수출품목 개발을 확대하고 수출 대상지역을 추가 개척하여 다변화시키는 노력이 요구되고 있다.

Chapter 3 농업의 문제점

1 농업의 현실

많은 사람들은 농업이 미래의 성장산업이라고 얘기한다. 세계 인구는 2050년에 90억 명을 돌파하고 2100년에는 110억 명에 달할 것으로 추정하고 있다. 이에 따라 식량 문제가 발생되고 중국, 인도 등의 인구 대국의 경제성장과 함께 식품소비의 경향도 변할 것으로 판단하고 있다. 다만 2020년 12월 현재 농업에는 많은 문제들이 있으며 그중에서도 가장 보편적인 문제점은 다음과 같다.

2 농업의 문제점

2.1 농촌 인구의 고령화

농촌의 인구고령화는 세계적인 추세이다. 우리나라도 65세 이상의 고령

인구가 11%를 넘어가면서 고령화사회에 접어들었다.

농가 인구도 급격하게 줄어들면서 실제 농업에 종사하는 인력 중에서 50세 이상이 약 90% 이상을 차지하고 있다.

국가적으로 귀농지원정책, 청년창업지원정책 등의 다양한 지원정책을 펴고 있지만 아직까지는 현실적인 문제를 해결하는 방안으로 자리 잡지 못하는 것이 현실이다. 따라서 국가에서는 보다 현실적인 지원정책과 함께 노동력의 감소와 함께 소득을 증가시킬 수 있는 대안이 요구되고 있는바, 그중의 한 가지가 스마트팜 지원정책이라고 판단된다.

스마트팜에도 여러 가지 형태가 있지만 귀농자의 농업 생산 모델, 청년창업 모델, 기존 농업인의 전환 모델이 필요하다고 판단된다.

| 표 3-1 | 스마트팜의 다양한 모델과 형태

구분	형태	내용
귀농자 모델	컨테이너 스마트팜	소규모 시설 장려
청년창업 모델	컨테이너 스마트팜	소규모 시설에서 중규모로
기존 농업인 모델	비닐하우스 스마트팜	중규모 이상의 시설 장려

2.2 공유농업의 필요성 증대

2018년 경기도는 "공유농업은 공유경제 개념을 농업에 적용하여 농업시설 등을 공유하며, 소비자가 생산에 함께 참여하는 새로운 공동체 중심의 요구맞춤형 생산 · 유통시스템을 구축하는 것이다"라고 정의하였다. 실제적으로 공유경제는 차량렌트, 주방공유 등 다양한 산업에서 적용되고 있으며, 플랫폼을 기반으로 빠르게 확산되고 있다.

농업분야에서는 공동체지원농업, 6차 산업화 등의 유사한 성격의 정책이 있었고 지금도 시행하고 있지만, 공유농업과는 다소의 차이점이 있다.

「경기도공유농업지원조례」에 의하면 "농지, 시설, 서비스 등 농촌자원을 도시민과 공유하는 농업 관련 활동"을 공유농업이라고 정의하고 있다.

공유농업은 전담기업의 ICT 플랫폼을 기반으로 생산자와 소비자를 연결해줌으로써 공동체적 인식을 심어주어 다차원적인 가치를 창출하고자 한다.

그리고 공유농업은 농기계 활용, 농작업의 드론 활용, 유휴공간의 활용, 판매장 활용, 가공제품 생산라인 활용 등 다양한 분야에서의 활용으로 큰 효과를 볼 수 있을 것으로 생각된다.

2.3 농가의 소득 감소

통계청 발표 '2019년 농가경제조사결과'에 따르면 농가의 평균 농업소득은 1,026만 1,000원으로 2018년 대비 20.6%가 감소했다. 1999년 1,057만 원 수준에서 2019년 1,026만 원은 거의 변화가 없다고 볼 수 있다.

영농활동을 통해 창출되는 농업소득은 농산물의 수입 증대에 따른 판매가격 정체 등 여러 가지 원인이 있을 수 있겠지만 농업소득을 증가시키기 위해서는 발상의 전환과 전략 수립이 필요하다고 판단된다. 현재 정부 입장에서도 다양한 지원정책을 바탕으로 노력은 하고 있지만 해결의 기미는 보이지 않고 있다.

농가소득의 증대를 위해서는 과감한 혁신이 요구되고 있는데 세 가지로 정리해본다. 첫째, 중장기적인 계획을 바탕으로 전체를 보는 관점이 요구된다. 둘째, 국가와 정부, 지자체에서 근무하고 있는 결정자들의 공급자적 관점에서의 정책이 아닌 현장 중심적 관심으로의 전환이 필요하다. 셋째, 생산의 비효율적인 구조의 변화를 이루어야 한다.

2.4 기후위기

2000~2017년까지 산림지와 초지의 온실가스 흡수량이 6,190만 톤에서 4,570만 톤으로 떨어지고 기후온난화는 계속해서 진행되고 있다.

2020년은 코로나19 유행으로 많은 변화를 가져왔지만 2개월에 가까운 장마기간, 잦은 태풍 등 농업에도 기후의 영향이 미치고 있다. 특히 노지에서의 농업은 생산량과 품질에 많은 영향을 미치고 있기 때문에 농가소득을 담보할 수 없는 현실이 되고 있다.

이에 따라 토양과 물, 공기를 어떻게 관리해야 하는가에 대해 먼저 생각하는 것이 중요한 문제라고 생각한다.

Chapter 4 농업의 미래

1 디지털 뉴딜과 스마트 농업

2020년 정부는 한국판 뉴딜프로젝트를 발표했다. 디지털 뉴딜 4대 분야 12개 추진과제는 다음과 같이 나누어진다.

1.1 D.N.A. 생태계 강화

D.N.A.생태계 강화는 데이터 구축 · 개방 · 활용, 전 산업 5G · AI 융합 확산, 5G · AI 기반 지능형 정부, K–사이버 방역체계이다.

1.2 교육인프라 디지털 전환

초중고 디지털 기반 교육 인프라 조성, 전국 대학 직업훈련기관 온라인 교육 강화이다.

1.3 비대면 산업 육성

스마트 의료 돌봄 인프라, 중소기업 원격근무 확산, 소상공인 온라인 비즈니스 지원이다.

1.4 SOC 디지털화

4대 분야 혁신 인프라 디지털 관리체계 구축, 도시 산단공간 디지털혁신, 스마트 물류체계 구축이다.

이와 같이 4대 분야 12개 추진과제 중에서 농업분야와 직접적인 관련성이 있는 것은 데이터 구축 · 개방 · 활용, 전 산업 5G · AI 융합 확산, K-사이버 방역체계, 4대 분야 혁신 인프라 디지털 관리체계 구축, 스마트 물류체계 구축이라고 생각할 수 있다.

특히 데이터 구축 · 개방 · 활용과 관련하여 '데이터댐 프로젝트'에서는 농산업의 다양한 데이터를 수집하고 가공하여 이를 활용할 수 있는 방안을 추진하고 있는데 이는 스마트 농업과도 밀접한 관계성을 지니고 있다.

2 포스트 코로나 시대와 농업의 미래

2020년은 포스트 코로나 시대를 알리는 원년이 되었다. 2020년에 가장 많이 접한 단어가 '비대면'이라는 용어가 아닐까 생각한다. 그렇다면 향후 미래의 농업은 어떻게 될 것인가? 누구도 예측하기 어려운 문제이긴 하나 그 방향성에 대해서는 다음과 같이 정리해본다.

2.1 스마트 농업 확산

2018년 기준으로 원예시설 작물 재배면적을 보면 스마트팜 비율이 6.48%를 차지하고 있으며 매년 계속해서 증가세를 보이고 있다. 축산의 경우에도 2018년 기준으로 2.55%를 차지하면서 매년 큰 폭으로 증가하고 있음을 알 수 있다. 이러한 이유는 정부의 지원정책도 있겠지만 기후변화, 노동력 부족 등의 이유로 인하여 계속해서 확대된다고 볼 수 있다.

2.2 청년의 일자리 출구

세계적으로 4차 산업혁명 시대를 맞이하여 인공지능(AI)의 발달은 전반적인 산업분야에서 일자리 감소를 예견하고 있다. 반면에 농업분야에서는 디지털 농업 시대를 맞이하면서 청년의 일자리 창출의 대안으로 연구되고 있으며 정책적으로 추진되고 있다.

한편, 농업 내의 일자리를 창출함에 있어서 청년들에게 유리한 이유는 스마트팜의 확산과 긴밀한 연관성을 지니고 있다. 스마트팜 운영의 기본은 재배 데이터를 기반으로 팜을 운영한다는 점이기 때문에 지능형 ICT 기기에 대한 이해 및 활용이 용이하고 기본적인 소득을 보장할 수 있다는 특징을 지니고 있다.

2.3 플랫폼의 확대

농업은 연결과 활용을 위한 플랫폼이 다양하게 만들어지면서 다양한 목적을 추구하고 있다. 농업 플랫폼은 도메인 간의 연결, 비즈니스를 위한 연결, 자원의 연결, 기술의 연결을 통해 이루어질 것으로 예상된다.

| 표 4-1 | 농업 플랫폼의 연결

구분	내용
도메인의 연결	생산-가공-유통-소비과정의 연결을 의미
비즈니스의 연결	농촌창업과 투자, 생산자와 기업, 국내와 국외 등
자원의 연결	자원의 재순환을 의미(폐열, 폐자원 등)
기술의 연결	기후, 시설, 작물, 농작업의 연결을 의미

2.4 언택트(un-tact) 마케팅 강화

2020년 코로나 이전과 이후는 농산물을 포함한 유통 판로에 엄청난 변화를 가져왔다. 온라인 매출의 증가세는 모든 산업 전반에 영향을 미쳤고 언택트 마케팅의 중요성은 더욱 부각되고 있다. 지금까지 온라인 마케팅에 공을 들여왔던 기업들은 오히려 호재의 기회를 맞았고 오프라인 유통과 마케팅에 의존했던 기업들은 많은 난관 속에 뒤늦게 언택트 마케팅에 뛰어들어 생존의 몸부림을 치고 있는 상황이 되고 있다.

온라인 B2C, B2B 유통채널의 다양화는 언택트 마케팅의 중요성을 더욱 실감하게 되면서 동영상을 통한 마케팅 전략이 무엇보다 중요한 시대로 자리 잡고 있다.

2.5 농산물 유통 경로 대변화

이제 농산물 비대면 소비 및 유통 시대가 도래하면서 오프라인 유통과 온라인 유통이 명확하게 구분되고 있다. 생산농가에서는 개별 온라인 판매를 하고 직접 산지에서 직송하는 물량도 증가하고 있다. 이러한 경향은 비대면 거래와 온라인 거래가 급증하고 있다는 것을 말해주고 있다.

또한 생산자들의 단점이라고 할 수 있는 재고 처리 부담, 포장 및 물류의 전문성 결여, 마케팅 능력 미흡 등은 농산물 공급업체(벤더)의 기능을 더욱 확대시키고 있다. 다시 말해, 생산자는 직접 온라인 거래를 할 수 있는 기회가 만들어진 반면에 과거의 도매시장 또는 대형마트와의 거래 비중을 줄이고 농산물 공급업체와의 거래를 강화하고 있다.

| 표 4-2 | 농식품 쇼핑몰 유형

구분	업체명
온라인 종합쇼핑몰	G마켓, 쿠팡, 롯데닷컴, 현대 Hmall 등
온라인 식품전문몰	더반찬, 마켓컬리 등
대형 할인점 온라인 매장	e-하나로마트, 롯데마트몰, 이마트몰 등
친환경 전문점 온라인 매장	한살림, icoop생협, 행복중심생협 등
온라인 식품전문몰	농협몰, 우체국쇼핑, 지자체, 생산자단체 등
공동구매 및 독립몰	카페, 블로그, SNS 등

2.6 농식품 소비행태의 변화

코로나19의 영향은 농식품 소비에도 많은 변화를 가져왔다. 그리고 향후에도 이러한 변화들이 자리를 잡으면서 농식품 소비행태에는 큰 변화가 있을 것으로 보인다.

먼저 가구별 식품비 지출의 변화이다. 2020년 통계청의 가계동향조사에 따르면 가구별 가구원 1인당 외식지출은 감소하고 신선식품, 가공식품 지출액은 증가한 것으로 파악되고 있다.

그리고 닐슨코리아의 '2020년 농식품 소비정보 분석사업 보고서'에 따르면 2019년 대비 2020년에는 가정용 식재료, 편의가공식품군, 신선식품군 소비가 큰 폭으로 증가한 것으로 파악되고 있다.

또한 건강지향, 면역력 강화식품들이 크게 성장하고 있는 것을 알 수 있는데 비타민 및 무기질, 인삼류, 발효미생물류, 건강즙과 엑기스, 필수지방산류의 제품들이 각광을 받고 있다.

따라서 향후에는 농식품에 대한 가격 민감도가 높아지고, 국내산 농식품에 대한 관심과 인식도가 높아지며, 수입 농식품에 대한 위생 및 안전 우려가 커질 것으로 생각된다.

Part 2

스마트팜의 이해와 현황

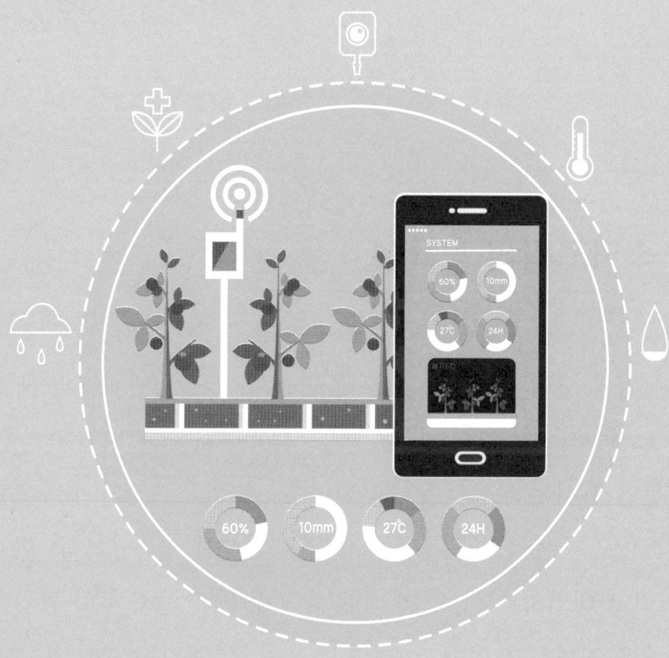

Chapter 5 스마트팜의 개념과 필요성

1 스마트팜의 필요성

우리 농업에 있어 과학기술은 오랜 기간 다양한 당면과제의 해결과 농업의 발전에 지속적으로 기여해왔다. 특히 2000년대 이후 ICT, BT 등 첨단 신기술과 농업의 접목 가능성이 대두되었다. 그러나 그간의 성과에도 불구하고 대내적으로는 농업 인구 감소 · 고령화, 영세한 영농규모 등 취약한 생산여건, 그리고 대외적으로는 시장개방 확대 등으로 인해 우리 농업의 지속성장은 한계에 직면하고 있다. 이러한 현실을 극복하기 위해서는 우리나라가 가진 세계 최고 수준의 정보통신기술(ICT)을 농업 전반에 접목함으로써 우리 농업의 경쟁력을 높이고 지속가능한 미래성장산업으로 육성하려는 혁신이 필요하다.

1.1 과학 영농 · 기술 농업의 역사

우리나라는 1962년 「농촌진흥법」을 제정하여 기술 기반 농업의 기틀을 마련한 이래, 정부가 농업분야의 기술개발을 주도하여 생산성은 높이면서 영세농 중심의 한계를 극복하기 위해 노력해오고 있다. 1970년대에는 식량자급을 최우선 목표로 다수확 신품종인 통일벼를 개발 · 보급해 녹색혁명에 성공했으며, 1980년대에는 농촌진흥청에서 파이프 비닐하우스 표준설계도와 아치형 표준화 하우스 모델을 마련하여 시설재배가 전국적으로 확산될 수 있는 기반을 마련하는 등 비닐하우스를 중심으로 시설원예를 확산하였다. 그 결과 겨울철 농한기에도 토지를 집약적으로 이용해 생산성을 향상시켰다.

1990년대에는 원예시설 설치지원을 집중적으로 실시한 결과, 국민 1인당 세계 최대의 시설면적(약 $10m^2$, 1995년 기준)을 확보하였으며, 한국형 유리온실 표준설계를 개발하는 등 첨단 원예산업의 기반을 마련하였다. 이를 통해 농업선진국의 기술 벤치마킹을 위한 인프라가 마련되었으며, 농업토양종합관리, 신품종 육성, 비파괴 품질검사 등 농업 인프라 전반으로 과학 영농의 범위를 확장하였다.

한편 2000년대 이후로는 ICT, BT 등 첨단 신기술과 농업의 접목 가능성이 부각되기 시작하였다. 농식품의 품질과 안전성에 대한 관심 증가, 기술간 융복합 연구추세 등 변화하는 환경에 발맞추어 유전자기술, 전기전자제어기술 등 첨단 신기술의 접목이 시도되기 시작되었고, 특히 우리나라의 강점인 ICT를 시설원예, 지능형 축산 등에 접목하기 위한 시도가 본격화되었다.

2010년대 들어서는 지속적인 정부지원의 결과, 시설농업의 확대로 인하여 신선 농식품을 사시사철 소비할 수 있게 되었으며, 수출 농산물 상위 10대 품목 중 3개(파프리카, 딸기, 토마토)가 시설원예 품목일 정도로 농산물의 수출 확대에도 기여하고 있다.

1.2 농업과 ICT기술 융복합의 필요성

현재 우리 농업의 현실은 대내적으로는 농업 인구 감소와 고령화, 영농규모의 영세화 등 취약한 생산여건에 직면해 있으며, 대외적으로는 시장개방 확대 등의 영향으로 어려움에 직면하고 있다. 뿐만 아니라 몇 년 전부터는 이상기후에 따른 에너지비용 증가, 인건비 상승 등으로 인해 생산비용이 증가하는 현실이다.

먼저 지속적인 농가 인구 감소와 고령화는 기존의 노동 투입 중심 영농방식에 한계를 드러내고 있다. 1인당 경지면적은 0.6ha로 영세한 규모를 벗어나지 못하고 있고, 호당 온실규모 역시 네덜란드의 40% 수준에 불과한 상황이다.

생산성 측면을 보더라도 시설농업의 경우 네덜란드 등의 농업 선진국에 비해 1/2~1/6 수준으로, 이와 같은 차이는 무엇보다도 정확한 데이터가 아닌 농부 각자의 경험과 직관에 의존하여 작물을 생산함에 따른 농업 자재·에너지 과다 투입 및 불필요한 노동력 투입 때문인 것으로 볼 수 있다.

한편 2004년 한·칠레 FTA 체결 이후로 우리나라는 EU, 미국, 중국 등 거대 경제권과 동시다발적으로 FTA가 추진되면서 농업분야 또한 사실상 전

그림 5-1 | 시설농업 생산성 비교

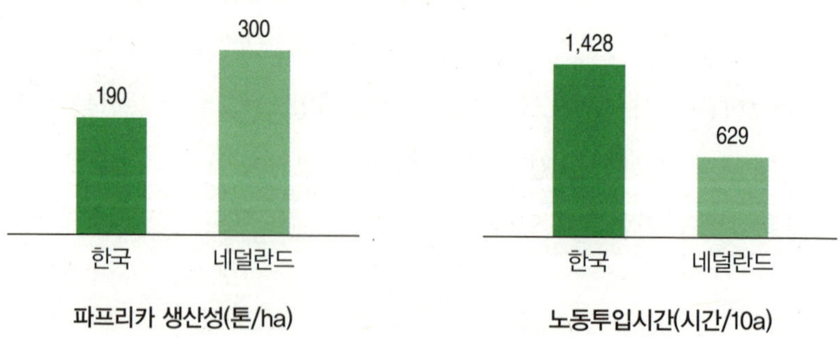

출처: 농림축산식품부(2016), "농업과 ICT의 융합, 한국형 스마트팜 확산."

면 개방화체제에 편입되었다. 이에 따라 수입농산물시장 개방이 가속화되어 농업부문에 있어 글로벌 무한경쟁체제는 이미 현실화되고 있다.

이처럼 당장 현실로 다가온 개방화와 고령화, 영세한 영농규모 등에 대응해 우리 농업의 경쟁력을 높이고 지속가능한 미래성장산업으로 육성하기 위해서는 우리나라가 가진 세계 최고 수준의 정보통신기술(ICT)을 접목할 필요성이 강하게 제기되고 있다.

세계 각국에서도 ICT를 활용하여 저마다 산업 경쟁력을 높이고, 새로운 부가가치를 창출하기 위해 다양한 노력을 기울이고 있으며, 사물인터넷(IoT), 인공지능(AI), 빅데이터 등 타 부문과의 융합이 가속화되는 추세이다. 농업분야에서도 주요 농업 선진국에서는 이미 시설농업, 축산, 과수 등

| 표 5-1 | 주요 선진국의 농업분야 ICT 활용 사례

구분	주요국	내용
시설 원예	네덜란드	• 불리한 환경 요건을 자동화 온실 등의 첨단 농법으로 극복 – 첨단 유리온실이 핵심으로 적기 수분 공급, 비료배합 등 관리 업무 자동화를 통한 최적의 생산재배조건을 유지
	이스라엘	• 이스라엘은 재배환경 모니터링분야의 선두주자로 농작물의 크기, 줄기의 변화, 잎의 온도 등 농작물 생장정보를 자동 측정, 급수 주기와 급수량 자동 조절 등으로 정확한 수확량 예측이 가능 – 농작물 스트레스 감지센서 개발로 생산량 40% 증대
축산	덴마크	• 농가, 도축장, 가공공장 등 돼지 사육에서 판매 전 단계 자동화(양돈농장 관리프로그램 사용)로 고품질 돈육 생산 및 수출
	독일	• 양돈 사양관리에 RF형 사료급이기 등 IT 컨버전스화된 과학적 시설설비를 제작 · 보급 • 가축분뇨 자동 분리시스템 활용으로 습기 저감, 청소 및 소독 간편, 폐사율 저하, 온실가스 감축 등의 효과
과수	일본	• 농산물 생산과정의 온 · 습도 변화 감지를 위해 농장에 센서 설치, 관련 데이터의 측정 · 분석을 통해 생산환경 개선 • 적외선센서를 이용한 농작물 도난방지시스템 도입

출처: 농림축산식품부(2016), "농업과 ICT의 융합, 한국형 스마트팜 확산."

다양한 분야에 ICT를 활용하여 경쟁력을 높이고 부가가치 창출에 앞장서고 있다.

우리나라도 경제 · 사회 전반에 사물인터넷기술을 중심으로 ICT 융복합 확산이 가속화되고 있는 가운데, 농업 · 농촌분야에서도 농업 생산의 획기적인 생산성 제고와 유통 · 소비 · 방역 등 다양한 분야의 효율성 제고 및 새로운 부가가치 창출을 위하여 ICT기술의 접목과 확산이 시급히 요구된다. 첨단기술에 상대적으로 익숙한 귀농 · 귀촌 인구의 증가, 한국농수산대학 등을 통한 젊은 후계농업인력 배출 확대와 같은 사회적 변화도 농업분야 ICT 접목의 기회요인으로 작용하고 있다.

1.3 스마트팜의 필요성

스마트팜은 현재까지 이어온 농업혁명의 진화에 있어 새로운 전기를 가능케 하고, 다가올 농업 4.0 세대로의 발전을 촉진하는 역할을 할 것으로 주목받고 있다.

지금까지의 농업은 스마트팜으로 발전하기까지 진화를 거듭하였다. 농업 1.0은 주로 인력에 의존하던 노동집약과 축력을 사용한 초기 농업형태로 약 1만 년 전부터 최근 100여 년 전까지의 시기를 말한다. 농업 2.0은 화학기술을 활용한 비료와 농약 등이 개발되어 사용됨으로써 농업 생산성이 비약적으로 향상된 시기를 말한다. 이어서 농업 3.0은 정보통신과 관련된 다양한 기술이 농업에 많이 이용되고 있는 현재의 시기로, 정밀농업과 스마트팜의 형태로 발전하고 있는 시기이다. 이는 융복합 핵심기술의 적용을 통한 지능화와 무인화가 실현되는 농업 4.0으로 진화하고 있으며 스마트팜을 기반으로 관련 기술의 개발과 실증이 빠르게 진행되고 있다.

| 표 5-2 | 농업의 세대별 특징

구분	농업 1.0	농업 2.0	농업 3.0	농업 4.0
농업 특징	노동집약	녹색혁명 (화학농법)	정밀농업 (스마트팜)	무인 자율농업
농작업	축력	보행형 경운기	승용형 원동기	IoT 활용

출처: 한국농촌경제연구원(2017), "4차산업혁명과 농업부문 관련 기술 및 연구동향."

그림 5-2 | 농업 4.0 시대의 경쟁력 핵심요인

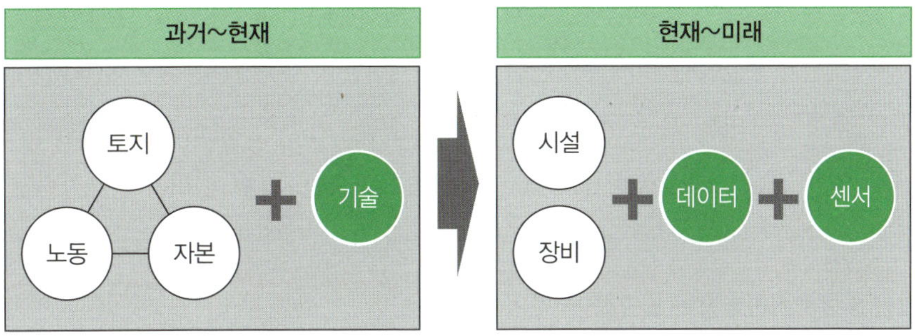

출처: 한국농촌경제연구원(2018), "농업 · 농촌분야 4차산업혁명 기술 적용 현황과 확대방안."

이처럼 농업분야에서의 ICT 접목과 확산을 통한 첨단농업으로의 전환이 절실한 시점에서 스마트팜은 농업 생산시스템과 인력을 혁신하고, 전후방 산업의 투자를 촉진시킴으로써 농업의 혁신성장을 견인할 것으로 주목받고 있다.

스마트팜의 필요성은 생산혁신, 인력혁신, 기술혁신의 세 가지로 요약할 수 있다.

첫째, 생산 · 유통의 스마트화를 통한 생산혁신은 고품질 · 고부가가치 농산물의 안정적인 생산과 판매를 가능하게 할 것으로 기대된다. 최적화된 생육환경 제공에 따른 투입재와 노동력 절감으로 생산성 향상 및 병해충 · 질병 감소가 실증되었다. 또한 농업 인구 감소에 따른 생산 노동력 부족 문제를 해결하는 데 기여할 것으로 주목받고 있다.

둘째, 청년 전문인력 양성을 통한 인력혁신이다. 다양한 배경의 청년 및 중장년 귀농인들이 스마트팜에 도전하여 ICT기술을 적극 수용하고 미래농업의 선도인력으로 성장하는 데 중요한 역할을 할 수 있다. 구체적으로는 스마트팜 경영자, 스마트팜 전문재배사 등의 생산 일자리 확대와 함께 스마트팜 시스템 개발자, 스마트팜 컨설턴트 등의 연관산업 일자리 창출 또한 기대할 수 있다.

셋째, 그간 첨단기술의 보급과 확산이 더디었던 농업분야에서의 기술혁신을 촉진할 수 있다. 스마트팜의 확산은 농업을 둘러싼 전후방산업에서의 투자와 기술개발을 가속화하여 산업계 전반에 성장 동력으로 작용하고 있다. ICT, 부품 · 장비는 물론 스마트팜 패키지 수출, 기능성 작물 재배를 통한 기능성 원료 공급 등 다양한 분야로의 파급효과가 나타나고 있다.

그림 5-3 | 스마트팜의 필요성

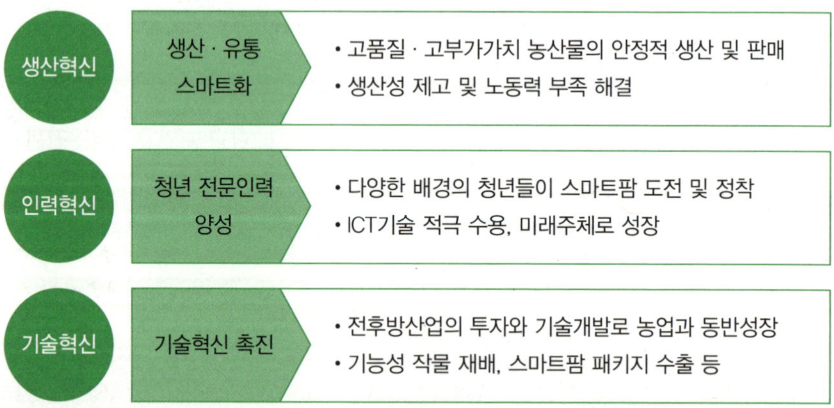

출처: 농림축산식품부(2018), 2018 스마트팜 전략 컨퍼런스 중 "농업혁신성장을 위한 스마트팜 확산정책"을 기본으로 하여 재정리함.

2 스마트팜의 개념

스마트팜이란 ICT를 비닐하우스, 축사, 과수원 등에 접목하여 원격 · 자동으로 작물과 가축의 생육환경을 적정하게 유지 · 관리할 수 있는 농장을 의미한다. 스마트팜은 작물 · 가축의 생육정보와 환경정보 등에 대한 정확한 데이터를 기반으로 언제 어디서나 작물 · 가축의 생육환경을 점검하고, 적기 처방을 함으로써 노동력 · 에너지 · 양분 등을 종전보다 덜 투입하고도 농산물의 생산성과 품질 제고를 가능하게 한다.

2.1 광의의 스마트팜(스마트 농업)

현대 농업은 과거의 전통적인 생산방식에서 벗어나 다양한 분야의 첨단기술과의 융합을 통해 고부가가치산업으로 거듭나고 있다. 고령화로 인한 노동력 부족, 기상이변 등 시대적인 요구에 따라 전통적 방식의 생산에서 벗어난 농업분야에서의 스마트 농업(Smart Farming)으로의 혁신적 변화는 전 세계적으로 가속화되는 추세이다. 세계 각국에서는 산업 경쟁력 제고 및 새로운 부가가치의 창출을 위하여 ICT를 활용한 다양한 노력을 펼치고 있으며, 시설농업, 축산, 과수 등 다양한 분야에 적용하고 있다.

우리나라도 경제 · 사회 전반에 걸쳐 사물인터넷기술을 중심으로 ICT 융복합 확산이 일어나고 있으며, 농산물시장의 전면 개방화와 지속적인 농가인구 감소 및 고령화, 영세한 시설면적과 낮은 생산성 등의 당면과제를 해결하기 위해 농업 · 농촌에 ICT 융복합을 접목하고 확산함으로써 농업 생산의 획기적인 생산성 제고와 유통 · 소비 등 다양한 분야에 효율성 제고, 새로운 부가가치 창출을 기대하고 있다.

이와 같은 배경 아래 한국농촌경제연구원에서는 스마트팜의 개념에 대해 광의의 개념과 협의의 개념으로 나누어 정의하였다.

광의의 스마트팜은 "농업과 ICT의 융합을 통해 생산에서 유통, 소비 및 농촌생활까지 아울러 현장의 혁신을 꾀할 수 있도록 적용하는 것"을 말하며, 생산 · 유통 · 소비 등 농식품의 가치사슬(Value-Chain)에 ICT를 융복합하여 생산의 정밀화, 유통의 지능화, 경영의 선진화 등 상품, 서비스, 공정혁신 및 새로운 가치를 창출하는 것을 의미한다. 최근에는 생산 중심의 공간적 개념인 협의의 스마트팜과 구분하여 '스마트 농업'이라고 부르는 추세이다.

광의의 스마트팜, 즉 스마트 농업에 대한 개념에 대하여 주요 연구를 살펴보면 다음과 같다. 성경일 등(2015)은 'ICT 기반 스마트 농업 현황분석 및

| 표 5-3 | 농업과 ICT 융복합의 주요 유형과 사례

분야	주요 유형	사례
생산	시설원예 환경제어	• 센싱 기반 시설물 제어 및 생장환경관리 - 환경센서: 온 · 습도, CO_2, pH, LED - 시설센서: 정전센서, 창문, 차양, 환풍기 등
	지능형 축사관리	• 센싱 기반 축사환경 제어 및 사양 · 질병관리 - 환경 및 시설센서: 온 · 습도, 암모니아, CCTV 등 - Web 기반 클라우드 서비스
유통	산지유통센터 ERP	• 유통센터 경영 및 생산 · 가공 · 유통관리 • POS-Mall 및 가상스토어를 통한 농산물 전자거래 - ERP(입고-선별-가공-포장-저장-출하) - SCM(수 · 발주), POS, NFC 등
소비	식재료 안심유통	• 학교급식 등 식재료 안전 · 안심 정보모니터링 • 생산/가공/유통 이력 · 인증정보 제공 - RFID 기반 이력추적관리(Farm2Table)
농촌	u-농촌관광	• 농촌관광(체험정보, 주말농장, 문화, 축제 등) - GIS/GPS 기반 위치정보 서비스 - 문화재, 관광지 등 화재센서 서비스

출처: 한국농촌경제연구원(2016), "스마트팜 실태 및 성공요인분석."

활성화방안 연구'에서 스마트 농업을 기존의 전통적인 농업과 ICT, BT, CT, GT 등 다양한 과학기술과의 융합을 의미하는 개념이라고 규정하며, 첨단기술을 동인으로 한 농업의 스마트화는 농축산물 및 식품의 생산, 유통, 소비 전 과정에 걸쳐 신성장 동력을 창출하고 농업 가치사슬 전반에 걸쳐 생산성, 효율성, 품질 향상 등 고부가가치 창출에 기여할 것으로 전망하였다.

삼정KPMG 경제연구원(2020)은 스마트팜에 대해서는 시설원예, 과수, 축산 등에서 ICT 융복합기술이 접목된 첨단 '농장'으로 구분하는 한편, 스마트 농업에 대해서는 고도화된 스마트팜을 포함한 농업활동 전반으로 간주하며 다음과 같이 정의하였다. 즉 스마트 농업은 ICT를 비롯한 각종 첨단기술을 농업 밸류체인의 생산단계를 비롯해 종자개발, 생산, 관리, 가공, 유통, 소비 등 농업 전후방산업에 접목시켜 농장뿐만 아니라 농업 전체의 스마트화를 도모하는 개념으로 정의하였다.

이상에서 다루어진 광의의 스마트팜의 개념은 중점을 두고 있는 기술분야, 밸류체인 분류 등에 따라 스마트 농업, 디지털 농업, 데이터 기반 농업,

그림 5-4 | 스마트 농업의 밸류체인

← 농사 사전단계 →	← 농사 진행단계	→	← 유통 · 소비단계	→
Pre-Production	생산/재배/관리	수확/선별	출하/유통	소비
종자산업 밸류체인	생산 정밀화 · 자동화	수확량 · 수확 시기 판단	스마트유통 · 가격예측	안전 · 안심소비
• 육종 – 신품종 육성, 개량 • 채종 – 새롭게 개발된 종자를 대량 확산하여 판매할 수 있는 양만큼 획득 • 육묘 – 양질의 묘를 육성	• 센싱 기반 시설물 제어 및 생장환경 모니터링 · 관리 – 병해충관리 – 비료 공급 – 작황정보분석 – 지능형 축사관리 • 로봇 · 드론을 활용한 농작업 자동화 • IoT · AI 기반의 스마트팜, 식물공장으로 최적 재배	• AI · 드론 · 빅데이터 활용 통해 병해충, 질병 예측 및 조기대응 • IoT, 로봇, AI 기반 수확 후 처리 자동화 • 포장공정의 자동화	• 드론 활용한 작황 관측 • AI · 빅데이터 활용 농산물 가격 · 수급 예측 • 스마트 유통시스템 및 창고 활용 • 무인 자동차, 드론 활용 농식품 직배송	• 식재료 정보 모니터링 • 생산–가공–유통단계에 이르는 이력 인증정보 제공 – IoT 활용해 품질, 원산지, 위해요소를 관리하며 안전농산물 소비 활성화 • IoT · 빅데이터 활용 소비자 맞춤형 농산물 주문 및 생산 확대

출처: 삼정KPMG경제연구원(2020), "스마트 농업과 변화하는 비즈니스 생태계."

정밀 농업 등 다양한 용어로 불리고 있다.

2.2 협의의 스마트팜

협의의 스마트팜에 대하여 한국농촌경제연구원은 "ICT를 비닐하우스, 축사, 과수원 등에 접목하여 원격 · 자동으로 작물과 가축의 생육환경을 적정하게 유지 · 관리할 수 있는 농장"을 의미한다고 정의하였다.

즉 작물 생육정보와 환경정보 등에 대한 정확한 데이터를 기반으로 언제 어디서나 작물, 가축의 생육환경을 점검하고 적기에 처방을 함으로써 노동력 · 에너지 · 양분 등을 종전보다 덜 투입하고도 농산물의 생산성과 품질 제고가 가능하다는 것이 스마트팜의 의의라고 볼 수 있다.

협의의 스마트팜의 개념에 대해서는 이외에도 다음과 같이 정의하고 있다. 윤남규 등(2017)은 스마트팜이란 인터넷과 연결된 컴퓨터나 스마트폰으로 시간과 장소의 제약 없이 언제 어디서나 농사환경을 관측하고 원격 제어 · 관리함으로써 편의성이 향상되고, 측정된 빅데이터를 분석하고 인공지능의 도움으로 정밀한 생산관리를 통해 품질과 생산성이 향상된 농장을 일컫는다고 정의하였다.

박경섭(2017)은 '4차 산업혁명 기술과 스마트 온실 연구동향 및 발전방향'이라는 주제의 심포지엄 발표에서 스마트팜이란 자동화 설비와 정보통신기술을 활용하여 시 · 공간의 제약 없이 농축산물 생육환경을 실시간으로 계측 · 진단하여 최적환경으로 제어 · 관리하는 보다 지능화되고 고효율을 지향하는 농업형태라고 정의하였다.

최근에는 통제된 시설 내에서 빛, 온도, 습도, 이산화탄소 농도 및 배양액 등의 환경조건을 인공적으로 제어하여 연중 안정적인 생산이 가능한 식물공장이 새로운 성장동력으로 부상하고 있다.

식물공장(Vegetable Factory)이란 환경조절을 통해서 작물의 주년생산, 계획생산이 가능하며 작물의 수량과 품질을 조절할 수 있는 공장형 식물생산시스템으로 정의하고 있다. 주로 자연광 식물공장과 인공광 식물공장으로 분류하는데, 자연광 식물공장은 온실형 식물공장이라 말할 수 있으며, 인공광 식물공장은 건물형 식물공장이라 말할 수 있다.

스마트팜과 식물공장이라는 용어는 일반적으로는 유사한 개념으로 사용되고 있으나 엄밀히 말하면 서로 중복되는 영역과 차이 있는 영역이 있으므로 별개의 개념으로 이해할 필요가 있다.

단순히 농업 영역으로만 보자면 스마트팜은 시설원예, 과수, 축산을 포괄하는 반면, 식물공장은 시설원예에 국한된 식물생산시스템이다. 시설의 밀폐 여부 및 인공광을 활용한 연중생산의 관점에서 보자면 스마트팜은 필요에 따라 선택적으로 생산시스템을 구성하는 반면, 식물공장은 필수적으로 이러한 요소를 채택하고 있다.

이처럼 스마트팜과 식물공장은 개념적으로 유사하면서도 활용 영역과 기술 범위에 있어 차이가 있는 것으로 볼 수 있다. 이 책에서는 스마트팜을 식물공장을 포함한 보다 포괄적인 개념으로 접근하여 협의의 스마트팜을 중심으로 알아보고자 한다.

2.3 스마트팜의 운영원리

스마트팜에 적용되는 기술에 대해서는 제8장에서 보다 자세한 내용을 알아보겠지만 여기서는 스마트팜의 개념 이해를 위하여 일반적인 운영원리에 대해 소개하고자 한다.

스마트팜의 운영원리는 '생육환경 유지관리', '환경정보 모니터링', '자동 · 원격 환경관리'의 세 가지로 요약할 수 있다.

첫째, '생육환경 유지 · 관리'란 소프트웨어의 도움을 받아 온실 또는 축사의 온 · 습도, CO_2 수준 등 생육조건을 설정함으로써 작물 · 가축의 적정 생육환경을 유지 · 관리함을 말한다.

둘째, '환경정보 모니터링'이란 온 · 습도, 일사량, CO_2, 생육환경 등을 센서 · IoT를 통해 계측하고 실시간으로 자동 수집해 각종 환경정보를 진단함을 말한다.

셋째, '자동 · 원격 환경관리'란 자동 · 원격으로 냉난방기 구동, 창문개폐, CO_2, 영양분 · 사료 공급 등 환경을 관리할 수 있음을 의미한다.

복합환경제어기술은 이와 같은 스마트팜의 운영을 가능하게 하는 핵심적인 기술 중 하나이다. 시설원예분야의 예를 든다면, 온도, 습도, 광, 기상센

그림 5-5 | 스마트팜 구성도

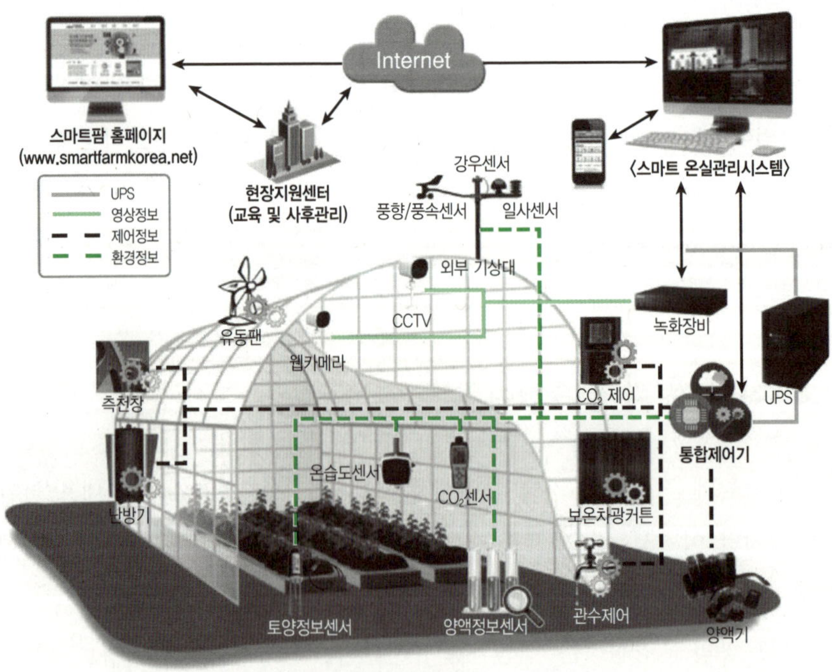

출처: 스마트팜코리아 홈페이지(www.smartfarmkorea.net)

서 등에 의해 실시간으로 읽어오는 환경데이터와 생육데이터에 근거하여 온실의 천창과 측창, 환풍기, 유동팬, 차광 · 보온 스크린, 조명, 양액기, 탄산가스 생성기, 냉난방기 등의 제어장치들을 통해 시설 내의 온도, 습도, 광, 양액, CO_2 농도 등 환경요소를 조절할 수 있는 기능을 의미한다.

이러한 복합환경제어기술은 시설재배의 생산 효율, 인력소모, 이익 창출과 직결되며, 제어 정도(조절여부와 조절기능 범위)도 중요하지만 얼마나 목표한 설정값에 근접할 수 있고 유지할 수 있는가가 중요하다. 나아가 궁극적으로는 작물의 생장에 최적의 환경으로 조절하여 생산 효율 증가와 에너지 절감효과까지 실현할 수 있어야 한다.

2.4 스마트팜의 기대효과

스마트팜을 도입함으로써 농가는 생산량 증가, 품질 향상, 노동력 절감 등의 효과로 경쟁력 강화에 따른 농가소득 증가가 기대된다.

농림축산식품부에서 진행한 전국 스마트팜 운영농가 조사(표본조사)결과, 생산성이 25% 증가된 것으로 조사되었으며, 품질 향상에 대한 조사결과는 단위면적당 수율이 12% 증가, 병해충 및 질병피해에 대한 피해액이 16.6% 감소한 것으로 조사되었다. 노동력 절감에 대한 조사결과는 고용노동비가 8.6% 감소하였으며, 자가노동시간도 14.6% 감소한 것으로 조사되었다. 고용노동력 1인당 생산량은 36.8%가 증가하여 스마트팜 도입 이후 인력관리의 효율성이 크게 향상한 것으로 확인되었다.

다음으로 스마트팜 도입 및 확산이 우리 농업에 미치는 기대효과는 다음과 같다.

첫째, 기존에는 농업인의 주관적이고 직관적인 경험에 의존해온 농업기술이 센서와 네트워크기술을 기반으로 계량화되고 객관화되며, 반복적 시행착

| 표 5-4 | 스마트팜 도입효과

구분	항목	결과
생산성 향상	단위면적당 생산량(kg/㎡)	25.2%
	단위면적당 출하량(kg/㎡)	39.0%
	단위면적당 조수익(원/㎡)	30.6%
고품질 생산	단위면적당 수율 향상률(kg/㎡)	12.0%
인건비 절감	고용노동력 1인당 생산량	36.8%
	고용노동비 절감률	△9.5%
기타	병충해 및 질병발생 감소율	△16.8%
	병충해 및 질병피해액 감소율	△16.6%

출처: 농림축산식품부(2016), "농업과 ICT의 융합, 한국형 스마트팜 확산"(서울대 차세대융합연구실 조사).

오와 개인의 노하우에 의해 이루어졌던 농작업 의사결정이 빅데이터와 인공지능 컴퓨터의 도움으로 보다 편리하고 과학적인 방식으로 이루어진다.

둘째, 농지 감소 및 기상이변에 따른 각종 재해 증가 등의 문제를 해결하는 방안이 될 것으로 기대된다. 환경 변화에 제약을 받지 않고 연중 안정적인 작물재배가 가능하여 수확량 예측 및 출하 시기 결정이 가능해지며, 고기능 · 고효율을 달성함으로써 생산성 및 품질 향상을 기대할 수 있다.

셋째, 농촌 인구 감소와 노동력 부족 문제에 대한 해결은 물론 생산비 절감 차원에서도 농장 자동화를 통한 인건비 절감효과를 기대할 수 있다.

넷째, 에너지 및 양분 투입요소의 최적화가 가능해져 환경오염을 최소화함으로써 지속가능한 농업의 구현을 기대할 수 있다.

다섯째, 단순히 노동력 절감 차원을 넘어 농작업의 시간적 · 공간적 구속으로부터 자유로워져 농촌생활의 편리성 증대와 삶의 질 개선에 따른 우수 신규인력의 농촌 유입 증가를 기대할 수 있다.

Chapter 6 스마트팜의 적용분야

스마트팜은 적용분야에 따라 시설원예분야(스마트 온실), 과수분야(스마트 과수원), 축산분야(스마트 축사)로 나눌 수 있다. 이 책은 시설원예분야 스마트팜을 중심으로 정리하였다. 이에 앞서 제6장에서는 각 분야 스마트팜의 구성과 기술 현황, 발전과제 등에 대하여 전반적인 내용을 알아보도록 한다.

1 시설원예분야

1.1 시설원예 스마트팜 개요

시설원예분야 스마트팜(스마트 온실)이란 PC 또는 모바일을 통해 온실의 온·습도, 이산화탄소(CO_2) 등을 모니터링하고 창문 개폐, 영양분 공급 등을 원격·자동으로 제어하여 작물의 최적 생장환경을 유지·관리할 수 있는 농장을 말한다.

시설원예분야 스마트팜의 구성은 다음과 같다.

그림 6-1 | 시설원예분야 스마트팜 구성도

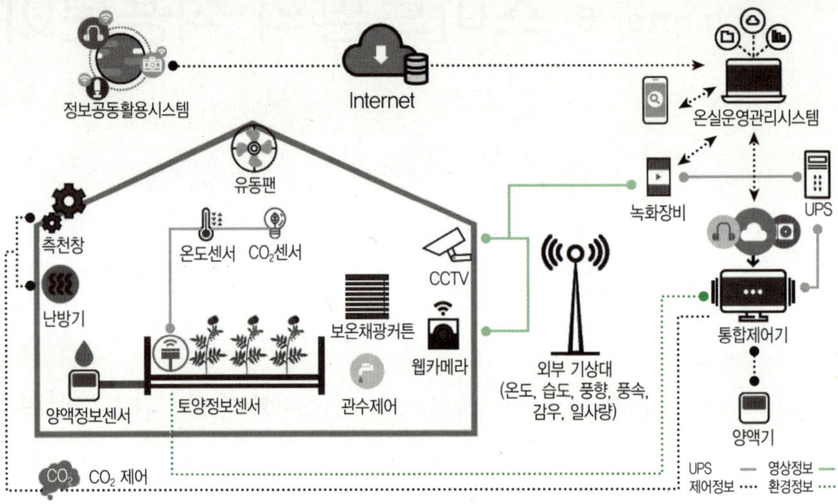

출처: 농림수산식품교육문화정보원(2017), "스마트팜 선도사례집."

시설원예 스마트팜의 운영원리는 다음과 같다. 센서에 의해 수집된 정보는 통신 모듈이 탑재된 제어반과 같은 게이트웨이를 통해 컴퓨터나 네트워크가 연결된 PC, 스마트폰, 태블릿PC 등으로 데이터가 전송된다. 전송된 데이터는 사용자가 가진 복합환경제어관리 프로그램에 의해 재설정된 데이터가 제어노드를 통하여 각종 구동기로 전달된다. 이러한 과정이 실시간 피드백되면서 데이터는 로컬 또는 클라우드 기반 서버에 저장되어 사용자가 그래프, 표, 그림 등으로 관리하게 된다.

그림 6-2 | 시설원예분야 스마트팜의 데이터 수집방법

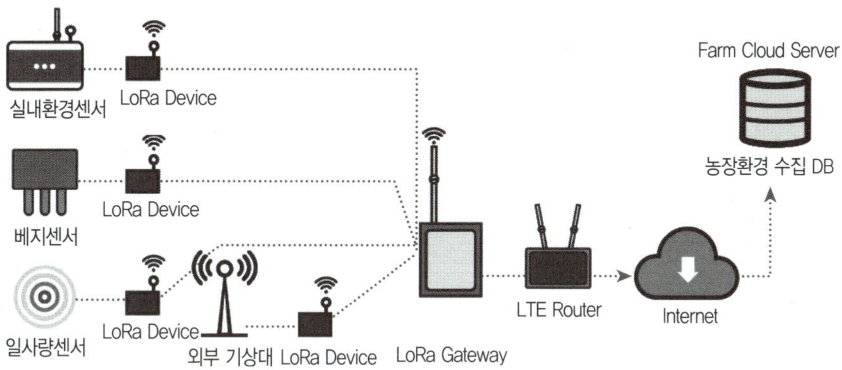

출처: 농림수산식품교육문화정보원(2017), "스마트팜 선도사례집."

시설원예분야 스마트팜은 크게 내·외부환경을 수집하는 환경센터, 영상을 수집하고 녹화하는 영상장비, 시설별 제어 및 통합제어장비, 수집정보를 분석하고 최적 생육환경을 관리하는 정보관리시스템으로 구성된다.

| 표 6-1 | 시설원예 스마트팜의 구성요소

구성요소		세부내역
환경센터	외부	온도, 습도, 풍향, 풍속, 강우, 일사량 등
	내부	온도, 습도, CO_2, 토양수분, pH, 양액농도 EC 등
시설별 제어 및 통합제어장비		환기, 난방, 에너지 절감시설, 차광커튼, 유동팬, 온수/난방수 조절, 모터 제어, 양액기 제어, LED 등
영상장비		적외선카메라, DVR(녹화장비) 등
최적 생육환경 정보관리시스템		실시간 생장환경 모니터링 및 시설물 제어, 환경 및 생육 정보DB 분석시스템 등

출처: 스마트팜코리아 홈페이지(www.smartfarmkorea.net)

1.2 시설원예 스마트팜의 기대효과

시설원예에서의 스마트팜 도입은 첫째, 자동화장치의 개선을 통해 센서네트워크에 의한 시설, 장비의 오작동 경감으로 기회비용을 절감할 수 있고, 정밀한 생육환경관리를 통한 생산성 제고, 품질 향상이 가능하다.

둘째, 농가는 수집된 데이터를 활용하여 자가 농장 진단을 수행함으로써 생산성·품질 제한요인을 규명하고, 성과개선을 위한 해결책을 도출할 수 있다.

셋째, 나아가 온실 내 작업관리 데이터베이스를 구축하여 시설농가에서의 공정(적엽, 생육관리, 수확, 선별, 유인, 방제) 전문화를 추진할 수 있다.

넷째, 또한 초보자에게도 매뉴얼화된 데이터 농업체계를 마련하여 영농지원이 가능할 것으로 기대되고 있다.

그림 6-3 | 시설원예 스마트팜

출처: 농림수산식품교육문화정보원(2017), "스마트팜 선도사례집."

다섯째, 이외에도 작업 도구, 전동 작업차, 수확물 자동 이송, 선별시스템 RFID 활용 작업자별 효율성을 비교하고, 다양한 전동 작업차 등으로 노동생산성을 증대시킬 수 있으며, 비수기와 성수기 작업 인원관리, 분업화된 작업공정의 탄력적 관리가 가능하게 된다.

1.3 시설원예 스마트팜 보급 현황

정부는 스마트팜 지원사업의 대표사업인 ICT 융복합사업을 통해 시설원예농업의 스마트 온실 확산·보급을 중점적으로 추진하고 있다. 2017년 농림축산식품부는 2022년까지 스마트 온실을 7,000ha까지 확대한다는 목표를 세우고 추진 중인데, 이는 시설원예농업의 현대화된 온실(약 1만 500ha)의 70%에 해당하는 규모이다.

그 결과, 2017년 스마트 온실 보급면적은 4,010ha로 4,000ha 목표 대비 100.3% 달성하였으며, 2018년 스마트 온실 보급면적은 4,900ha로 2014년 405ha 대비 12.1배 증가하였다.

| 표 6-2 | 시설원예 스마트팜 보급 현황

구분(누계)	2013년 이전	2014년	2015년	2016년	2017년	2018년	2019년 (목표)	2022년 (목표)
스마트 온실면적 (ha)	345	405	769	1,912	4,010	4,900	5,017	7,000

출처: 농림축산식품부 보도자료(2019년 9월 4일)를 재정리함.

1.4 시설원예 스마트팜 발전을 위한 해결과제

그간 우리나라의 시설원예산업은 양적 성장 중심으로 확대되어 왔으나 4차 산업혁명 기술과의 융복합을 통하여 재배시설의 자동화, 생산성 제고 및 품질 향상 등 질적 성장까지 이룬다면 글로벌 경쟁력을 갖춘 새로운 도약의 기회를 얻을 수 있을 것이다.

시설원예분야에서의 ICT기술 융복합은 정부의 스마트팜 확산정책과 지원사업을 통해 일정 부분 성과를 거두었으나 개발된 기술의 빠른 확산과 성과로의 연결을 위해서는 몇 가지 해결과제가 있다.

첫째, 우리나라 원예시설의 대부분은 자동화 적용률이 낮은 단동형 비닐하우스이며, 자동제어가 가능한 시설도 30% 수준에 불과하다. 따라서 ICT기술 융복합을 위해서는 시설의 규모화와 단지화가 필요하다.

둘째, 스마트팜을 통한 생산성의 향상을 위해서는 온도, 습도, 일사량 등 단편적 환경정보에 의존한 제어에서 나아가, 생체정보, 생육정보, 병해충 예찰 등 다양한 요인을 정확하고 신속하게 계측하여 복합환경제어에 활용하는 방향으로 진화가 필요할 것이다.

셋째, 우리나라 원예시설 중 가온 재배면적은 꾸준히 증가하여 전체의 약 30%를 차지하고 있으나, 높은 유류 의존도로 인한 에너지비용이 농가의 어려움으로 작용하고 있다. 스마트팜의 확산을 통해 농가 수익을 제고하기 위해서는 효율적인 냉난방기술 개발과 접목을 위한 노력이 필히 병행되어야 할 것이다.

넷째, 수경재배면적의 증가에도 불구하고 대부분이 비순환식 양액재배에 머무르고 있는 현실이다. 따라서 수경재배 스마트팜의 발전을 위해서는 물과 양분을 재사용할 수 있는 기술의 개발과 보급 그리고 작목별 · 생육단계별 정밀한 양수분관리 기준의 정립과 기술개발이 필요하다.

2 과수분야

2.1 과수분야 스마트팜 개요

과수분야 스마트팜(스마트 과수원)은 PC 또는 모바일을 통해 온·습도, 기상상황 등을 모니터링하고 원격·자동으로 관수, 병해충관리 등이 가능한 과수원을 말한다. 과수분야 스마트팜의 일반적인 구성은 다음과 같다.

그림 6-4 | 과수분야 스마트팜 구성도

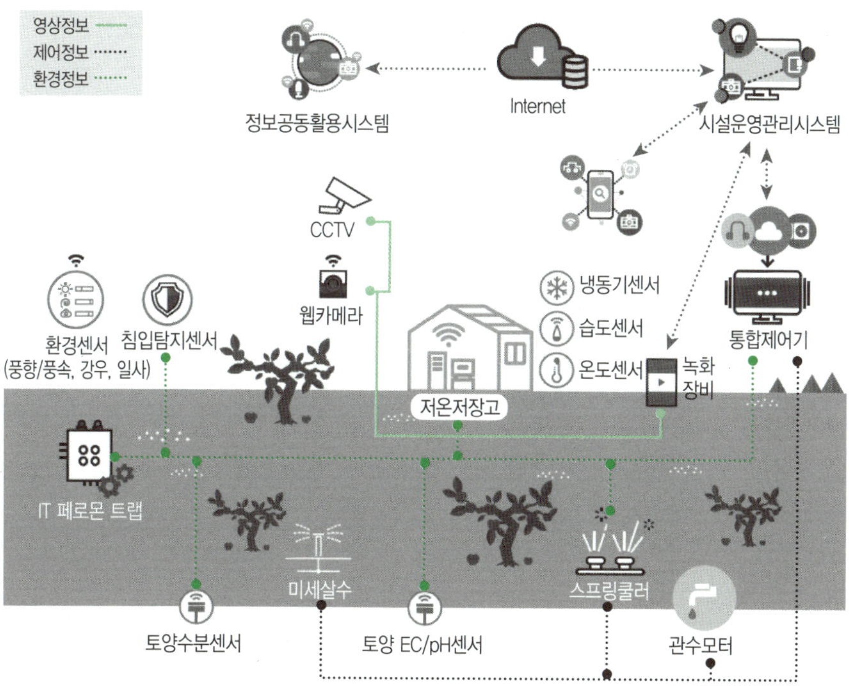

출처: 농림수산식품교육문화정보원(2017), "스마트팜 선도사례집."

과수분야는 크게 시설과수와 노지과수로 나뉜다. 시설과수 스마트팜은 시설원예 스마트팜과 구성요소와 기능이 유사하며, 노지과수 스마트팜은 외부 기상대와 과수 군락 내의 온도, 습도센서 관수 최적화를 위한 수분함유율센서, 지온센서 등의 센서류와 관수펌프 제어반과 제어노드, 가습 · 시비 · 방제 역할을 하는 미세 스프링쿨러, 방상팬, ICT 페로몬 트랩 등의 구동기로 구성된다.

| 표 6-3 | 과수분야 스마트팜의 구성요소

구성요소	세부내역
환경센터	온도, 습도, 토양수분, 양액 측정센서(양액농도 EC, 산도 pH), 수분센서(배지), 풍향/풍속, 감우, 일사량 등
영상장비	CCTV, 웹카메라, DVR 등
시설별 제어 및 통합제어장비	에너지 절감시설, 관수모터 제어, 양액기 제어 등
최적 생육환경 정보관리시스템	실시간 생장환경 모니터링 및 시설물 제어환경 및 생육 정보DB 분석시스템

출처: 스마트팜코리아 홈페이지(www.smartfarmkorea.net)

과수분야 스마트팜의 운영원리를 살펴보면, 각종 구동기의 통합제어반과 제어노드로부터 수집된 정보를 분석하여 피드백 제어가 가능한 과수재배관리 S/W가 탑재된 PC나 스마트폰을 통하여 농장에 대한 제어관리가 가능하게 된다. 또한 방범용 이미지 카메라와 녹화장비를 통하여 작물 감시, 시설 및 장비 감시 등의 영상정보관리를 수행할 수 있다.

2.2 과수분야 스마트팜의 기대효과

과수분야에서의 스마트팜 도입을 통해 다음과 같은 효과를 기대할 수 있다.

첫째, 과수의 생장환경을 정밀하게 관리하여 과실의 생산성 증대, 품질 향상 및 비용 절감이 가능하다. 또한 과수재배관리 S/W를 활용한 환경데이터 모니터링을 기반으로 수집된 정보를 영농자료로 활용할 수 있다.

예를 들어 전남 진도의 한라봉 스마트팜 시설은 초봄 개화기에 냉해나 곰팡이에 의한 착과 부진을 예방하기 위하여 외부 기상대와 내부 온도, 습도 센서를 설치하였고, 유동팬과 천창 환기를 통하여 시설 내 습도를 조절하고 있다.

노지과수 스마트팜의 경우에는 온·습도센서와 토양수분센서를 이용하여 개화기 냉해 방지, 고온기의 일소피해 방지는 물론 관수 자동화 및 최적화를 구현하게 된다. 관수량을 최적화하기 위하여 구역별 수분센서에 의한 관수 제어를 하고 점적관수, 스프링쿨러 또는 미세살수장치를 사용해 관수를 실시한다. 이를 통해 개화기에 2.5℃ 이하가 되면 미세살수장치를 작동하여 꽃

그림 6-5 | 노지과수 스마트팜 자동 미세살수시스템

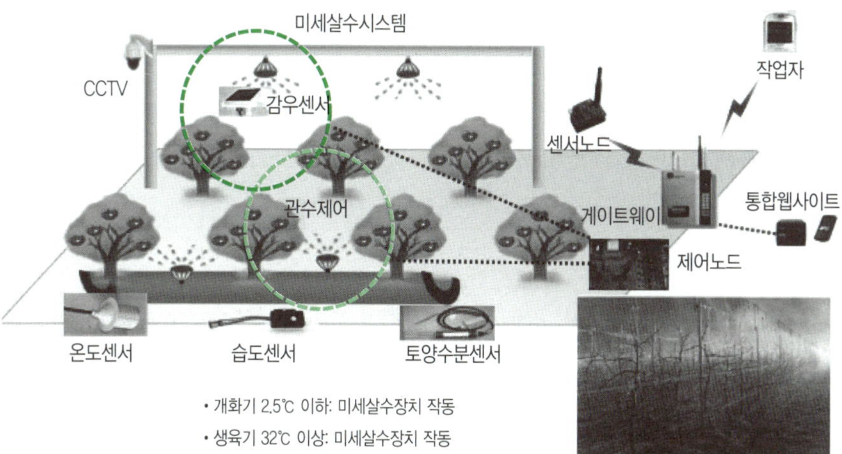

출처: 문병우(2016), 한국원예학회 학술발표 자료, "ICT를 활용한 과수재배 환경관리 연구동향과 발전방안."

그림 6-6 | 노지과수 스마트팜 ICT 페로몬 트랩을 이용한 병해충 예찰

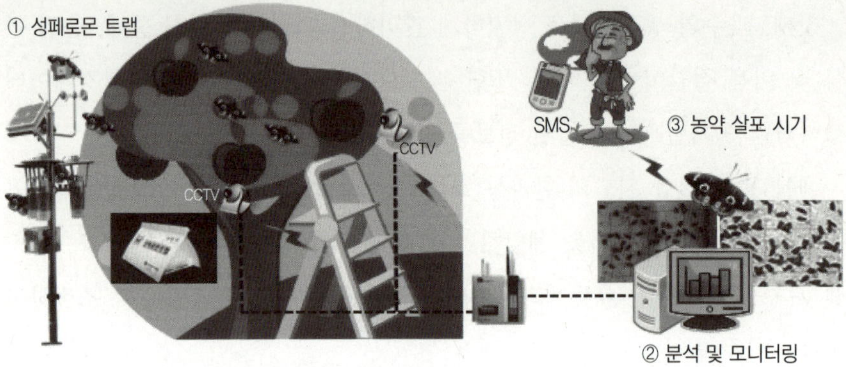

출처: 문병우(2016), 한국원예학회 학술발표 자료, "ICT를 활용한 과수재배 환경관리 연구동향과 발전방안."

을 얼음으로 피막처리를 해 동해를 방지할 수 있으며, 32℃ 이상이 되면 미세살수장치를 작동하여 낙화되지 않도록 기화열을 이용한 냉각이 가능하다.

둘째, ICT 페로몬 트랩이 설치된 농장에서는 성페로몬 트랩과 카메라, 통신 모듈, 해충분석 S/W 시스템 등을 이용하여 해충의 발생 밀도를 원격으로 모니터링하여 농약 살포 시기를 결정하고, 설치농가와 주변농가에 알려 공동방제체계를 구축할 수 있다.

셋째, 서리가 예측되면 방상팬, 살수장치 및 난방장치 등을 작동함으로써 냉해와 한해의 방지가 가능하다. 또한 작물 피해상황 및 병해충 예찰 등을 실시간으로 작업자에게 통보함으로써 피해를 사전 방지하거나 최소화할 수 있다.

넷째, 수확 후 단계에서는 과실 저장고 내 센서장비 구축을 통하여 저장환경(가스 · 온도 · 습도 현황) 등을 모니터링하여 저장고의 원격제어 및 정밀환경관리가 이루어짐으로써 저장기간의 연장, 품질저하 방지 등의 효과를 기대할 수 있다.

다섯째, 저가의 일반형 스마트팜의 경우, 스마트폰을 활용해 관수를 제어

그림 6-7 | 노지과수 스마트팜 저장고 환경관리시스템

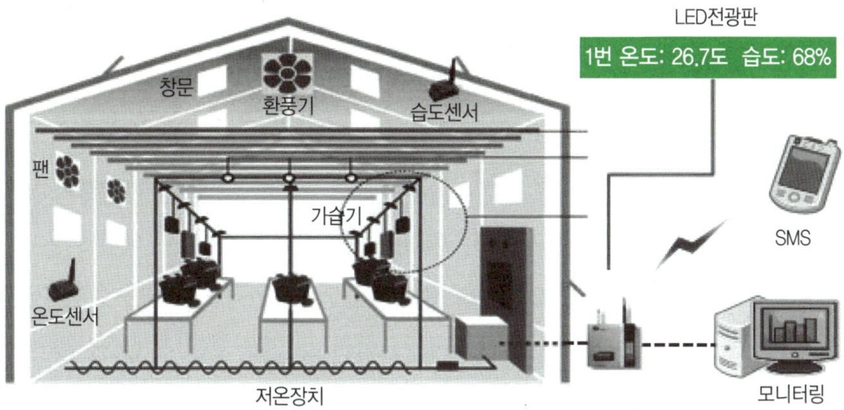

출처: 문병우(2016), 한국원예학회 학술발표 자료, "ICT를 활용한 과수재배 환경관리 연구동향과 발전방안."

하는 단순제어형으로 농장관리의 편리성이 높아지고, 원격모니터링 및 제어를 통하여 노동력이 크게 절감되고 있다. 이에 따라 농가는 기존에 비해 여유시간이 늘어나면서 경영개선, 6차 산업화 계획 및 추진을 위한 시간 확보가 가능해지고 있다.

2.3 과수분야 스마트팜 발전을 위한 해결과제

스마트팜 도입이 확산세에 있는 시설원예분야와 달리 과수농가에서는 스마트팜 도입의 확산속도가 상대적으로 더딘 편이다. 이는 재배환경을 통제하기 쉬운 시설재배와 달리 외부 환경의 영향을 많이 받는 노지재배에서는 ICT기술의 활용도가 떨어진다는 인식이 아직까지 많기 때문으로 판단된다.

앞서 살펴본 기대효과에도 불구하고 과수분야 스마트팜 활용을 통해 본격적인 부가가치 증대를 이루기 위해서는 특히 노지과수분야에서의 기술개발이 시급히 필요한 실정이다.

첫째, 우리나라의 과수농업은 경쟁국에 비해 노동시간이 많고 생산의 기계화, 자동화가 매우 취약한 현실이다(10a당 노동투하시간: 한국 151시간, 미국 등 80시간 이하). 이에 과수농가용 기계화 · 자동화 재배 생산체계의 개발은 노동시간 단축과 노동력 감소 대응에 최우선으로 필요한 과제이다.

둘째, 과수원용 무인 자동 약제 살포시스템, 로봇 방제기술의 개발 또한 주요 개발과제로 다루어지고 있다. 이를 위해서는 과수 식재형태에 따른 약대형태분석, 가변 살포를 위한 방제 알고리즘의 개발이 선행되어야 할 것이다. 가변 분사 알고리즘 개발은 영상인식 기반 센서와 딥러닝기술을 활용한 이미지 데이터분석과의 연계 개발로 생산 효율화를 제고할 수 있을 것이다.

셋째, 노지과수의 경우, 노지환경에서 발생할 수 있는 작물-토양-기상의 상호관계에 대한 실시간 모니터링기술 개발이 필요하다. 이는 인공지능 기반 농업정보분석 및 작물 예측모형을 통한 스마트팜기술 고도화에 기반이 되는 중요기술이 될 것으로 전망된다.

넷째, 노지과수의 제반환경을 고려한 센서 기반의 관수제어가 필요하며, 특히 시설 내 제어가 아닌 노지 기상환경에 기반한 제어기술이 필요하다. 노지재배의 특성상 구역별로 필요 관수량이 달라지므로 지형을 고려한 구역별 관수량 조절 알고리즘기술 개발이 반드시 필요하다.

참고 **사 | 례 | 소 | 개**

노지 과수 스마트팜 '산지뜸농원'(전북 김제)

2004년 농사를 시작한 산지뜸농원 김동권 대표는 젊은 나이에 귀농해 농사를 짓고 있다. 그의 농장은 김제시의 '완판 농장'으로 이름날 만큼 뛰어난 맛과 품질을 자랑하는 사과를 생산한다. (중략)

김 대표가 '농식품 ICT 융복합 확산사업'을 신청하게 된 가장 큰 계기는 해마다 심해지는 가뭄과 폭염이었다. 그는 꾸준히 영농일지를 작성하면서 봄철에 비가 오지 않는 날이 점점 늘어나고 있다는 점에 주목했다. 이 때문에 꽃이 피는 초기 생육기에 사과나무가 큰 피해를 입고 죽는 경우가 발생하기도 했다. 이러한 상황에서 사과의 생육환경을 개선하고 농장의 경쟁력을 높이기 위해 스마트팜을 도입하기로 마음먹었다.

'농식품 ICT 융복합 확산사업'을 통해 산지뜸농원에 도입한 시스템은 토양수분센서(수분관리), 외부 환경 측정센서(생육환경관리), 온도 및 습도센서(저온저장고관리) 등 3가지다. 이들 각각의 센서를 통한 측정값은 스마트폰을 이용해 실시간으로 확인할 수 있어 농장 외부에 있을 때도 모니터링이 가능하고, 필요한 경우 스프링쿨러를 원격으로 손쉽게 가동할 수 있다. 시설 외부에 달린 CCTV 때문인지 외부인의 출입도 줄어들고, 설령 누군가 과수원에 들어오더라도 신속히 대응할 수 있게 됐다. 저온저장고관리도 잘 돼 작년에 수확한 사과의 보관상태가 아주 좋았다.

김 대표는 스마트팜 도입 전에 비가 거의 내리지 않는 5월과 6월, 또 장마철인 7월과 8월에 수분관리가 어려워 애를 먹곤 했다. 수분이 부족하거나 과해 사과나무의 생육 불량 · 비대 불량 · 조기 낙엽현상 등이 발생하고 각종 병충해에 노출됐다. 특히 지난 2년간은 판매한 사과 중 일부가 수분이 부족해 퍽퍽하다는 평을 듣기도 했다.

올해에도 김 대표의 농장에는 4월 16일부터 6월 28일까지 두 달 넘게 비가 오지 않았다. 그러나 이때 스마트팜이 제 몫을 톡톡히 해냈다. 토양수분센서로 토양 수분율과 온도를 고려해 구역별로 1주일에 한 번 120톤의 물을 뿌린 결과, 사과나무의 생육상태가 눈에 띄게 개선됐다. 작년까지 발생하던 병충해와 수분 스트레스가 사라지고 낙엽현상 역시 모두 해소됐다. 갈반병도 작년까지 전혀 발견되지 않았다.

그 결과 생산량이 10% 정도 늘고 품질도 높아졌다. 출하 시기가 돼 봐야 알겠지만 김 대표는 ICT 도입으로 올해 수익도 15%가량 증가할 것으로 예상한다.

출처: 농림수산식품교육문화정보원(2017). "스마트팜 선도사례집"에서 발췌하여 가공함.

3 축산분야

3.1 축산분야 스마트팜 개요

축산분야 스마트팜(스마트 축사)은 PC 또는 모바일을 통해 온·습도 등 축사환경을 모니터링하고 사료 및 물 공급 시기와 양 등을 원격·자동으로 제어할 수 있는 농장을 말한다.

축산분야 스마트팜은 양돈, 양계, 낙농, 한우 축사로 나눌 수 있다. 국내에서 가장 빠른 속도로 보급이 확산되고 있는 양돈 스마트팜 모델을 기준으로 살펴보면 다음과 같다.

현재 국내에 보급된 1세대 스마트팜기술은 원격 자동관리를 통해 관리자의 편이성을 개선하고, 관리 프로그램을 통해 가축 사양 시 발생하는 데이터를 수집하여 농가 컨설팅에 활용할 수 있는 단계이다. 스마트팜 구축 시 농가에서 발생하는 모든 데이터를 통합관리할 수 있는 프로그램과 장비를 선택하여 데이터관리의 효율성을 높이는 것이 중요하다.

2세대 스마트팜은 1세대 모델을 기반으로 생체정보 수집 및 활용과 인공지능이 결합된 모델이다. 스마트팜에서 수집한 데이터를 작업자 대신 인공지능이 처리하여 농가별 상황에 맞는 최적관리 의사결정을 지원할 수 있다.

3세대 스마트팜은 1세대, 2세대 스마트팜장치를 통해 수집·처리된 빅데이터를 사물인터넷, 로봇기술과 접목하여 무인 축사화하는 것을 목표로 하고 있다.

축산분야 스마트팜의 구성은 [그림 6-8]과 같다.

그림 6-8 | 축산분야 스마트팜 구성도

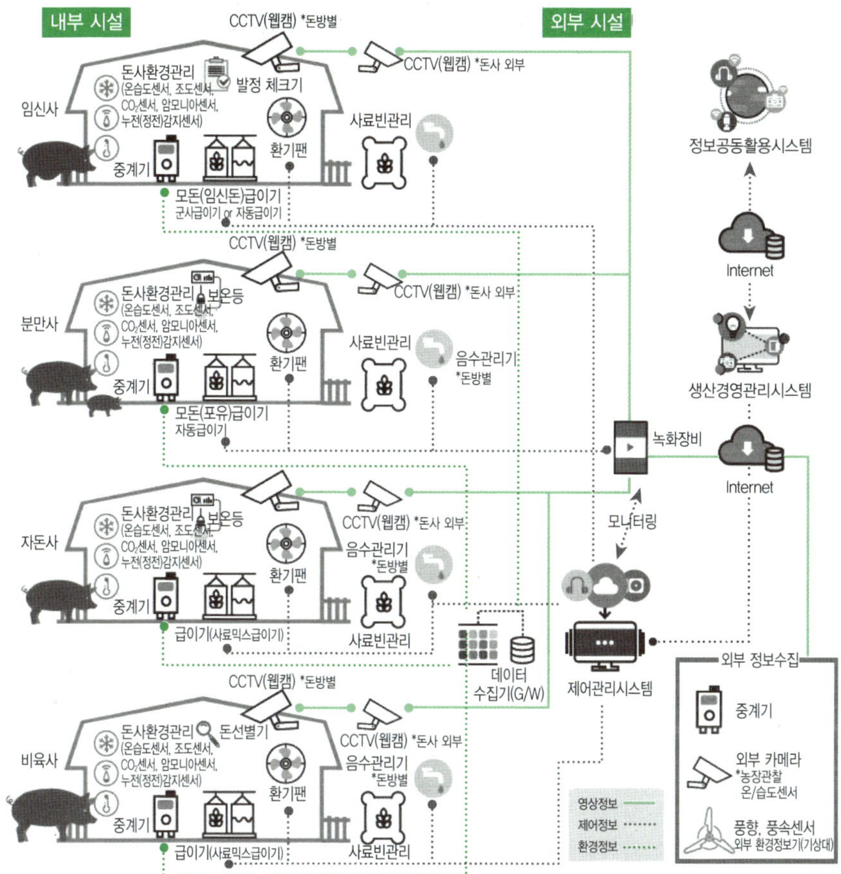

출처: 농림수산식품교육문화정보원(2017), "스마트팜 선도사례집."

축산분야 스마트팜은 내 · 외부 환경관리장치, 사료단계별 급이기 · 음수관리기 등의 제어장비, 개체 및 축사환경을 모니터링하는 영상장비와 관리 시스템 등으로 구성된다.

| 표 6-4 | 축산분야 스마트팜의 구성요소

구성요소		세부내역
돈사환경 관리장비	외부 환경관리	온도, 습도, 풍향, 강우, 일사, 풍속 등
	내부 환경관리	온도, 습도, CO_2, 조도, 암모니아, 이산화탄소, 누전(정전) 감지 등
제어장비	임신사	발정체크기, 모돈급이기, 사료빈, 음수관리기 등
	분만사	보온등, 모돈급이기, 사료빈, 음수관리기 등
	자돈사	보온등, 사료믹스기, 사료빈, 음수관리기 등
	비육사	돈선별기, 사료믹스기, 사료빈, 음수관리기 등
영상장비		CCTV(웹카메라), DVR 등
생산경영관리시스템		PC, 모니터 등

출처: 스마트팜코리아 홈페이지(www.smartfarmkorea.net)

3.2 축산분야 스마트팜의 기대효과

축산분야 스마트팜의 도입을 통해 다음과 같은 효과를 기대할 수 있다.

첫째, 축종에 따른 최적환경 조성으로 농가의 생산성 향상을 도모할 수 있다. 축사의 온·습도, 먼지, 유해가스 등 사육환경을 모니터링하고 제어할 수 있는 환경관리 ICT장비를 통해 사육단계별 최적환경을 조성할 수 있다. 낙농농가를 예로 들면, 젖소는 여름철 고온에 취약한 특성을 지니므로 축사 내 온·습도 및 송풍팬관리가 중요한데 축사환경 실시간 모니터링과 제어를 통해 세밀한 관리가 가능하다.

둘째, 원격관리가 가능하여 작업자의 시간과 공간의 제약을 줄여줄 수 있다. ICT장비를 통한 섭취량, 체중 등의 자동 계측과 개체별 적정관리는 노동력 절감 및 사료의 허실 방지를 통한 생산비 절감을 가능케 한다. 양돈 농가를 예로 들면, 사료급이 및 체중에 대한 원격관리를 통해 정밀한 급이관리가 가능하다. 급이관리에 개체 인식기술을 적용하여 모돈과 자돈의 강건성 향상, 출하돈 체중의 균일도 제고가 가능하다.

셋째, 농장관리의 리스크를 줄여준다. CCTV 영상정보 모니터링을 통해 축사시설 · 장비 가동에 치명적인 영향을 끼칠 수 있는 상황에 대처하거나 축사 안전과 관련된 장치를 설치하여 낙뢰 · 화재 등과 같은 사고에 대비할 수 있다.

그 외에도 생체정보 수집장치를 도입하면, 일부 대사성 질병의 조기 예찰이 가능하여 개체의 질병발생관리에 유용하게 활용될 수 있다.

서울대 차세대융합연구실 연구결과(2016년)에 따르면, 스마트 축사의 도

그림 6-9 | 축산분야 스마트팜

출처: 농림수산식품교육문화정보원(2017), "스마트팜 선도사례집".

입효과는 사료비 9.2% 감소, 고용비 6.6% 감소, 분만율 2.5% 향상, 상등급 출현 6.9% 향상, 질병발생 피해액 43.9% 감소 등으로 나타났다.

3.3 축산분야 스마트팜 보급 현황

정부는 스마트팜 지원사업의 대표사업인 ICT 융복합사업을 통해 축산업 분야의 스마트 축사 확산 · 보급을 중점적으로 추진하고 있다. 2017년 농림축산식품부는 2022년까지 스마트 축사를 5,750호까지 확대한다는 목표를 세우고 추진 중인데, 이는 축산전업농(약 2만 3,000호)의 약 25%에 해당하는 규모이다.

그 결과 2017년 스마트 축사 보급 농가 수는 801호로 목표 730호 대비 109.7% 달성하였다. 양돈, 양계, 낙농, 한우농가의 스마트 축사 지원은 2016년 430호에서 2018년 1,425호로 2년간 3.3배 규모로 증가하였다.

| 표 6-5 | 축산분야 스마트팜 보급 현황

구분(누계)	2013년 이전	2014년	2015년	2016년	2017년	2018년	2019년 (목표)	2022년 (목표)
스마트 축사 보급 농가 수(호)	-	23	181	430	801	1,425	2,150	5,750

출처: 농림축산식품부 보도자료(2019년 9월 4일)를 재정리함.

3.4 축산분야 스마트팜 발전을 위한 해결과제

축산분야의 국내 ICT 융합기술은 과거 네덜란드 등으로부터 수입 · 설치에서 최근에는 농림축산식품부와 국내업체들의 지속적인 연구개발과 ICT

모델화 사업추진에 힘입어 축사 통합환경 모니터링 및 제어, 사료빈관리기, 증체량관리기 등 축산 ICT장비 개발과 국산화가 가속화되고 있는 추세이다.

현재까지는 환경 측정 센싱과 단순 축산시설 위주로 연구와 개발이 진행되어 왔으나 앞으로 신규 개발이 필요한 기술과제도 적지 않다. 주요 농업선진국에서는 실시간 탐지 및 모니터링에서 나아가 4차 산업혁명 기술을 이용한 개체별 행동패턴분석을 통하여 개체, 축사환경관리를 실시하고 있다.

우리나라 축산분야 스마트팜의 현 기술 수준과 향후 발전과제를 살펴보면 다음과 같다.

우선 양돈의 경우 전체 축산분야 중 가장 ICT 융합기술이 발달된 분야로, 개체관리 및 군사관리가 가능하며, 사양관리 및 모니터링시스템과 연결하여 실시간관리가 가능한 수준이다. 해외의 경우 행동패턴분석을 통한 사료 급이 조절기술, 발성음분석을 통한 개체별 건강상태관리기술 등이 개발 · 보급되고 있는 추세이다.

양계의 경우, 환경 측정 센싱과 이를 통한 환기 및 온도관리 수준에 머물고 있다. 향후 환경 측정뿐만 아니라 열 변화를 이용한 수정란 선별 및 건강관리기술의 개발이라든가 부리로 쪼는 음향 등을 측정함으로써 섭식행동을 분석하여 먹이섭취량을 관리하는 기술 등의 개발로 발전이 필요할 것으로 본다.

낙농 · 한우는 발정 탐지, 로봇 착유 등의 개체관리기술이 개발되고 있으나, 현재는 단순 정보 수집 및 모니터링 수준이라 할 수 있다. GIS, RFID를 이용한 분만탐지기술, 개체별 모니터링 등을 통한 개체별 최적환경 조성 등이 요구된다.

한편 ICT기술에 대한 필요 인식이 어느 정도 형성된 양돈분야에서는 여러 종류의 ICT장비 중에서도 농가 생산성에 도움이 되는 장비 중심으로 수요가 증가하고 있다. 그러나 앞으로는 동물복지에 대한 인증기준이 늘어남에 따라 양돈, 한우, 양계분야의 ICT를 활용한 동물복지형 가축관리기술의 개발이 중요 과제로 떠오를 것으로 예상된다.

사회적으로도 동물복지에 대한 화두가 부상되고 있음에도 불구하고, 현재 가축의 동물복지 상태 평가 방법들은 관리자 또는 평가자의 육안판별 또는 평가지표를 이용한 수치화가 대부분이어서 가축의 건강상 문제점을 신속히 판단할 수 없다는 문제가 있다. 이를 해결하기 위해 ICT기술을 활용하여 축종별 동물복지 실시간 모니터링기술을 개발하고, 데이터 기반 농장주 의사결정지원 AI시스템 개발 등이 활발히 이루어질 것으로 예상된다.

참고 **사 | 례 | 소 | 개**

축산분야 양돈 스마트팜 '이레농장'(경기 양주)

경기도 양주 이레농장의 신축 돈사에 들어섰을 때 잘못 찾아온 줄 알고 한참을 두리번거렸다. 놀랍게도 양돈 농가 특유의 고약한 냄새가 전혀 안 났기 때문이다. 복장만 작업복일뿐 리조트에 놀러온 젊은이의 분위기를 풍기는 양돈 11년차 이정대 실장은 현재 200두 규모의 양돈장을 총괄하며 많은 변화를 이끌고 있다. (중략)
최소한의 인원이 편하고 쉽게 일할 수 있는 환경을 만들기 위해 2015년 신축 돈사를 지을 때 처음부터 ICT를 도입했다. 가장 신경을 쓴 부분은 환기시설이다. 돼지는 호흡기가 매우 약해 공기에 문제가 있을 경우 집단폐사의 위험이 있기 때문이다. 환기시스템은 온도와 습도에 따라 입기량과 배기량을 최적의 상태로 설정해 놓으면 환풍기가 돌면서 자동으로 적정값을 계속 유지한다. 이레농장의 시스템은 정전이 돼도 자동으로 적정환경을 맞추고 나서야 멈춘다. 환기를 위한 환풍기 이외에도 습도조절장치와 돈사의 상태를 살피는 CCTV가 사람의 역할을 대신한다. 이들 시스템에 문제가 생길 경우 스마트폰으로 바로 통보가 오므로 재빠르게 대처할 수 있다. 물론 스마트폰으로 모든 것을 조종한다. 손바닥 위에서 돼지를 키우고 있는 셈이다.

ICT를 도입하기 전에는 하루에 대여섯 번 돈사를 돌봐야 했다. 온도나 습도 등의 적정수치들도 데이터화된 것이 없어 오로지 경험에서 오는 '감'에 의존해야 했다. 하지만 지금은 다르다. 이레농장 신축 돈사(비육사)의 업무는 하루 한 번 출근해 1시간 정도면 모두 끝난다. 업무라는 것도 돈사를 둘러보는 정도에 불과하다. 시스템이 자동으로 돌아가고 있으니 예전 같으면 3~4명이 필요했을 일을 1~2명이 일주일에 7시간 정도면 충분히 마친다.
생산성 향상은 실적으로도 확인할 수 있다. 이 실장이 양돈에 뛰어든 10년 전만 해도 폐사율이 30%였던 것이 지금은 0.3%에 그친다. MSY(모돈 1마리당 1년에 출하한 마리 수)도 10년 전에는 당시 전국 평균인 15두와 같았으나 올해는 24두 이상의 실적을 올렸다. 이는 전국 평균 18두보다 훨씬 높은 수치로, 앞으로 26두까지 내다보고 있다.

출처: 농림수산식품교육문화정보원(2017), "스마트팜 선도사례집"에서 발췌하여 가공함.

Chapter 7 스마트팜의 형태별 종류

지금부터는 시설원예 스마트팜을 중심으로 시설형태에 따른 종류와 특징, 주요 기술과 개발 현황, 국내외 동향 및 사례, 사업계획 수립, 향후 전망 등에 대해 알아보고자 한다.

스마트팜은 시설형태에 따라 크게 온실형 스마트팜(유리온실, 플라스틱온실)과 식물공장(인공광 식물공장)으로 구분할 수 있다. 온실형 스마트팜에서는 자연환경으로부터 부분적으로 차단된 인공환경 속에서 태양광을 주로 이용하여 작물을 재배하며, 식물공장에서는 완전히 밀폐된 인공환경 속에서 인공광 등 환경조건을 인위적으로 제어하여 작물을 재배한다.

그림 7-1 | 원예작물 재배시설의 변천

1 유리온실과 플라스틱온실

스마트팜 시스템이 가장 많이 적용되는 시설형태는 비닐하우스로 대표되는 플라스틱온실과 유리온실이다. 네덜란드 등 스마트팜 선도국가에서는 내구성과 광투과율 등의 장점 때문에 유리온실을 주로 이용하고 있으며, 우리나라는 기존 시설에의 도입 용이성 및 투자비용 효율성을 고려하여 플라스틱온실을 중심으로 스마트팜 모델이 개발되었다. 최근에는 플라스틱온실의 내구성이나 광투과율도 과거에 비해 많이 개선되어 경쟁력을 갖추는 추세이며, 비용경쟁력을 앞세워 다양한 국가로 수출도 확대하고 있다.

1.1 온실의 개념과 온실형 스마트팜의 특징

온실(Greenhouse)이라 함은 식물의 생육환경을 개선하기 위해 재배공간을 대기환경과 격리한 식물재배시설을 말하며, 식물의 주요 생육환경을 인공적으로 조절할 수 있다는 특징을 가지고 있다.

온실형 스마트팜은 온실 환경요인과 재배상을 완벽하게 통제하고 외부 환경과 분리된 밀폐형 시설과는 달리 외부 자연환경의 영향을 완벽하게 통제하는 것은 불가능하다. 그러나 외부에서 들어오는 빛과 열에너지를 이용하여 온실 내부 환경을 인위적으로 조절하면서 식물을 재배할 수 있다. 외부 환경의 영향을 재배에 적절히 활용하거나 통제하기 위하여 그리고 기상조건의 변화에 구애받지 않고 작물을 연중 재배하기 위하여 특정 조건하에서 햇빛의 차단과 개방, 온도 및 습도의 관리, 공기 순환 등을 위한 장치와 환경제어기술이 중요한 역할을 한다.

온실형 스마트팜은 햇빛이 투과되는 재질로 온실 외부를 덮어 대부분 태양광을 광원으로 사용하고 있으나, 필요에 따라 인공광원을 설치하여 빛을 보충해 작물을 생산하기도 한다.

온실형 스마트팜은 적정 생육온도 대비 고온에 대한 대책으로 세무냉방(미세 물방울 기화냉각), 에어컨 또는 지열 히트펌프방식의 냉방을 필요로 하며, 겨울철 등 한랭조건에 대비하여 난방시설을 필요로 한다.

또한 지나치게 많은 햇빛이 들어올 경우 시설 내부 냉방부하 증가의 원인이 되기 때문에 냉방시스템뿐만 아니라 온실에 그늘을 형성하는 차광커튼 등의 장치를 설치해 유입되는 일사량 일부를 차단해야 한다.

1.2 피복재에 따른 분류(유리온실과 플라스틱온실)

온실 피복재는 주간에 온실 내부로 들어오는 태양복사열에 의해 내부 온도를 상승시키는 역할을 하므로 투광성과 보온성이 우수하여야 한다. 그러나 투광성과 보온성은 서로 상반된 물리적 성질로 인하여 동시에 만족하기 어렵다. 따라서 유리온실이든 플라스틱온실이든 피복재 재질은 투광성과 보온성은 물론, 무적성[1]과 내구성이 우수하고 시공이 용이해야 한다.

온실은 피복재의 종류에 따라 크게 유리온실과 플라스틱온실로 구분된다.

유리온실(Glasshouse)은 빛이 투과되도록 유리로 만든 온실로 투광성, 내구성, 보온성 등이 우수하다는 장점이 있으나 유리를 지탱하기 위해서는 골격 자재가 견고해야 하므로 설치비용이 많이 든다. 사용되는 유리 재질로는 투명유리, 산광유리, 복층유리 등이 있으며, 주로 두께 3~4mm의 판유리가 가장 많이 사용된다.

플라스틱온실(Plastic Greenhouse)은 파이프 골조에 플라스틱필름을 피복재로 사용한 온실이며, 사용되는 필름의 종류는 연질필름, 경질필름, 경질

1 물방울이 부착되지 않고 흘러내리는 정도 또는 표면에 친수성이 있어서 물방울이 부착해도 물방울이 엷은 수막상을 형성하여 식물체에 직접 차가운 물이 떨어지지 않는 기능

| 표 7-1 | 플라스틱온실의 피복재 종류

구분	두께(mm)	필름 자재
연질필름	0.075~0.2	폴리에틸렌(PE), 염화비닐(PVC), 초산비닐(EVA), 폴리올레핀계(PO)
경질필름	0.1~0.25	폴리에스터(PETP), 불소수지(에틸렌, ETFE) 등
경질판	0.5~2	FRP, FRA, PC, 아크릴(MMA)

판이 있다.

연질필름온실은 일반적으로 비닐하우스라고 불리며, 피복재로 사용되는 연질필름은 PE, PVC, EVA, PO계 등의 소재를 활용한 부드럽고 얇은 필름으로 두께는 0.075~0.2mm 정도이다.

PVC(Polyvinyl Chloride)필름은 광선투과율이 높고 열전도율이 낮아 보온력이 뛰어나며 강도가 높아 내후성[2]이 강한 장점이 있다. 그러나 먼지가 잘 달라붙어 사용이 지속되면서 광선투과율이 떨어지며, 내한성이 약해 겨울철에는 찢어지는 등 파손에 주의하여야 하며 가격이 비싼 편이다.

PE(Polyethylene)필름은 광선투과율이 높고 필름 표면에 먼지 부착이 적다는 장점과 함께 가격이 저렴하여 널리 사용된다. 그러나 내구성이 약해 수명이 짧고 보온성, 투광성이 PVC, EVA에 비해 떨어지는 점은 단점이다.

EVA(Ethylene Vinyl Acetate)필름은 보온성과 내구성이 PE와 PVC필름의 중간 성질을 가진다. 물방울이 생기지 않는 무적성 때문에 사용이 증가하고 있다. PE필름에 비하면 내후성이 좋고 가벼우나 강도가 약하고 가격이 다소 비싼 편이다.

PO(Polyolefin)계 특수필름은 보온성과 투과성을 향상시키기 위해 폴리올레핀계 수지인 m-PE와 EVA를 3~5층으로 다층화하고 적외선 흡수제를 혼합한 필름이다. 물리적 구조가 튼튼하여 3~5년까지 장기 사용이 가능하다

2 실외의 빛, 비바람, 기온, 건조한 습도 등 자연적 장해를 견디는 성질

는 장점으로 사용이 증가하고 있다.

경질필름온실은 폴리에스터(PETP), 불소수지(에틸렌, ETFE) 재질의 0.1~0.25mm 필름을 사용하는데, 가벼우면서도 보온성이 좋고 아크릴판이나 FRP판에 비해 충격강도가 커서 잘 파손되지 않아 내용연수가 10~15년으로 긴 편이다.

경질판온실은 FRP(유리섬유강화폴리에스터), FRA(유리섬유아크릴수지판), MMA(아크릴수지판), PC(폴리카보네이트)와 같은 소재의 0.5mm 이상되는 경질 플라스틱 피복재를 사용한다. 광선투과율이 높아 가시광선의 경우 90%의 투과율과 우수한 보온성 등 유리와 유사한 장점을 지니고 있으나 유리보다 가볍고 아크릴판이나 FRP판에 비해 충격강도가 커서 잘 파손되지 않는 편이다. 그러나 장기간 사용 시 황변현상, 이끼 등으로 광투과율이 저하되어 보급률은 저조한 편이다.

| 표 7-2 | 온실 피복재에 따른 분류 및 비교

구분	유리온실	경질필름온실	연질필름온실(비닐하우스)
피복재	투명 판유리	불소수지필름	PE, PO 등
골조재	각관 또는 H빔형 철골	각관형 철골	철재파이프
광투과율	90~95%	90% 이상	80% 내외
설치비용	90~110만 원/3.3㎡	70~80만 원/3.3㎡	25~30만 원/3.3㎡
주요 특징	• 투광성, 내구성, 안전성 • 높은 초기투자비용	• 투광성, 안전성 • 피복재 교체비용 부담	• 상대적으로 낮은 투광성 • 설치 용이, 비용 저렴

출처: 염성현(2015), "온실구조 · 환경 및 내재해형 규격시설."

1.3 지붕 모양에 따른 분류

온실은 지붕의 모양 또는 형식에 따라 양지붕형, 벤로형, 아치형 등으로 구분할 수 있다.

그림 7-2 I 지붕 모양에 따른 온실 유형

유리온실 스마트팜에서 주로 사용되는 유형은 양지붕형과 벤로형이 있다.

양지붕형 온실은 들보를 중심으로 지붕 양쪽의 길이와 기울기가 같은 좌우 대칭의 형태를 취한다. 광선투과가 균일하고 통풍이 잘되어 연중 활용이 가능하며 재배관리가 편리하기 때문에 유리온실 스마트팜에서 가장 일반적인 형태의 온실 유형이다. 과채류와 화훼류 재배에 전반적으로 널리 이용되고 있다.

벤로형 온실은 처마가 높고 너비가 좁은 양지붕형 온실을 연결한 형태로 연동형 온실의 단점을 보완한 구조이다. 네덜란드 등 유럽 등지에서 널리 사용되고 있다. 온실의 지붕너비가 좁아 지붕골조재의 길이가 짧고, 간격이 넓으며 트러스트형의 보 위에 지붕이 설치된다. 서까래 간격 조절에 의한 골격률을 낮출 수 있어 시설비가 절약되며, 투광률이 다른 온실에 비하여 높다는 장점이 있다. 토마토, 오이, 피망 등의 키가 큰 호온성 과채류 재배에 적합하다.

그림 7-3 | 양지붕형 온실구조

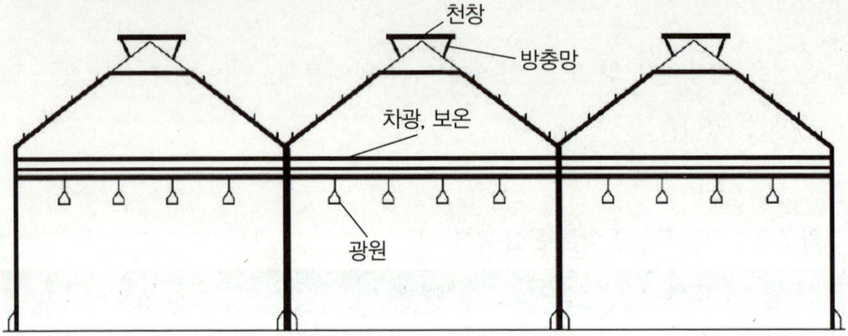

출처: 농촌진흥청(2013), "식물공장."

그림 7-4 | 벤로형 온실구조

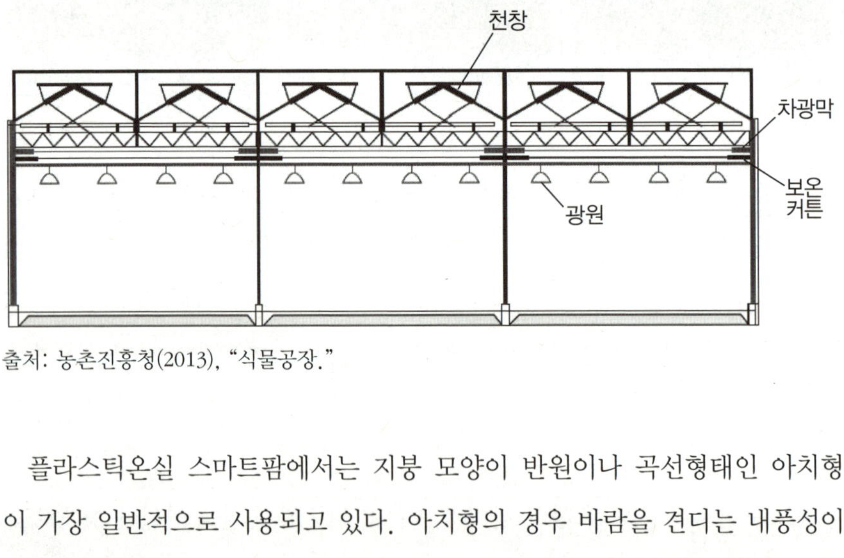

출처: 농촌진흥청(2013), "식물공장."

플라스틱온실 스마트팜에서는 지붕 모양이 반원이나 곡선형태인 아치형이 가장 일반적으로 사용되고 있다. 아치형의 경우 바람을 견디는 내풍성이 우수하고 태양광이 고르게 들어오며 파손위험이 적다는 장점이 있다. 그러나 양지붕형이나 벤로형에 비해 구조가 취약하여 상대적으로 자연재해에 불리하며, 사용되는 자재의 재질이나 내구성도 유리온실보다 열세이다. 이에 따라 구조 안전성 및 자재 내구성을 높인 하우스 모델이 개발되고 있는 추세이다.

그림 7-5 | 아치형 온실구조

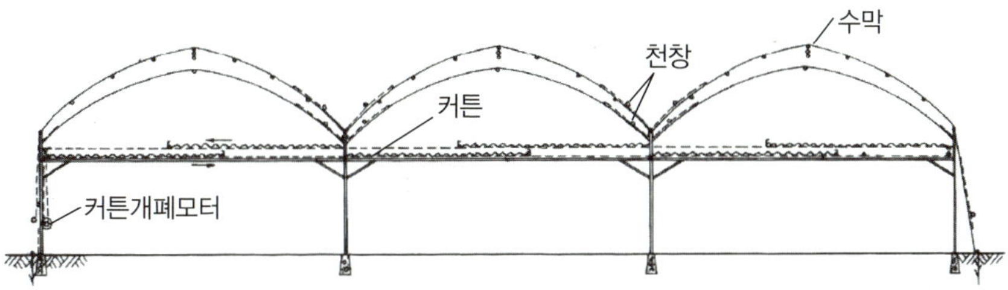

출처: 농촌진흥청(2013), "식물공장."

특히 국내에서도 대설, 강풍 등에 의한 재해로 인해 원예특작시설에 대규모 피해가 빈발함에 따라 국가 및 농업인의 경제적 손실을 최소화하기 위해 2006년 '원예특작시설 재해경감대책'을 수립하면서 그 대책 추진의 일환으로 내재해형 규격시설을 개발 및 보급하기 시작하였다. 2014년 개정 고시된 '원예특작시설 내재해형 규격 설계도 · 시방서' 6차 개정판은 내재해형 비닐하우스시설 규격 35종(연동 5, 단동 19, 광폭 8, 과수 3) 제시, 지역별 내재해 설계기준 등의 내용을 담고 있다.

시설원예분야 스마트팜온실 신축 및 시설보급 정부지원사업인 '스마트팜 ICT 융복합 확산사업'은 지원 자격에 '「원예특작시설 내재해 설계기준 및 내재해형 시설규격의 등록 등에 관한 규정」에 따른 규격시설'을 1순위 우선순위로 명시하고 있어 비닐하우스 시설 기반의 스마트팜을 추진하기 위해서는 내재해형 시설규격의 도입 검토가 필히 요구된다.

1.4 단동형 온실과 연동형 온실

온실은 동의 형식, 즉 지붕의 개수에 따라서는 단동형과 연동형으로 구분될 수 있다.

단동형은 온실 너비가 넓어지면 상대적으로 온실 높이가 높아지기 때문에

그림 7-6 | 단동형 비닐하우스 단면도 예시

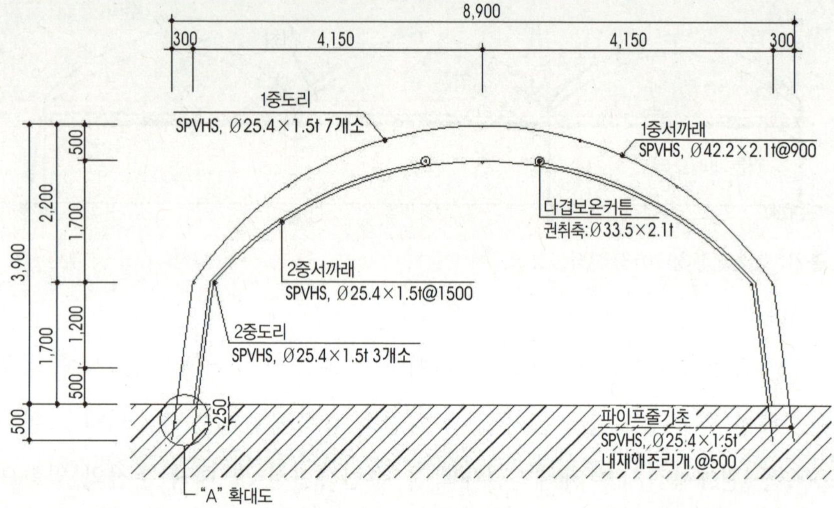

출처: 농촌진흥청(2014), "원예특작시설 내재해형 규격 설계도 · 시방서."

풍압에 불리하고 단위면적당 건축비도 증가한다.

연동형은 온실을 처마부분에서 연결시켜 높이는 그대로 유지하면서 재배면적을 확장한 형태이다. 즉 동일한 지붕을 2개 이상 연결하여 세운 온실로 동의 수에 따라 2연동, 3연동 등으로 부른다. 연동형은 보온성이 우수하고 시설비를 절약할 수 있으며 작업성을 향상시킬 수 있다. 그러나 빛이나 온도의 분포가 균일하지 못하고 통풍이 불량하며 쌓인 눈의 무게(적설 하중)에 취약하다. 연동형은 길이 방향을 남북으로 설치하는 것이 채광에 유리하다.

광투과율은 시설의 형태와 설치방향에 따라 달라진다. 특히 태양고도가 낮은 겨울철에는 시설의 설치방향에 따라 광투과율의 차이가 크게 나타나는데, 이는 연동형보다 단동형에서 더 크게 나타난다. 광량은 작물의 광합성과 생육에 직접적인 영향을 미치므로 스마트팜 레이아웃 설계 시 시설형태에 따라 최대 광량을 확보하기 위한 설치방향의 선정은 매우 중요하다.

그림 7-7 | 연동형 비닐하우스 단면도 예시

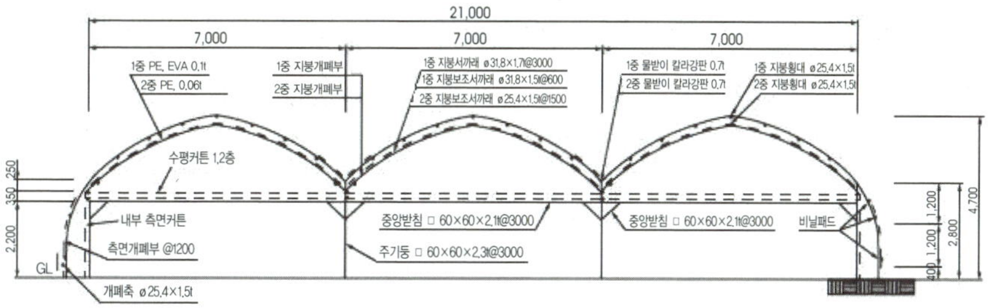

출처: 농촌진흥청(2014), "원예특작시설 내재해형 규격 설계도 · 시방서."

| 표 7-3 | 시설의 형태와 설치 방향에 따른 광투과율

계절	단동				연동(S형)			
	남북동		동서동		남북동		동서동	
	S형(30°)	A형(15°)	S형(30°)	A형(15°)	15°	30°	15°	30°
여름	83%	83%	74%	77%	82%	82%	78%	75%
겨울	71%	71%	84%	83%	65%	65%	62%	75%

* S형: 양지붕형, A형: 아치형, 지붕경사각: 15°와 30°
출처: 농촌진흥청(2018), "시설원예 환경관리 가이드라인."

2018년 기준 우리나라의 시설채소 온실면적 51,226ha 중 연동형 시설은 6,569ha로 12.8%를 차지하고 있으며, 단동형 및 기타(비가림 등) 시설이 87.3%를 차지하고 있다.

우리나라의 스마트팜 확산속도가 느린 가장 큰 원인 중 하나로 시설구조와 규모의 취약성을 지적할 수 있는데, 시설원예의 경우 국내 온실의 대부분이 단동형 비닐하우스이며 ICT를 적용할 때 더 큰 효과를 기대할 수 있는 연동형 온실은 증가 추세이긴 하지만 아직까지 전체에서 차지하는 비중이 낮기 때문이다. 따라서 스마트팜 확산을 통한 국내농업의 고부가가치화를 실현하기 위해서는 시설의 규모화와 단지화가 시급히 요구된다.

| 표 7-4 | 시설채소 온실 현황 (단위: ha)

구분		시설채소 전체	비닐하우스	경질판온실	유리온실
총면적		51,226	50,876	65	285
시설 유형	단동	43,655	43,617	24	14
	연동	6,569	6,256	42	271
	기타	1,003	1,003	-	-

출처: 농림축산식품부(2019), "2018 시설채소 온실현황 및 채소류 생산실적."

2 식물공장과 컨테이너 팜

식물공장이란 환경조절을 통해서 작물의 주년생산, 계획생산이 가능하며 작물의 수량과 품질을 조절할 수 있는 공장형 식물생산시스템을 말한다. 광원, 재배시스템형태, 시설물형태에 따라 여러 유형으로 분류할 수 있다. 식물공장의 장점은 시간과 공간의 제약을 받지 않고 작물을 대량으로 계획생산할 수 있으며, 고품질의 청정 농산물 생산이 가능하며, 완벽한 자동화와 생력화가 가능하다. 단점으로는 초기 시설투자 및 시설의 운영과 관리에 많은 자금이 소요되며 작물 선택이 제한적이다.

2.1 식물공장의 개념과 특징

식물공장은 가뭄, 홍수 등 이상기후현상이 빈번하게 발생하는 가운데에도 안정적인 농산물 생산이 가능하며, 양분조절 및 환경조절기술로 고품질의 작물 생산이 가능하여 미국, 일본, 유럽 등 선진국에서는 미래농업의 대안으로 인식하며 연구와 투자를 계속해오고 있다. 본격적인 실용화 연구는 일본과 미국을 중심으로 1970년대부터 이루어져 왔으나, 채산성 부족으로 중단되었다가 2000년대에 들어 다양한 분야에서 참여하며 새로운 성장동력으로 부상하고 있다. 특히 일본은 식품, 유통회사뿐만 아니라 후지쓰, 파나소닉 등 IT기업들이 정밀한 공정관리기술을 적용하여 여러 형태의 식물공장을 운영하며 가장 빠른 속도로 상업화가 진전되었다.

우리나라에서는 1996년 농촌진흥청에서 식물공장 연구에 착수하여 2004년에 자연광 식물공장을 개발하였으며, 2009년 'IT-LED 기반 식물공장을 위한 핵심부품 개발과제'가 신성장동력 스마트 프로젝트사업으로 추진된 이래 인공광 식물공장 연구 또한 활발히 수행되고 있다. 그동안의 성과가 축적되면서 자동화요소기술, 재배기술 등이 비약적으로 발전하고 있으며, 현재 대학, 민간업체 등에서 LED 등 다양한 식물공장 연구가 활발히 진행되고 있다.

식물공장이란 "농작물에 대하여 통제된 시설 내에서 빛, 온도, 습도, 양액조성, 대기가스 농도 등 재배환경조건을 인공적으로 제어하여 계절이나 장소에 관계없이 농작물을 공산품처럼 연속 생산하는 농업의 형태"로 정의할 수 있다. 온도와 습도 등 작물의 생육환경 전반을 제어하고, 특히 인공 광원으로 농작물을 재배하는 고도화된 시설농업으로서 날씨나 계절에 관계없이 농작물을 연중 안정적으로 대량생산할 수 있다.

보다 구체적으로 식물공장의 장점을 살펴보면 다음과 같다.

첫째, 토양, 풍토 등의 자연조건이나 지리적 입지조건에 큰 영향을 받지 않는 전천후 농업이 가능하다.

둘째, 통제된 시설과 장치를 이용하여 계절이나 기후변화에 관계없이 연중 안정적인 농업 생산이 가능하다.

셋째, 소비자의 식품안전에 대한 인식이 높아지면서 무농약 등 안전한 농산물에 대한 수요가 증가하고 있는 현실에서 친환경, 유기농채소를 대량으로 계획생산하여 합리적인 가격으로 판매할 수 있다.

넷째, 태양광 대신 LED 등의 조명을 사용하고, 좁은 면적에서도 트레이를 층층이 쌓아 일반 생산량의 60배 등으로 수확 극대화가 가능하다.

다섯째, 기능성 작물의 유효성분 효율을 제고하도록 생육조건을 인공적으로 통제하여 대량생산이 가능하므로 농산물시장 다변화 및 새로운 시장 기회에 능동적으로 대처할 수 있다.

여섯째, 온실가스 저감의 대표적 기술인 LED를 활용해 에너지 저감이 가능하다.

일곱째, 식물공장에 사용되는 물을 도시 중수로 이용하고, 식물공장에서 발생하는 수증기는 포집하여 깨끗한 식수로 사용할 수 있다.

농촌진흥청에서는 식물공장의 필요성에 대하여 단위면적당 생산성의 획기적인 증대, 농산물의 지속적인 안정 생산 및 소비자의 수요와 기호에 부응, 편한 농작업 구현과 노동생산성 향상의 3가지 요인을 제시하였으며, 다음과 같이 식물공장의 5대 핵심기술을 'P.L.A.N.T'로 정리하였다.[3]

- Place(장소): 사막이나 바다, 극지 등 환경에 구애받지 않고 어디에서나 건설이 가능해 장소의 한계를 극복할 수 있다.
- Light(빛): 음극선관 형광등, 고압나트륨, LED 등 다양한 광원을 이용하여 작물의 광합성과 생육을 조절할 수 있다.
- Auto(자동화): 각종 자동화기술과 로봇화, 원격제어 등으로 씨뿌리기(파종)부터 거두기(수확)까지 자동화가 가능하다.
- Nutrient(양분): 식물 생장에 적합한 양분을 공급하여 품질을 높이고 기능성분을 강화할 수 있다.
- Temperature(온도): 온도를 조절하여 열대에서 온대까지 다양한 식물을 재배하고 생육속도와 거두는 시기(수확기)를 조절할 수 있다.

3 농촌진흥청(2013), "식물공장."

그림 7-8 | 식물공장 5대 핵심기술 P.L.A.N.T

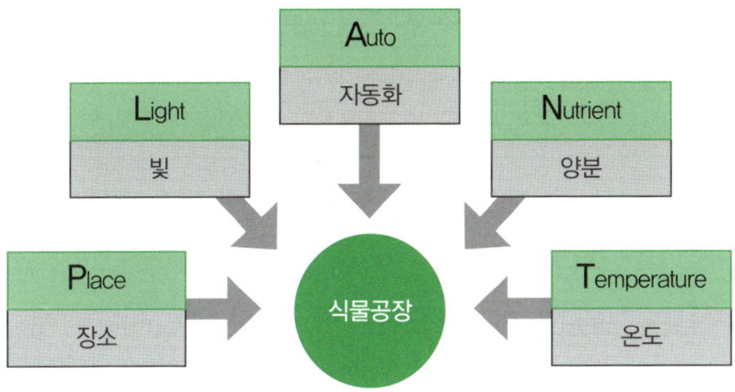

출처: 농촌진흥청(2013), "식물공장."

2.2 식물공장의 분류

식물공장은 광원, 재배시스템형태, 시설물형태에 따라 유형을 분류할 수 있다.

첫째, 광원에 따른 분류로는 '태양광 병용형'과 '인공광형(완전밀폐형)'이 있다. 식물재배에 있어 가장 중요한 광합성 작용에 필수적인 요소기술이 광원기술이기 때문에 조명방식(광원)을 기준으로 식물공장 유형을 분류하는 방식이 가장 보편적이다. 또한 광원으로 어떤 조명방식을 채택할 것인가는 식물공장의 건물형태나 건물 내 재배설비의 구조와 관련되므로 중요하다.

조명을 태양광에 의존하는 경우, '태양광 병용형' 식물공장이라고 한다. 자료에 따라서는 '자연광 이용형' 식물공장이라고 부르기도 한다. 주로 단층 건물(시설)로서 작물 재배설비도 평면형으로 되어 있는데, 이는 비닐하우스나 유리온실처럼 투명한 천창을 통해 들어오는 태양광을 직접 이용해야 하기 때문이다.

조명설비를 인공광에 의존하는 경우, '인공광형(완전밀폐형)' 식물공장이라고 한다. 일부에서는 인공광형 식물공장을 진정한 의미의 식물공장으로 간주하기도 한다. 재배공간이 외부 환경으로부터 격리되어 있어 빛, 온도, 습도 등 작물의 생육에 필요한 환경제어 문제를 완전히 인공적으로 통제함으로써 연중 생산이 가능하다. 대체로 다단형 설비를 갖추거나 복층형 건물을 구축하는데, 이는 한정된 대지면적에서 최대한 많은 재배면적을 확보할 수 있기 때문이다. 태양광만을 이용할 경우 최상층 및 각 층 일부만 광을 받을 수 있으므로 인공광 설비가 필수적이다.

그림 7-9 | 인공광형 식물공장(좌)과 태양광 병용형 식물공장(우)

출처: 농촌진흥청(2013), "식물공장."

둘째, 작물을 배치하는 재배시스템형태에 따른 분류로는 '수평형(평면식)'과 '수직형(입체식)'이 있다.

'수평형(평면식)'은 작물을 1단으로 배치하는 재배시스템형태로 재배관리가 편리하나 공간이용 효율이 낮다는 단점이 있다. 태양광 병용형 식물공장에서는 대부분 수평형 재배시스템을 채택한다.

'수직형(입체식)'은 작물 재배 베드(Bed)를 여러 단으로 배치하는 다단형 설비를 활용해 작물을 수직으로 배치하며, 이러한 형태의 식물공장을 '수직농장(Vertical Farm, 버티컬팜)'이라고도 부른다. 공간이용 효율이 높은 반면, 빛, 온·습도 등을 균일하게 유지할 수 있는 기술이 요구되며 자동화에

| 표 7-5 | 태양광 병용형 식물공장과 인공광형 식물공장 비교

구분	태양광 병용형 식물공장	인공광형 식물공장
건물구조	고도의 시설원예	완전 밀폐된 시설
광원	고압 나트륨램프, 메탈핼라이드 램프	형광등, LED
온도조절	대형 냉난방기	특수 공조시설, 냉난방기
환경제어	외부 영향을 받아 정밀제어가 곤란	정밀제어가 가능
재배방식	평면식, 입체식	입체식
재배식물	과채류, 화훼류, 엽채류, 허브류	엽채류, 허브류
생육관리	균일한 생육관리 곤란	안정적인 생육관리 가능
생산성	연중 생산이 가능하나 계절적인 영향을 받기 쉬움	계절적인 영향이 없이 연중 생산 가능
시설비	저렴(투자 대비 수익 높음)	고가(수익 대비 투자비 높음)
주요 유지비	냉난방비, 인건비	전기료(조명, 냉난방), 인건비

출처: 농촌진흥청(2013), "식물공장."

많은 비용이 든다. 인공광형 식물공장에서는 대부분 수평형 재배시스템을 채택한다.

셋째, 시설물형태에 따른 분류로는 '빌딩형(건물형)', '조립형(창고형)', '컨테이너형'이 있다.

'빌딩형(건물형)'은 지붕과 네 개의 벽면으로 이루어진 구조물형태로 태풍, 홍수, 가뭄 등 기상재해로부터 안전하고 효과적인 재배가 가능하며, 대도시에서도 작물재배가 가능해 운송료 절감이 가능하다. 그러나 초기 건설비용이 많이 소요되므로 선택적 시설투자가 필요하며, 신축 대신 기존 건물의 유휴공간, 빈 공공건물 등을 활용하는 방안도 고려할 수 있다.

그림 7-10 | 빌딩형(건물형) 식물공장

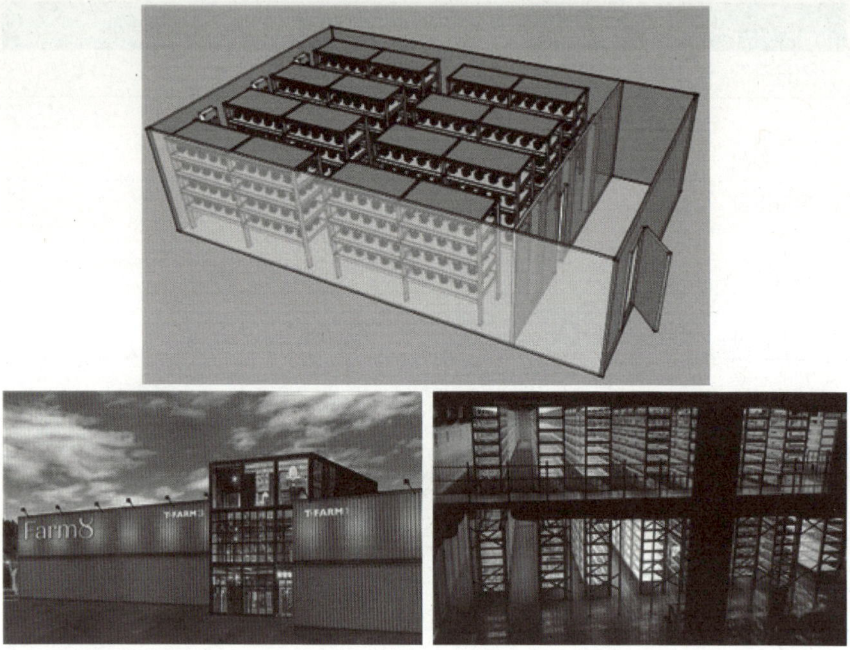

출처: 농촌진흥청(2013), "식물공장"; 팜에이트 홍보자료.

'조립형(창고형)'은 양면이 철판으로 되어 있고 철판 사이에 단열재가 들어 있는 샌드위치 패널을 사용한 조립식 건축물형태이다. 샌드위치 패널은 단열성과 내구성이 뛰어나고 유지보수가 용이하며, 공장에서 생산한 제품을 현장에서 조립하여 설치하기 때문에 공사기간이 단축되고 시공비가 저렴한 장점이 있다. 공장 부지가 허락하는 한 원하는 규모대로 건축이 가능하며, 공장 내부에 재배실, 육묘실, 사무실 등의 공간 배분이 용이하고, 패널, 광원, 재배선반 등을 자유롭게 배치 · 설치할 수 있다.

그림 7-11 | 조립형(창고형) 식물공장

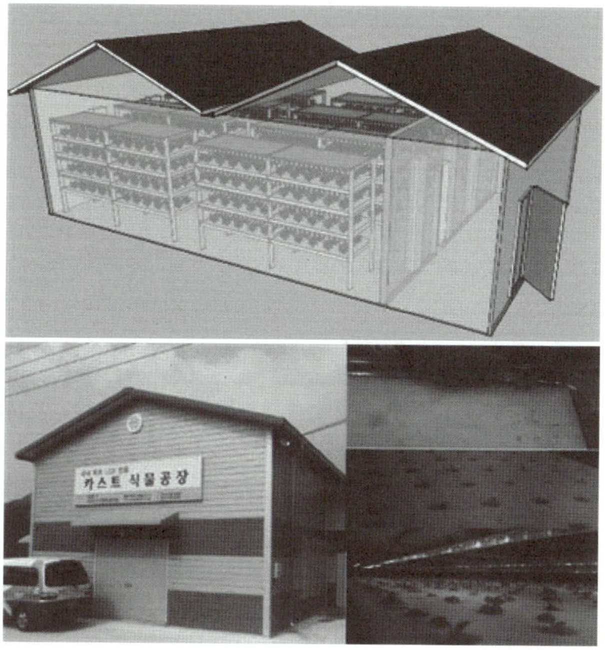

출처: 농촌진흥청(2013), "식물공장"; 카스트엔지니어링 홈페이지.

'컨테이너형'은 냉동 컨테이너 또는 일반 컨테이너를 식물재배에 알맞게 개조한 구조물로 독립적인 단위 재배시설을 갖추고 있다. 이동 가능한 밀폐형 컨테이너 내부에 냉난방 공조장치, 인공광원, 환경(양액, 온도, 습도, CO_2, 공기흐름 등) 제어장치를 최적화하여 외부 기후환경과 무관하게 사계절 작물재배가 가능하다.

방열, 부식, 침식 방지 등 내구성이 강하고 단열도 우수하여 에너지 사용효율이 높고, 병해충 예방 효율이 우수하다. 이동이 가능하여 필요 시 타 부지로 옮겨 재배가 가능하며, 초기 투자위험이 적고 컨테이너 증설을 통해 규모 확대가 용이하다는 점은 컨테이너형 식물공장의 장점이다.

그림 7-12 | 컨테이너형 식물공장

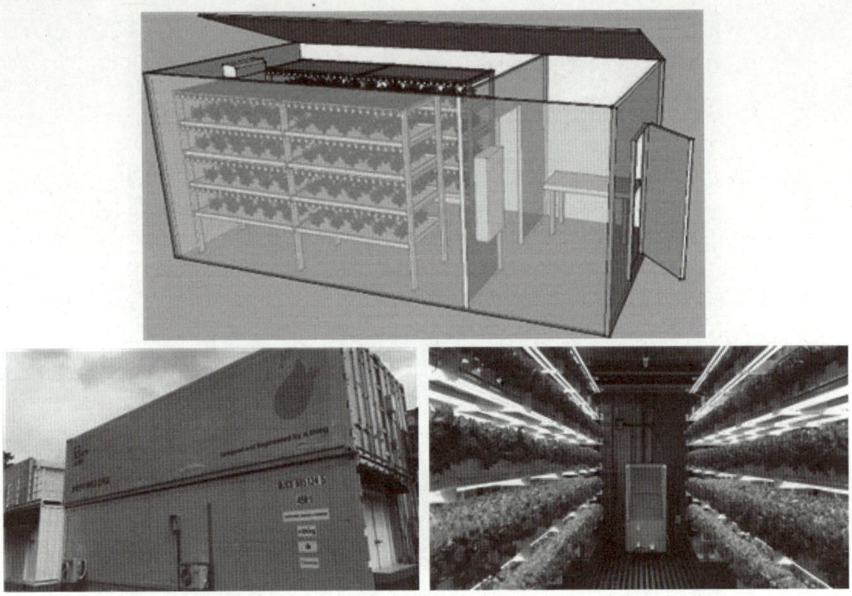

출처: 농촌진흥청(2013), "식물공장"; 엔씽 플랜티큐브 홍보자료.

2.3 컨테이너 팜

앞서 살펴본 식물공장의 시설형태별 분류 중 컨테이너형은 초기 투자비용이 적어 리스크 부담이 덜하며 전기와 물만 공급 가능하다면 별도의 설치공사 없이도 식물공장의 기능을 충분히 할 수 있기 때문에 벤처기업부터 지자체, 귀농인까지 관심이 높아지고 있다. 컨테이너형 식물공장은 컨테이너형 스마트팜 또는 줄여서 컨테이너 팜이라고 부르기도 한다.

컨테이너 팜은 냉동 컨테이너 타입과 일반 컨테이너 타입이 있다.

컨테이너 팜에는 일반적으로 냉동 컨테이너를 개조하여 사용되는데, 이는 냉동 · 냉장제품의 운송을 위해 철판 사이에 70~120mm 두께의 폴리우레탄 폼을 주입한 단열재가 사방을 둘러싸고 있어 보온성과 단열성이 우수하기 때문이다. 온도제어 유닛 내장식 히터타입으로 고장이 적고 외부에 별도로 부착되는 장치가 없는 형태이다.

일반 화물용 컨테이너의 경우에는 열전달이 빠른 철제로 되어 있기 때문에 컨테이너 팜으로 개조하기 위해서는 냉난방을 위한 단열처리 등의 보완이 필요하다. 단열재로는 스티로폼, 글라스울 등이 사용되고 내벽면은 반사율을 높여 빛이용 효율을 높일 수 있다.

컨테이너 규격은 20ft형과 40ft형으로 2종이 있다.

20ft형의 규격은 6,058×2,438×2,591mm(장×폭×고)이며, 컨테이너 좌우에는 3~5단의 재배선반(작물 종류에 따라 재배단수 결정), 광원, 냉난방

그림 7-13 | 20ft형 컨테이너 팜의 규격 및 내부구조 설계 예시

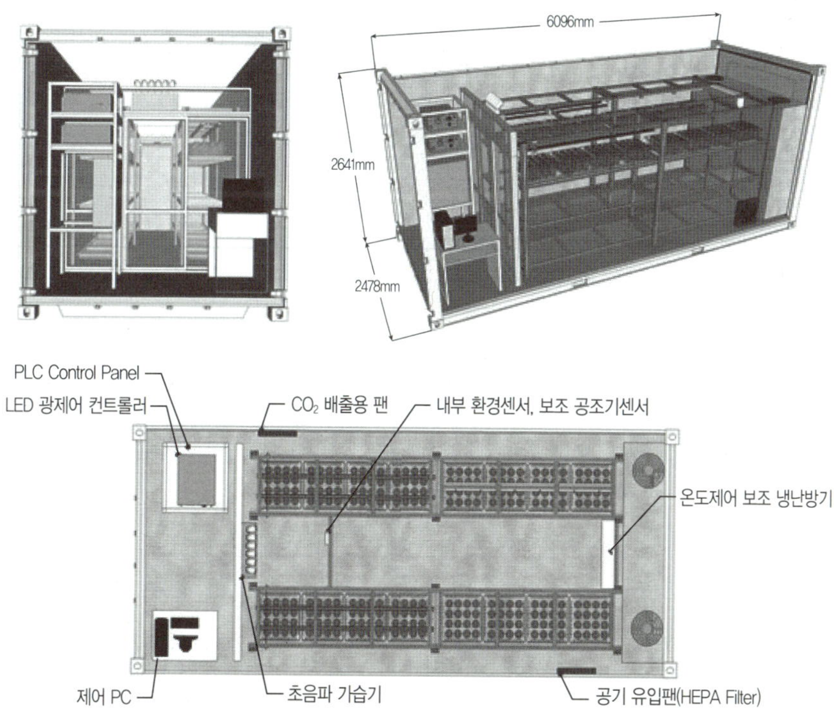

출처: 조우식 외(2019), "컨테이너형 버섯식물공장시스템 설계 및 노루궁뎅이버섯 생산", 한국버섯학회지, 14(4), pp.249-252.

기, 열교환기, 양액공급순환시스템, 환경제어장치 등을 설치한다. 구조 및 내부 설계는 [그림 7-13]의 예시를 참조하기 바란다.

40ft형의 규격은 12,192×2,438×2,591mm(장×폭×고)이며 내부에 설치하는 장비 종류나 레이아웃에 큰 차이는 없다. 구조 및 내부 설계는 [그림 7-14]의 예시와 같다.

그림 7-14 | 40ft형 컨테이너 팜의 규격 및 내부구조 설계 예시

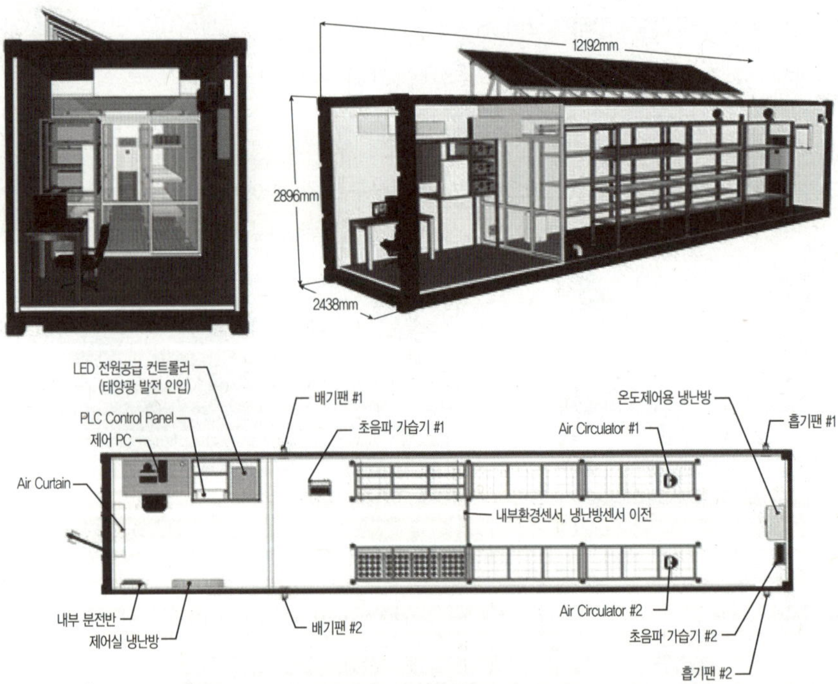

출처: 조우식 외(2019), "컨테이너형 버섯식물공장시스템 설계 및 노루궁뎅이버섯 생산", 한국버섯학회지, 14(4), pp.249-252.

현재 컨테이너형 스마트팜의 재배 작물 관련 통계 현황은 별도로 확인되지 않고 있으나 국내 식물공장 운영업체들을 대상으로 재배 작물 현황에 대해 조사한 결과 엽채류, 허브류, 버섯류를 중심으로 재배가 이루어지고 있다. 해외 선도업체의 경우에도 엽채류, 허브류를 주력으로 생산하여 판매하고 있었으며, 일부 업체는 과채류(딸기 등), 화초류 및 근류(당근, 콜라비 등)의 생산도 이루어지고 있다.

| 표 7-6 | 국내 컨테이너형 스마트팜 재배 작물 현황

구분	주요 재배 작물
엽채류	양상추, 상추, 로메인, 적근대, 비타민, 치커리, 겨자, 시금치, 루꼴라, 어린잎채소, 버터헤드, 아티코, 멀티그린, 멀티베이비, 멀티레드, 청경채
허브류	바질, 애플민트, 세이지, 고수, 이태리파슬리
버섯류	송화버섯, 표고버섯, 노루궁뎅이버섯
기타	새싹삼

출처: 업체별 조사결과를 토대로 재정리함.

2.4 식물공장의 미래전망

우리나라의 식물공장 실용화 연구는 주요국에 비해 뒤늦게 출발하였지만 설비, 전자, 제어분야의 강점을 바탕으로 정부도 식물공장 육성 의지를 보이고 있어 미래전망은 밝다고 할 수 있다. 민간에서도 최근 몇 년 사이 많은 농업벤처기업들이 등장하여 컨테이너 팜을 비롯한 식물공장에 대한 벤처투자가 급증하고 있으며, 투자비용 감축, 운영 최적화 등의 성과를 바탕으로 중동, 중앙아시아 등으로 해외수출도 증가하고 있다.

식물공장산업의 발전을 위해서는 도전해야 할 과제도 적지 않다. 우선 높은 초기 설치비용을 최소화하고 생산성을 향상시키기 위한 노력이 무엇보다 중요하다. 이를 위해서는 LED를 비롯한 시설 및 장치 등의 설치비 절감을 위한 기초기술의 산업화가 시급하며, 규격별 표준설계도면 및 관련 소요자재의 표준화를 통한 경비 절감이 필요하다.

실제로 국내의 한 식물공장 선도업체는 지속적인 연구개발과 LED 등 부품가격 하락에 힘입어 최근에 기존 대비 절반 수준의 시설투자비용으로 식물공장을 증설하는 데 성공하였다. 이러한 활동은 식물공장의 수익성 제고로 연결되며 새로운 투자유치와 또 다른 연구개발로 이어져 산업의 발전에

| 표 7-7 | 식물공장기술분야별 중장기 추진방향

목표	단기	중기	장기
시설/자동화	저비용 생력화기술	자동화요소기술 고도화	무인화기술
	• 생력화 요인분석 • 저비용 생산성 향상 기술 • 소재, 장비 및 설비 국산화	• 식물공장 구조/자재 및 시스템 표준화 • U-IT 통합환경제어기술 개발 • 식물의 기능성 향상을 위한 공정 자동화	• 요소기술 자동화 및 시스템화 • 식물공장 공정관리로봇기술 • 수직농장 자동화기술
센싱	센서표준화 기술	센싱기술 고도화	지능형 복합센싱기술
	• 식물공장용 저비용센서 개발 • 센서 내구성 향상 기술	• 기능성 물질 계측기술 기초 연구 • 생육/생체정보 실시간 계측 및 평가 • 양액 이온농도제어 센서기술 실용화	• 식물공장용 지능형 복합센서 개발 • 실시간 작물 생육상태 및 성분 계측기술 개발 • 어레이 타입 다 항목 동시 측정센서 개발
광원/조명	광원이용 효율 증대기술	다기능 고효율 조명기술 개발	차세대 인공광원 및 조명시스템 개발
	• 확산/반사 이용 최적 조명시스템 개발 • 광원 조합에 의한 저비용 조명시스템 개발 • LED광원의 출력 균일화 및 정전압 제어기술	• LED 조명의 광속 유지 및 방열 개선기술 • 조명 효율 향상을 위한 이동식 조명기술 개발 • 작물의 생육 및 기능성 향상을 위한 조명시스템 개발	• 군락 내 광환경 개선 3차원 산란광 조명기술 개발 • PAR 개선 플라즈마 램프 개발 • 광이용 효율 극대화기술 개발(광섬유, 광미러 등)

출처: 농림축산식품부(2016), "식물공장 중장기 정책 수립방안 연구."

기여하게 될 것으로 보인다.

R&D와 관련해서는 기능성 식물의 대량생산에 대한 연구를 통해 고부가 가치화를 실현하고 시장을 확대시켜야 한다. 이를 위해서는 해당 작물에 가장 적합한 배양액 조성 확인 및 계산, 여러 가지 인공광원을 통해 재배 작물의 광특성 규명, 재배기간 단축을 위한 생육단계별 작물의 생리학적 특징 규명 등이 필요하다.

이외에도 식물공장 공정의 지능화 · 자동화기술 개발은 운영 효율성 제고를 통해 수익성 향상에 핵심적인 기여를 할 것이다. 광원 · 조명분야산업에서는 자연광에 가까운 식물재배용 인공광원 활용기술 개발, 작물생산성 및 기능성 증대를 위한 광조절기술 개발, 조명 효율 향상을 위한 이동식 조명기술 개발 등이 주요 과제가 될 것으로 보인다.

Chapter 8 스마트팜 관련 기술 현황

1 스마트팜 기술개발 추이

1.1 농업 문제해결을 위한 스마트팜 요구기술

현재 우리 농업의 해결과제는 결국 생산성 증대, 생산비 절감, 품질 향상이라고 볼 수 있다. 시설원예 생산분야에서 이를 위하여 스마트팜에 요구되는 기술을 살펴보면 다음과 같다.

우선 생산성 증대를 위해 필요한 스마트팜기술은 복합환경제어관리, 생육진단 예측기술, 공간재배기술 등이다. 복합환경제어 항목은 온도, 습도, CO_2, 양분제어 등으로 이런 데이터를 사물인터넷으로 수집하고, 수집된 빅데이터를 인공지능을 통해 분석하여 재배환경과 생육을 자동으로 제어할 수 있도록 하는 기술개발이 구현되면 생산성 향상에 크게 기여할 것이다.

다음으로 생산비 절감과 관련해서는 인건비와 광열비가 가장 큰 비중을 차지하고 있다. 인건비를 절감하기 위해 필요한 스마트팜기술은 온 · 습도 자동제어, 개폐 자동제어, 양액 자동제어, 원격제어관리, 파종 · 수확 자동화 등이다. 현재 우리나라 기술 수준은 사물인터넷으로 수집된 데이터를 분석한 후, 애플리케이션을 통한 원격 창문 개폐나 양액제어 정도까지 개발이 이루어졌다. 광열비 절감을 위해서는 에너지 통합관리시스템을 이용하여 생육 시기별 온습도제어, 국소 냉난방제어, 기상데이터와 연계하여 시설 내 온습도를 최적으로 관리하는 기술 등이 시도되고 있다. 현재 우리나라 기술 수준은 사물인터넷으로 데이터를 수집 · 분석하는 정도로 아직까지는 온 · 습도 및 냉난방시설 가동 자동화는 구현되지 않은 상태이다.

마지막으로 품질 향상을 위해서는 정밀 생육환경 조절, 생육 진단과 처방, 병해충 예찰 및 감시 등이 중요하다. 현재 우리나라 기술 수준은 사물인터넷을 이용하여 생육상황, 병해충 자료를 수집 · 분석하여 정보가 제공되면 농장주가 수동 또는 애플리케이션을 이용하는 방식으로 조절하고 있다. 앞으로 사물인터넷을 통해 수집된 각종 데이터가 인공지능기술에 의해 분석된 후 자동으로 조절할 수 있는 기술의 개발이 이루어진다면 획기적으로 품질 향상에 기여할 수 있게 될 것이다.

종합하면 스마트팜이 생산성 증대, 생산비 절감, 품질 향상 등 농가의 경쟁력을 높이고 소득 증가에도 기여하기 위해서는 사물인터넷기술을 이용하여 데이터를 수집하고, 수집된 정형 · 비정형 데이터를 결합하여 빅데이터를 딥러닝, 인공지능 등을 통해 분석하고 분석된 결과를 활용하여, 로봇(파종-접목, 농약방제), 드론, 자율주행 농기계 등이 자동으로 제어될 수 있어야 한다. 현 기술 수준에서 나아가 이러한 차원으로 스마트팜의 기술이 발전할 때, 비로소 우리나라 농업이 직면한 다양한 문제들의 해결도 가능해질 수 있을 것이다.

1.2 한국형 스마트팜의 세대별 단계

이상과 같은 배경하에서 우리나라는 농림축산식품부 주도로 2014년부터 한국형 스마트팜 모델의 기술단계별 연구개발과 확산 · 보급사업을 추진 중이다. 주요 농업선진국의 경우, 민간이 주도적으로 기술개발과 비즈니스화를 진전시키고 정부는 이를 뒷받침하는 제도적 기능을 수행하는 반면, 우리나라는 모두 정부 주도사업으로 이루어지고 있다는 차이가 있다.

한국형 스마트팜은 주요 기능과 핵심기술 등에 따라 1세대부터 3세대까지 구분하여 2020년까지 순차적으로 개발을 진행해오고 있다. 상용화 시기는 현재의 1세대 수준에서 2030년에는 2세대 수준, 2040년에는 3세대 수준의 스마트팜 모델을 상용화할 전망이다. 스마트팜의 세대 구분은 다음과 같다.

I 표 8-1 I 스마트팜 기술세대 구분

구분	1세대	2세대	3세대
개발 완료 시기	2016년	2018년	2020년
상용화 시기	현재	2030년	2040년
목표효과	편이성 향상 '좀 더 편하게'	생산성 향상 '덜 투입, 더 많이'	지속가능성 향상 '누구나 생산 · 고품질'
주요 기능	원격 시설제어	정밀 생육관리	전 주기 지능 · 자동관리
핵심정보	환경정보	환경정보, 생육정보	환경정보, 생육정보, 생산정보
핵심기술	통신기술	통신기술, 빅데이터/ 인공지능	통신기술, 로봇, 빅데이터/인공지능
의사결정/제어	사람/사람	사람/컴퓨터	컴퓨터/로봇
대표 예시	스마트폰 온실제어 시스템	데이터 기반 생육관리 소프트웨어	지능형 로봇농장

출처: 농림축산식품부 · 농촌진흥청 · 과학기술정보통신부 보도자료(2019년 10월 29일); 농촌진흥청(2016), "한국형 스마트팜 온실 추진단계."

1세대 스마트팜은 단순제어단계의 모델이다. 스마트폰을 통한 원격감시와 원격제어가 도입되는 단계로 농업의 편의성 향상에 초점을 둔다. 1세대 모델에 들어가는 스마트 기기는 스마트링크, 센서노드, 제어노드, 스마트 영상 등이다. 센서노드는 기상정보와 온실정보 등 환경정보를 생산하며, 제어노드는 천창, 측창, 보온재, 유동팬, 환기팬 등을 제어한다.

이 단계의 스마트팜은 기본적으로 온실에 설치된 센서와 CCTV 카메라, 컨트롤패널, 영상장비 등을 통해 온실환경정보가 스마트폰으로 전달된다. 온실에 설치된 스마트팜 제어기를 통해 수동 혹은 자동으로 스마트 기기를 제어하게 된다. 실시간 온도 확인, 비닐하우스 자동 개폐 등이 이루어지고, 센서를 통해 환기, 보온, 관수, CO_2, 시비제어 등이 가능하다. CCTV를 통해 정전, 화재, 도난을 예방하고, 정전 등 유사시에는 스마트폰 원격제어 등이 가능하다. 농장의 스마트 기술 도입으로 농장주가 영상을 통해 직접 '원격 수동제어'에 의해 쉽게 환경관리를 할 수 있어 농장에 얽매이지 않아 시간과 장소의 구속에서 다소 자유로워지는 단계이다.

그림 8-1 | 1세대 스마트팜 모델 개요

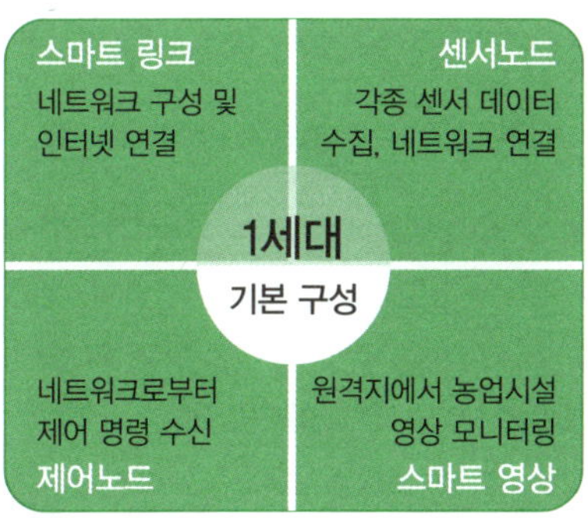

농민이 영상을 통해 직접 **'원격 수동제어'**		
센서정보	기상정보	온도, 습도, 풍향, 풍속
	온실환경	온도, 습도, CO_2
장치제어	천창, 측창, 보온재, 유동팬, 환기팬	

'스마트 기술로 농작업 편이성 향상'
온실환경관리에 매여 있었던 시간과 장소의 구속에서 해방

2세대 스마트팜은 생체정보와 함께 인공지능 알고리즘에 의한 모델링을 기반으로 최적의 생육관리가 자동제어를 통해 지능적으로 이루어짐으로써 생산성 향상을 중점 목표로 개발되었다. 스마트팜에서 수집되는 빅데이터의 분석과 피드백정보에 의해 최적의 생육관리가 이루어져 농가의 생산성과 품질 향상에 도움을 주는 단계이다. 현재는 스마트팜 2세대 기술을 개발해 고도화하는 작업이 진행 중이다.

이 단계에서는 1세대의 기본 스마트 기기들과 함께 복합환경제어가 가능한 기기와 빅데이터를 모을 수 있는 클라우드 서비스가 기본 구성요소가 된다. 1세대 모델보다는 정밀한 환경정보를 도출하게 되며, 관수나 양액공급 같은 제어장치도 필요하다. 기본적으로 온실에 설치된 센서, 영상장비 등을 통해 스마트팜 내 작물 관련 병해충정보, 온·습도, CO_2 농도 등의 환경정보 데이터 및 생장, 침입, 영상정보 등을 클라우드 서버에 모은다. 데이터 분석기관에서는 클라우드 서버에 모인 빅데이터를 통해 스마트팜 자체의 재배 패턴, 진단, 유사작물 선도농가의 재배 패턴 등을 분석하게 된다. 스마트팜의 분석자료는 즉시 농가에 전달되어 생산 예측이나 방제 등 사전 예방관

그림 8-2 | 2세대 스마트팜 모델 개요

작물의 지상부/지하부 생육환경을 '자동제어'		
센서정보	기상정보	온도, 습도, 풍향, 풍속, 일사량
	온실환경	온도, 습도, CO_2, 토양수분, EC
	생장량, 엽면적, 줄기굵기, 화방수, 열매수, 열매크기	
장치제어	천창, 측창, 보온재, 유동팬, 환기팬, 관수, 양액공급, CO_2	

'스마트 기술로 생산성과 품질 향상'
Big-Data분석과 지능적 처방으로 농사기술의 상위 평준화

리가 이루어지고 영농 의사결정에 도움을 주게 된다. 이는 농사 경험이 적은 젊은 창업 농업인이나 정보통신 기기에 미숙한 고령 농업인에게도 큰 도움을 줄 수 있을 것으로 기대된다.

3세대 스마트팜은 지능정보기술+로봇+신재생에너지기술 등 첨단기술 간 융합을 통한 완전 무인 · 자동화된 모델이다. 이 단계에서는 생산용 로봇과 지능형 농기계가 도입되고 자동화시스템에 의한 농작업이 이루어진다. 센서 또한 진일보하여 작물 진단센서, 에너지 관제센서, 로봇항법센서 등이 설치되고, 로봇농작업기, 에너지관제시스템 등이 도입된다. 복합에너지관리를 위해 난방기, 지열, 태양열, 보온재 등 최적 제어기술이 적용된다.

2020년까지 한국형 스마트 온실시스템 구축에 대한 기술개발을 완료하여 우리나라 농산업의 신성장동력원으로 육성하고, 스마트 온실의 국제규격 적용과 부품 표준화를 달성하여 글로벌 시장에 진출한다는 계획이다. 향후 스마트팜과 관련된 플랜트 설계와 설치, 환경과 바이오 데이터 등이 농업 생산기술과 융복합된 스마트팜 플랜트산업으로 확대될 것으로 전망된다.

그림 8-3 I 3세대 스마트팜 모델 개요

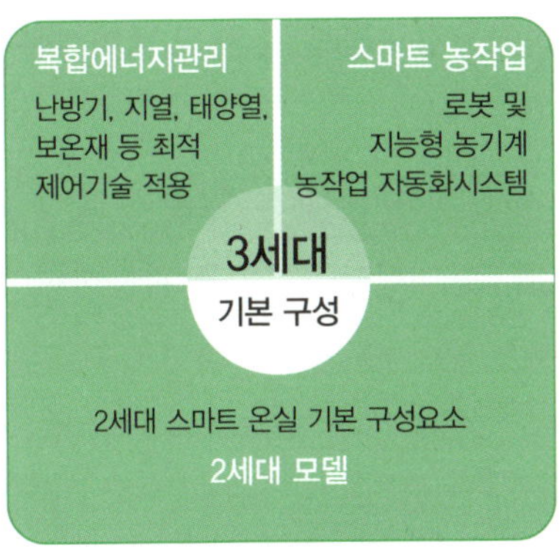

<table>
<tr><th colspan="3">스마트 온실시스템의
'최적 에너지관리와 로봇 농작업'</th></tr>
<tr><td rowspan="3">센서 정보</td><td>기상정보</td><td>온도, 습도, 풍향, 풍속, 일사량</td></tr>
<tr><td>온실환경</td><td>온도, 습도, CO_2, 토양온도, 수분, EC</td></tr>
<tr><td colspan="2">작물진단센서, 에너지관제센서, 로봇항법센서</td></tr>
<tr><td>장치 제어</td><td colspan="2">천창, 측창, 보온재, 유동팬, 환기팬, 관수, 양액공급, CO_2, 로봇농작업기, 에너지관제시스템</td></tr>
</table>

'한국형 스마트 온실로 농작업 성장동력화'
국제규격 적용과 부품 표준화로 글로벌 시장 진출

1.3 스마트팜 기술분야와 발전동향

이상에서 살펴본 바와 같이 우리나라는 정부 주도로 1세대부터 3세대까지의 단계별 모델에 대한 기술개발을 2020년까지 진행해오고 있으나 진정한 의미의 스마트팜이 실현되기 위해서는 4차 산업혁명 기술의 접목을 통해 생산 · 유통 · 소비부문이 상호 연계되고 경영성과관리가 자동으로 이루어져야 한다.

농림축산식품부에서는 4차 산업혁명 기술 중 우리나라 농업부문에 적용 가능한 기술을 다음과 같이 제시하였다.

사물인터넷기술은 스마트팜 원격제어, 농산물 자동 선별정보 및 입 · 출고관리, 수발주 및 배송 등의 농식품 유통 이력관리, 기능성 식품개발 등에 이용될 수 있다.

로봇기술은 무인 자동화기술을 활용하고 있는 식물공장, 육묘 및 파종 자동화 등에 활용될 수 있다. 드론기술은 무인기를 활용한 방제와 드론을 활용한 산지 작황정보 관측 등에 이용되고 있다.

빅데이터와 클라우드기술은 농산물 구매 빅데이터분석을 통한 소비자 농산물 구매패턴분석, 질병 방역대 및 차량 이동경로정보 등의 빅데이터분석을 통한 축산 질병 예측 등에 적용이 가능할 것이다.

나노 및 바이오부문은 우수 종자관리, 유전자분석기술을 활용한 축산 질병 탐색기술이 개발되었고, 유전자분석기법 및 패턴분석기술을 활용하여 원산지 식별에 적용할 수 있다.

| 표 8-2 | 4차 산업혁명 기술의 농업부문 적용 가능 기술

<table>
<tr><th>주요 기술</th><th>분야</th><th>농업부문 적용 가능 기술</th></tr>
<tr><td rowspan="3">사물인터넷
(인공지능)</td><td>생산</td><td>• IoT 기반 스마트팜을 통한 원격 · 자동 농작물재배
• 딥러닝 등 인공지능기술 탑재를 통한 최적 재배
• 동물 체내 삽입형 센서를 활용한 동물 건강 · 질병관리</td></tr>
<tr><td>유통</td><td>• 자동 선별정보, 입 · 출고관리, 수발주, 배송 등 농식품 유통 이력관리</td></tr>
<tr><td>식품</td><td>• 기능성 식품개발, 안전관리 및 IoT 기반 기술 활용한 메뉴판 활용</td></tr>
<tr><td>로봇
(무인
자동화)</td><td>생산</td><td>• 무인 자동화기술을 활용한 식물 공장
• 자동 육묘 및 파종 로봇기술
• 무인 주행기술을 활용한 노지작물 방제 및 축사 청소 로봇
• 탐색기술을 활용한 무인 수확기 등 작업기
• 이미지 탐색기술을 활용한 생육정보 자동 취득
• 농작업 보조 로봇을 활용한 노동 절감 및 작업패턴분석</td></tr>
<tr><td rowspan="3">드론
(무인기)</td><td>생산</td><td>• 드론(무인기)을 활용한 방제</td></tr>
<tr><td>관측</td><td>• 원격탐사, 드론 및 빅데이터기술을 활용한 산지 작황정보 관측</td></tr>
<tr><td>질병</td><td>• 드론을 활용한 작물(산림) 질병 등 예측 · 탐지</td></tr>
<tr><td rowspan="4">빅데이터
(클라우드)</td><td>생산</td><td>• 스마트팜 환경 · 생육정보 활용 최적 재배환경 컨설팅</td></tr>
<tr><td>소비
유통</td><td>• 빅데이터 기반 소비자 농산물 구매 성향분석 및 직거래 유통 지원</td></tr>
<tr><td>질병</td><td>• 질병 방역대 및 차량 이동 등의 빅데이터분석을 활용한 축산질병 발생 예측 및 분석, 방역관리</td></tr>
<tr><td>관측</td><td>• 빅데이터 정보를 활용한 영농정보 종합지원, 스마트팜 맵, 공간정보 기반의 빅데이터 활용</td></tr>
<tr><td rowspan="3">나노 · 바이오</td><td>생산</td><td>• 분광 스펙트럼을 활용한 이병 종자 및 유전자 변형 농산물관리</td></tr>
<tr><td>질병</td><td>• DNA 등 유전자분석기술을 활용한 축산 질병 탐색
• 나노 및 핵융합기술 활용 축사 · 산지 유통시설의 유해 환경요소 관리</td></tr>
<tr><td>소비</td><td>• 유전자분석기법 및 패턴분석기술을 활용한 원산지 식별</td></tr>
<tr><td rowspan="2">기타</td><td>소비</td><td>• 3D 프린팅을 통한 소규모 판매, 농산물 포장재개발</td></tr>
<tr><td>에너지</td><td>• 가축분뇨, 발전소 폐열, 신재생에너지 등을 활용한 에너지 저장(ESS) 및 통합(EMS)관리기술</td></tr>
</table>

출처: 농림축산식품부(2017).

시설원예 스마트팜의 ICT 기반 주요 기술분야와 개발과제는 다음과 같다.

| 표 8-3 | 스마트팜의 ICT 기반 주요 기술분야

기술분야	주요 기술내용
개방형 공동플랫폼기술	• 센서, 네트워크, 인터페이스 등 센서 제반 기술 • 생산자와 소비자 기반의 사용자 중심 인터페이스기술 개발
센서와 이미지 계측기술	• 이미지 센싱 기반의 작물/가축 모니터링기술 개발 • 고효율의 센서와 계측 도구 개발 • 시각화 모니터링의 실시간 정보시스템 개발 • 센서체계 구축과 무선시스템의 신호기술 개발
자동제어와 로봇기술	• 복합환경 제어 알고리즘기술 개발 • 스마트 그리드의 통합제어 알고리즘 개발 • 지역별 환기팬과 순환팬 관리시스템 개발 • 환기량 분석을 통한 환기제어 알고리즘 개발
생육/생체 모델 기술	• 현열과 잠열을 포함하여 생장 모델 기술 개발 • 동적 생육 모델링 진단과 의사결정 알고리즘 개발 • 생산성 주요 인자분석과 모듈화 설계기술 개발
빅데이터 활용 모델 개발기술	• 빅데이터 표준화와 생육 데이터베이스 구축 • 빅데이터분석과 활용 소프트웨어 개발 • 스마트팜 관리성과를 위한 분석 프로그램 개발
스마트 원예시설기술	• 차세대 스마트 원예시설기술 개발 • 스마트팜의 효율적 운영을 위한 모델 표준화 • 스마트팜 운영관리 모델 개발
스마트 모바일 서비스기술	• 웹시스템 기반의 실시간 관리기술 • 모바일 기반의 병충해 식별과 경보시스템 개발
신재생에너지기술	• 경제성 기반의 적정 용량 신재생에너지시스템 개발 • 운영 측면의 에너지 부하 절감기술 개발 • 신재생에너지 기반의 고효율 에너지 운영기술 개발

출처: 여욱현 외(2016), "스마트팜 구현을 위한 연구동향 및 ICT 핵심기술 분석."

주요 기술분야에서의 개발동향을 살펴보면 다음과 같다.

(1) 고효율의 센서와 계측 도구 개발

스마트팜 환경제어용 복합센서기술 개발이 이루어지고 있다. 기존에 스마트팜에 사용되어온 센서는 온도, 습도, 이산화탄소 등의 단일 항목을 측정하는 센서 위주로 개발되어 환풍기나 천창, 양액 등을 간단하게 제어하는 수준이었다. 생육환경의 실시간 자동 제어를 위하여 실시간으로 생육환경 데이터를 모니터링하고 내부 환경을 제어할 수 있는 환경제어용 복합센서기술의 개발과 실증연구가 활발히 진행 중이다.

그림 8-4 | 환경제어용 복합센서

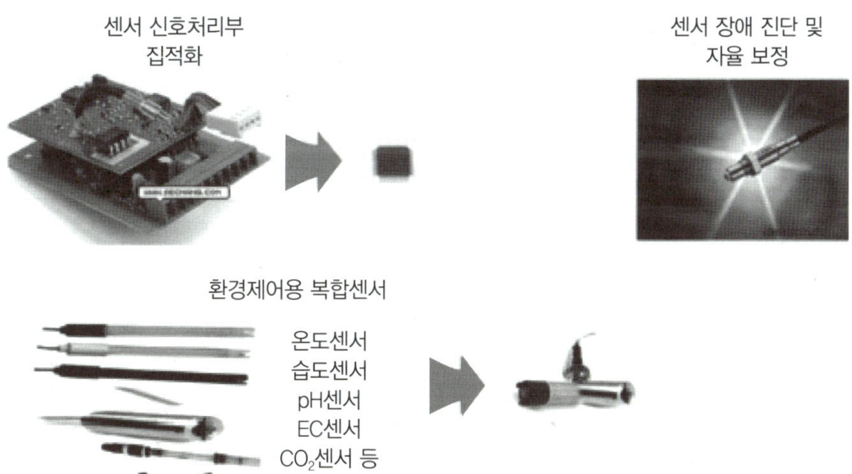

출처: 김관중 · 허재두(2015), "스마트팜 기술동향 및 전망," 전자통신동향분석, 30(5), pp.1-10.

(2) 이미지 센싱 기반의 작물 모니터링기술

농촌진흥청은 작물 이미지를 분석하여 자동으로 생육량을 측정하는 시스템과 생육 진단을 통한 최적 생육환경제어를 지원할 수 있는 프로그램을 토마토를 대상으로 개발하였다. 생육정보 영상계측 정확도는 기존 패턴인식 방식 70%에서 2018년 딥러닝방식 개발 적용 후 95%까지 올라갔다. 기상환경정보와 결합한 생육량정보와 과실의 과고, 과폭 데이터를 이용하여 생산성을 예측할 수 있다.

그림 8-5 | 이미지분석을 통한 생육 진단 및 수량 예측

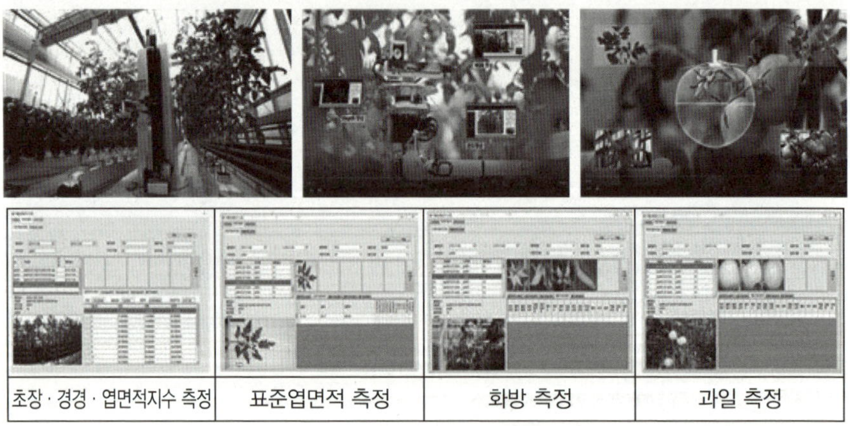

출처: 한국농촌경제연구원(2018), "농업 · 농촌분야 4차 산업혁명 기술 적용 현황과 확대방안."

(3) 빅데이터 생육 데이터베이스 구축 및 분석과 활용

농림수산식품교육문화정보원은 스마트팜코리아 홈페이지를 통해 딸기, 토마토, 파프리카, 참외, 오이, 가지, 국화 등 다양한 품목을 대상으로 빅데이터 서비스를 제공하고 있다. 환경정보, 생육정보, 제어정보, 경영정보 등으로 나누어 빅데이터 제공뿐만 아니라 생육 진단, 수확 예측, 에너지비용예측 등의 서비스를 제공하고 있다.

또한 스마트팜 2세대 기술개발을 통하여 작물의 생육환경정보와 생육량, 수확량정보를 매핑한 결합정보를 클라우드 기반에서 수집하고, 수집 데이터에 대한 유효성 검증과 인공지능을 이용한 추론기술 등을 개발하였다.

그림 8-6 | 스마트팜코리아 빅데이터 서비스

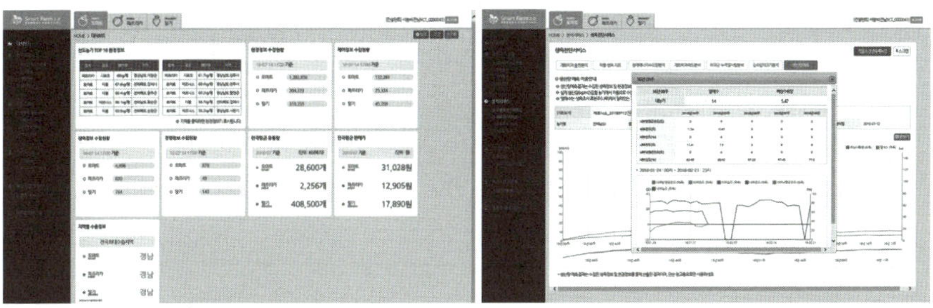

출처: 스마트팜코리아 홈페이지(www.smartfarmkorea.net)

(4) 스마트팜 관리성과를 위한 분석 프로그램 개발

시설 내 작물 재배과정에서 수집되는 환경정보, 생육정보, 수확정보 등을 분석함으로써 생산성, 품질, 에너지비용 등을 예측할 수 있으며, 특히 최근에는 인공지능기술을 이용한 분석·예측 프로그램에 대한 연구가 활발히 이루어지고 있다.

그림 8-7 I 네덜란드의 생산성 예측 및 에너지분석 지원시스템 사례

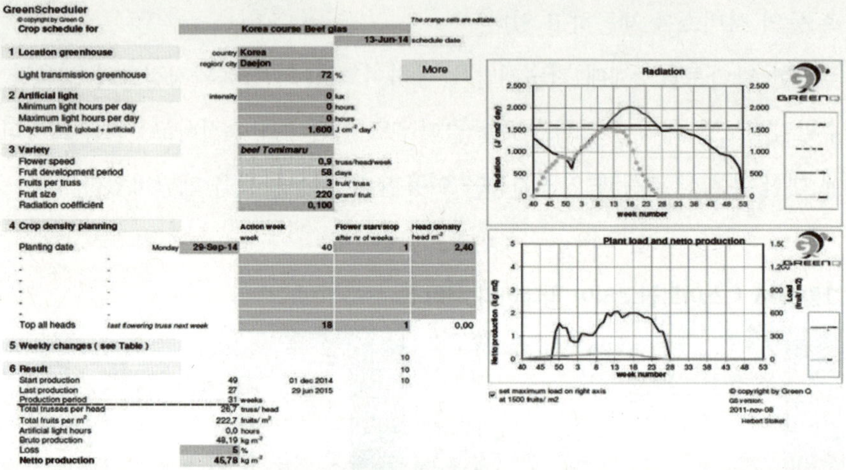

출처: Delphy, https://delphy.nl/en/

(5) 신재생에너지 기반의 고효율 에너지 운영기술 개발

태양광 에너지를 이용한 에너지 자립형 첨단온실관리시스템 개발에도 ICT 융합기술을 적용하여 에너지 이용과 생육환경을 최적화하려는 연구가 계속되고 있다.

한국전력(주)와 전라남도는 국내 최초로 태양광-ESS가 결합된 '에너지자립형 스마트팜' 실증시설을 전남 농업기술원 부지에 구축하였다. '에너지자립형 스마트팜'이란 시설농가에서 소요되는 에너지를 태양광, 히트펌프 등의 신재생에너지원을 활용, ESS(에너지저장시스템)로 저장 · 공급하고, EMS(에너지관리시스템)로 관리 · 제어할 수 있도록 설계한 미래형 온실을 말한다.

그림 8-8 | 태양광 에너지를 이용한 에너지 자립형 첨단온실

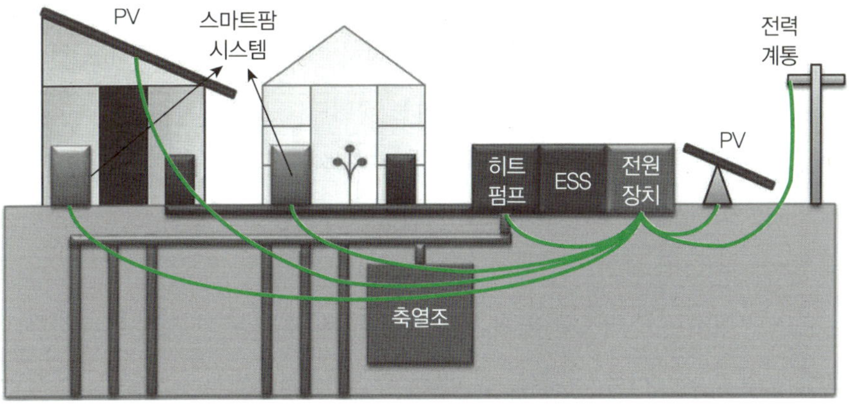

출처: 서울경제 기사(2016년 6월 21일).

이외에도 스마트팜 정밀관리를 위한 생육 최적환경 관리기술로서 작물의 생육정보를 재배단계에 따라 정밀하게 관리하기 위한 생육 최적환경을 설정하고 관리할 수 있는 시스템개발이 필요하다. 병충해의 진단과 관리를 함께 병행할 수 있는 기술개발 또한 지속적인 연구가 필요한 과제이다.

2 스마트팜의 운영원리

2.1 스마트팜의 운영원리와 시스템 구성

다양한 기술을 활용한 스마트팜의 운영원리는 '생육환경 유지관리', '환경정보 모니터링', '자동 · 원격 환경관리'의 세 가지로 그 특징을 말할 수 있다.

첫째, '생육환경 유지관리'란 ICT기술과 소프트웨어를 활용하여 온실의 온도, 습도, CO_2 수준 등의 생육조건을 설정함으로써 작물의 생육환경을 유지관리할 수 있는 운영시스템 구축이다.

둘째, '환경정보 모니터링'이란 복합시스템을 기반으로 일사량, 온도, 습도, CO_2 등의 생육조건과 환경 데이터를 센서 · IoT를 통해 계측하고 실시간으로 자동 수집하여 모니터링을 진행하는 것이다.

셋째, '자동 · 원격 환경관리'란 환경정보 모니터링을 통해 실시간으로 이상이 감지되면 자동 또는 원격으로 냉난방기 구동, 창문개폐, CO_2, 양분 공급 등을 제어하여 관리하는 것이다.

이를 구현하는 스마트팜의 기본적인 작물 생육환경관리 서비스는 작물의 생장과 환경을 감시하는 센서, 센서정보를 수집하는 센서 네트워크, 생장환경을 관리하는 관리시스템으로 구성된다.

센서는 작물의 생육환경에 대해 각종 정보를 측정하는 데 활용되며, 측정된 정보는 센서 네트워크를 통해 전달하게 되는데, 데이터를 정제하여 생육환경 관련 정보를 종합적으로 관리하고 이를 바탕으로 작물의 생육환경을 최적으로 유지하도록 제어할 수 있다. 작물의 생육정보를 기반으로 각 작물의 이력정보관리 또한 가능하다.

그림 8-9 | 작물 생육환경관리 서비스의 작동 flow

출처: 스마트팜기술개발 NCS학습모듈(2019).

이를 데이터 흐름의 관점에서 보면 다음과 같다.

그림 8-10 | 작물 생육환경관리 서비스의 데이터 흐름

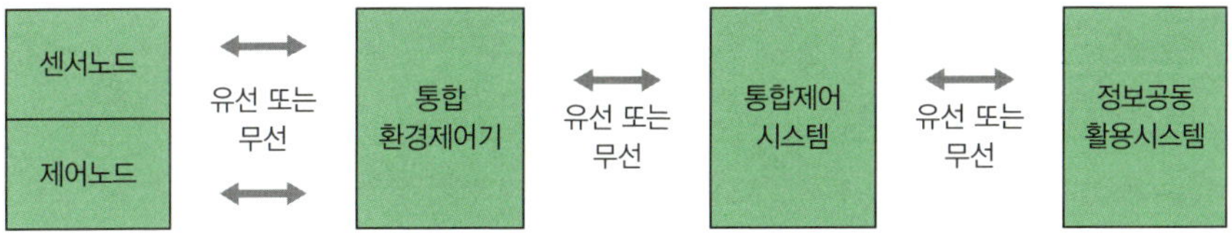

출처: 농림수산식품교육문화정보원(2018), "ICT융복합 장비규격 및 서비스 기준(개정) 시설원예분야."

- 센서노드와 통합환경제어기: 설치된 환경센서에 의해 측정된 값이 통합환경제어기로 전송된다. 센서노드는 센서와 통신모듈이 결합된 구조로서 측정된 센싱값을 온실 통합환경제어기에 전달하는 역할을 수행한다.
- 제어노드와 통합환경제어기: 통합환경제어기에서 제어노드에 제어신호를 보내거나 제어노드에서 제어결과값을 통합환경제어기로 전송한다. 환기, 보온, 양액기, 온풍기, 순환펌프 등의 제어장치 조절을 통하여 생육환경을 제어하는 역할을 한다.
- 통합환경제어기와 통합제어시스템: 센서노드 및 제어노드로부터 수집된 데이터값을 통합제어시스템에 전송하거나, 제어신호를 통합환경제어기로 전송하며, 통합제어시스템에는 환경 측정 및 제어결과 데이터값이 저장된다.
- 통합제어시스템과 정보공동활용시스템: 통합제어시스템에 저장된 환경 측정 및 제어결과 데이터를 정보공동활용시스템으로 전송한다. 농림수산식품교육문화정보원에서는 농정원 정보공동활용시스템을 구축하여 회원으로 가입한 스마트팜에서 발생하는 환경정보 및 생육정보를 수집, 분석하여 본인 농가의 스마트팜 정보와 타 농가의 스마트팜 정보를 비교분석할 수 있는 서비스를 제공하고 있다.

통신방식은 유선, 무선 또는 유무선 겸용방식이 이용된다.

- 유선방식: RS-485, RS-232, Ethernet, 전력선통신 등
- 무선방식: IEEE802.4, Bluetooth, LoRa, WiFi, 3G, 4G 등
- 유 · 무선 겸용: 유무선방식 혼합 또는 겸용방식

통합제어시스템 서비스형태는 로컬 서비스형 또는 클라우드 서비스형으로 나뉜다.

- 로컬 서비스형: 스마트팜 농가에 설치된 PC 및 저장장치에 데이터가 수집되며, 수집된 데이터에 의해 농장에 설치된 PC에서 스마트팜 농가의 환경제어, 경영관리 등이 이루어지는 형태의 서비스
- 클라우드 서비스형: 스마트팜 농가의 데이터가 ICT기업체의 서버로 수집되며, 수집된 데이터에 의해 ICT기업체의 서버에서 시설온실 농가에 환경제어, 경영관리 등이 이루어지는 형태의 서비스

그림 8-11 | 클라우드 서비스형 통합제어시스템 구성 예시

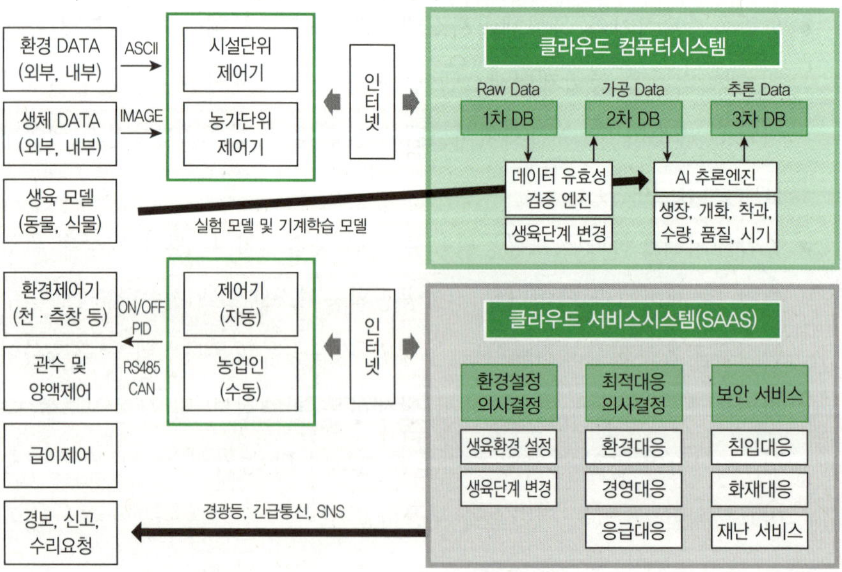

출처: 스마트팜기술개발 NCS학습모듈(2019).

2.2 데이터 수집과 생육환경제어

농가의 스마트팜에서 발생하고 수집되는 측정데이터는 크게 환경데이터와 생육데이터로 구분할 수 있다. 환경데이터는 온도, 습도, 풍향, 풍속, 일사량, 강우, CO_2, pH, EC 등 시설 내 · 외부에서 발생하는 데이터이다. 생육데이터는 작물의 생장과 관련한 데이터로 길이, 굵기, 크기, 높이, 가지 수, 잎 수 등 작물 자체의 변화를 알려주는 데이터이다.

스마트팜 운영농가는 작물의 환경 및 생육에 대해 정확한 상태를 파악하여야 한다. 시설의 온도, 습도, 광, 관수, CO_2 등의 환경상태에 대한 데이터가 실시간으로 농가 PC와 클라우드에 저장되어야 하며, 환경의 변화에 따른 작물의 생육상태에 대하여 정밀하게 파악하고 관리하여야 한다.

| 표 8-4 | 스마트팜 수집 환경데이터 항목 예시

분류	항목	단위	수집 방식	수집 주기	비고
내부 환경	내부 온도	도	자동	1분	낮평균, 밤평균 온도 계산
	내부 습도	%	자동	1분	
	내부 CO_2	ppm	자동	1분	
	광량	μmol/㎡ · s	자동	1분	
	토양수분	%	자동	1분	
외부 환경	외부 온도	도	자동	1분	최저, 최고, 평균 온도, 주/야 평균 온도는 수집데이터로 계산
	외부 풍향	E/W/S/N	자동	1분	
	외부 풍속	m/s	자동	1분	
	강우감지	Y/N	자동	1분	
	일사량	W/㎡ · s	자동	1분	누적일사량은 수집데이터로 계산
수경 정보	급액량(유량)	liter	자동	1분	
	급액 pH	ph	자동	1분	

	급액 EC	dS/m	자동	1분	
	배지함수율	%	자동	1분	
	배지온도	도	자동	1분	
	베드무게	g	자동	1분	
	배액량	liter	자동	1분	
	배액 EC	dS/m	자동	1분	
	배액 pH	ph	자동	1분	

출처: 농림수산식품교육문화정보원(2018), "ICT융복합 장비규격 및 서비스 기준(개정) 시설원예분야."

| 표 8-4 | 스마트팜 수집 생육데이터 항목 예시(토마토)

분류	항목	단위	수집 방식	수집 주기	비고
생육 정보	초장	cm	수동	주 1회	지표에서 선단까지의 길이 예 줄기의 길이가 50cm인 경우 → 50으로 표기
	엽수	개/주	수동	주 1회	주당 잎의 수 예 주당 잎의 수가 10개인 경우 → 10으로 표기
	엽장	cm	수동	주 1회	잎의 길이 예 잎의 길이가 150mm인 경우 → 150으로 표기
	엽폭	mm	수동	주 1회	잎의 넓이 예 잎의 넓이가 100mm인 경우 → 100으로 표기
	엽온	도	수동	주 1회	
	엽면적	㎡/주	수동	주 1회	
	엽에 부정 여부	Y/N	수동	주 1회	잎에 부정아 발생 시 Y로, 발생하지 않았을 경우 N으로 표기
	측지제거 여부	Y/N	수동	주 1회	옆으로 뻗어나온 가지 제거 여부 곁가지를 제거했을 경우 Y로, 제거하지 않았을 경우 N으로 표기

경경	mm	수동	주 1회	생장점에 첫 화방 바로 아래 줄기굵기 측정 • 조사시점: 첫 화방의 꽃이 2~3개 피었을 때 • 조사방법: 줄기굵기가 12mm인 경우 → 12로 표기
화방	번째	수동	주 1회	화방 형성 순서 예 첫 번째 화방일 경우 1로, 두 번째 화방일 경우 2로 표기
화방별 꽃 수	개/화방	수동	주 1회	한 화방에 핀 꽃의 개수
생장점과 화방거리	cm	수동	주 1회	생장점에서 첫 번째 화방까지의 거리 측정 • 조사시점: 첫 화방의 꽃이 2~3개 피었을 때 • 조사방법: 생장점에서 첫 화방까지의 거리가 17cm인 경우 → 17로 표기
생장속도 (개화속도)	%	수동	주 1회	한 화방의 꽃이 피는 속도(꽃이 개화하여 완전히 개화할 때까지 속도~7일간 피는 속도) • 조사방법: 꽃 만개를 기준(100%)으로 1일차에 10% 피었을 경우 → 10으로 표기
생장점	1, 2	수동	주 1회	생장점의 형성상태 예 생장점이 굵고 강하며 색이 옅을(영양생장) 경우 1로 표기, 생장점이 가늘고 약하며 색이 진할(생식생장) 경우 2로 표기
화방형태	1, 2	수동	주 1회	화방의 형성형태 예 화방이 가늘고 길며 하늘로 향하고 있으면 1로, 화방이 굵고 강하고 짧을 경우 2로 표기
개화군	개/화방	수동	주 1회	
착과군	개/화방	수동	주 1회	
수확군	개/화방	수동	주 1회	
착과 수	개/화방	수동	주 1회	화방에 열매가 달린 개수

수확량	kg/㎡	수동	주 1회	㎡당 수확량 예 ㎡당 수확량이 100kg일 경우 → 100으로 표기
평균과중	g/개	수동	주 1회	과일(상품과)의 평균 무게 예 토마토 하나의 무게가 10g일 경우 → 10으로 표기

출처: 농림수산식품교육문화정보원(2018), "ICT융복합 장비규격 및 서비스 기준(개정) 시설원예분야."

복합환경제어시스템에서는 측정된 데이터를 통해 주요 환경인자의 모니터링, 작물의 환경 및 생육과의 연관성분석 등을 수행하고, 제어장치를 조절함으로써 환경 및 작물의 생육상태를 정밀관리하게 된다. 즉 외부 환경 변화에 따라 환기와 가온, 난방시스템 등을 적절하게 운영하여 안정적인 온도관리 및 광량에 따른 관수와 CO_2 공급을 통해 광합성을 촉진하는 등 온실 내부 환경을 생산환경에 적합한 조건으로 만든다.

그림 8-12 | 스마트팜 환경정보관리시스템 구성도

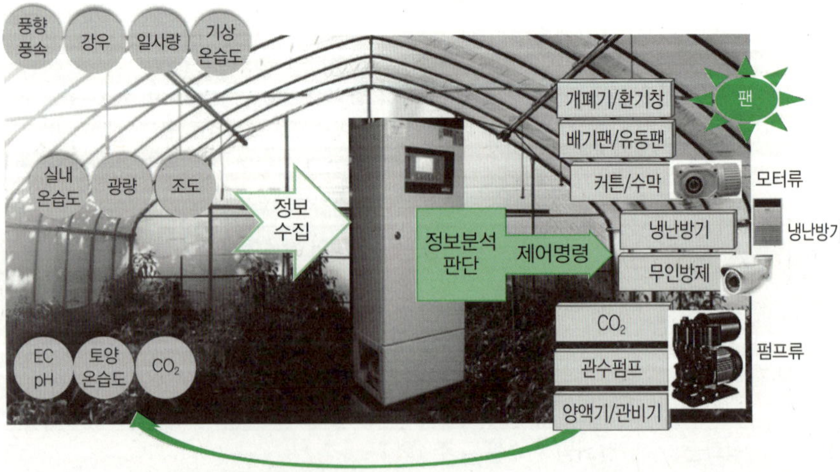

출처: 스마트팜기술개발 NCS학습모듈(2019).

이는 실시간으로 측정 및 분석되는 제어 기준값과 환기·난방 등 구동장치에 연결된 동작확인 센서를 통해 데이터를 제공받아 알고리즘에 의한 동작 설정을 통해 가능하다.

예를 들어, 온실 내부 온도가 설정값 이상으로 올라가고 외부 온도는 설정값 이하일 경우 환기 측창을 개방하도록 설계한다. 냉방기가 가동 중이라면 냉방기의 가동을 중지하고 환기 측창을 개방하도록 제어한다. 내부 온도가 설정값 이하로 내려가는 경우에는 환기 측창을 폐쇄하도록 제어한다.

만약 온실 내부 온도가 냉방기 가동 설정값 이상으로 올라갈 경우 냉방기를 가동시키도록 제어한다. 이때 환기 측창이 개방되어 있다면 환기 측창을 폐쇄한 후 냉방기를 가동시키도록 설계하는 것이다. 반대로 온실 내부 온도가 냉방기 정지 설정값 이하로 내려가는 경우 냉방기를 정지시키도록 제어한다.

난방 펌프를 예로 들자면, 온실 내부 온도가 난방 펌프 가동 설정값 이하로 내려가는 경우 난방 펌프를 가동시키고, 온실 내부 온도가 난방 펌프 정지 설정값 이상으로 올라가는 경우 난방 펌프를 정지시키도록 제어를 설계한다.

[그림 8-13]에서 [그림 8-16]은 순서도로 표현한 환경제어 알고리즘의 예시이다. 환경제어 알고리즘은 하향식 설계(top-down)를 적용하는 것이 일반적이며, 전체적인(main) 제어 알고리즘을 설계하고 각각의 서브(sub) 알고리즘을 설계한다.

그림 8-13 | 환경제어 알고리즘(main) 예시

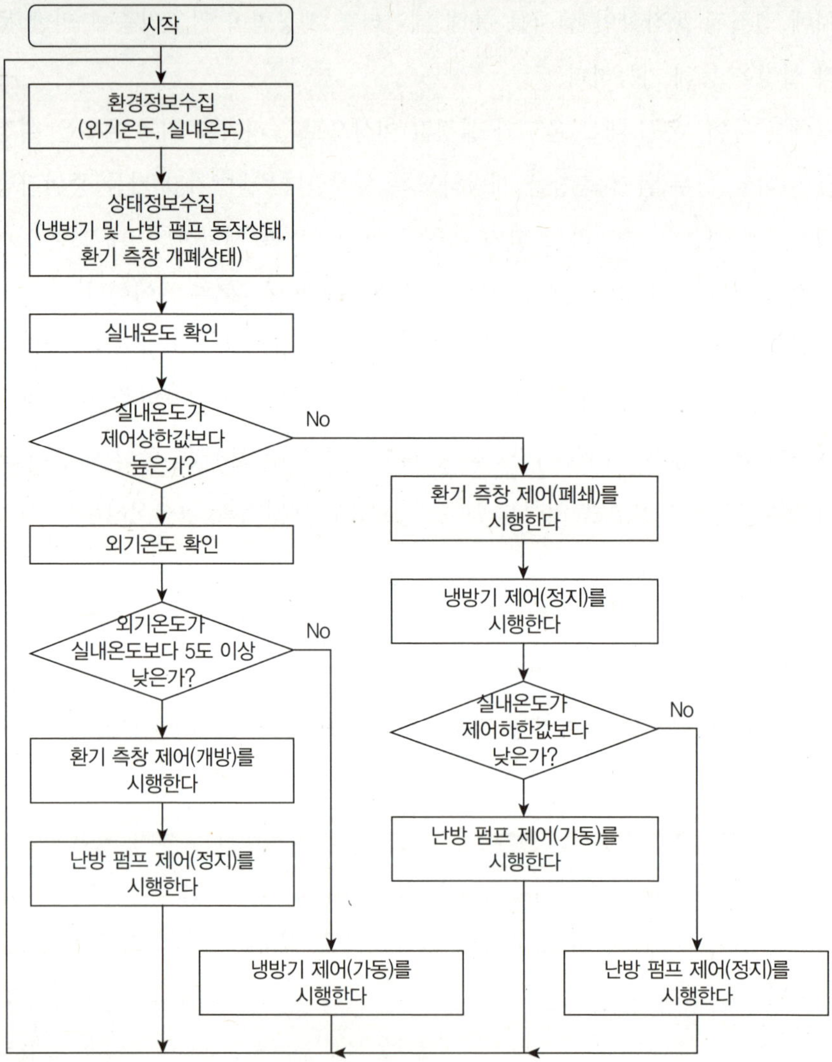

출처: 스마트팜기술개발 NCS학습모듈(2019).

그림 8-14 | 환경제어 알고리즘의 환기 측창 제어(sub) 예시

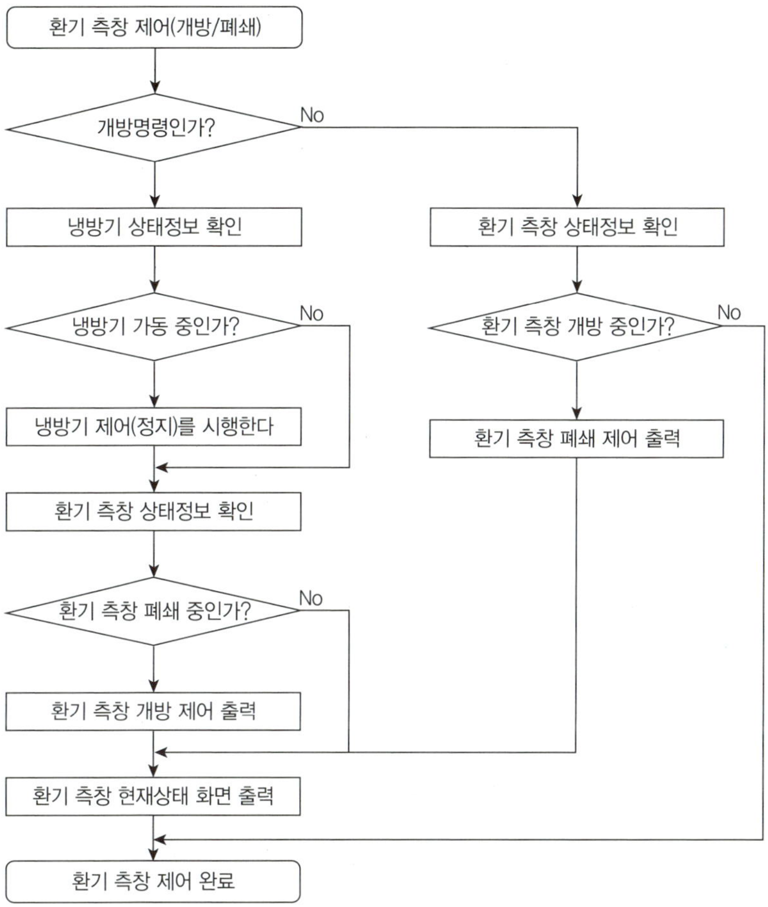

출처: 스마트팜기술개발 NCS학습모듈(2019).

그림 8-15 | 환경제어 알고리즘의 냉방기 제어(sub) 예시

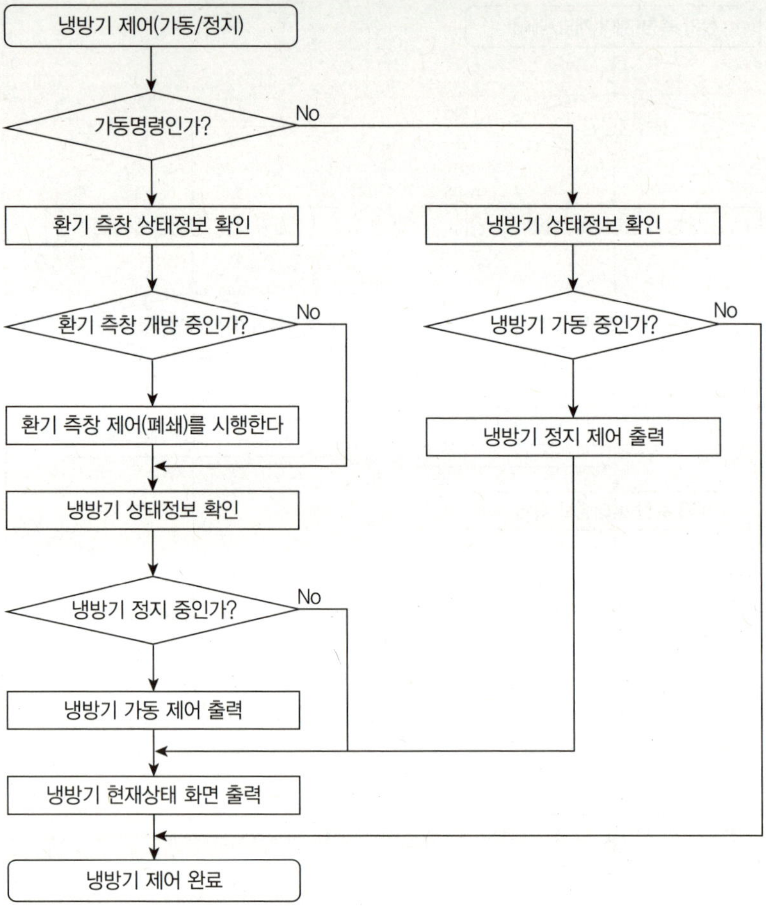

출처: 스마트팜기술개발 NCS학습모듈(2019).

그림 8-16 | 환경제어 알고리즘의 난방 펌프 제어(sub) 예시

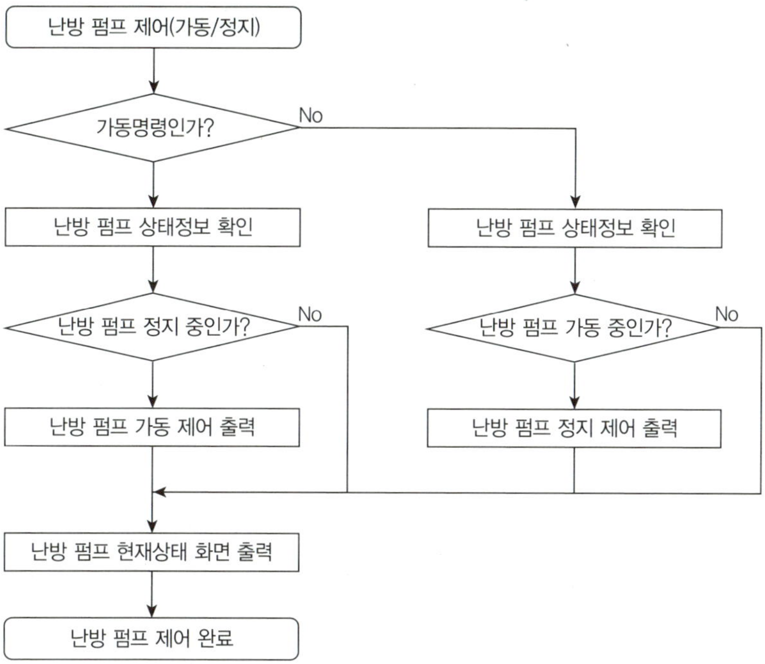

출처: 스마트팜기술개발 NCS학습모듈(2019).

이처럼 환경제어 알고리즘에 의해 최적의 생육환경을 정밀하게 관리하기 위해서는 제어 기준값의 설정과 함께 각각의 구동장치로부터 제어 데이터를 실시간으로 측정하고 분석해야 한다. 다음은 스마트팜에서 수집하는 제어 데이터들이다.

| 표 8-6 | 스마트팜 수집 제어데이터 항목 예시

분류	항목	단위	수집방식	수집주기	비고
천창 (일/이/삼중)	개도율	%	자동	1분	최대열림시간 대비 열림 작동시간
	운전모드	1, 2, 3	자동	1분	자동, 수동, 정지
	설정온도	도	자동	1분	사용자 설정온도
	제어온도	도	자동	1분	시스템 연산결과온도
측창 (일/이/삼중)	개도율	%	자동	1분	최대열림시간 대비 열림 작동시간
	운전모드	1, 2, 3	자동	1분	자동, 수동, 정지
	설정온도	도	자동	1분	사용자 설정온도
	제어온도	도	자동	1분	시스템 연산 결과온도
보온커튼	개도율	%	자동	1분	최대열림시간 대비 열림 작동시간
	운전모드	1, 2, 3	자동	1분	자동, 수동, 정지
	설정온도	도	자동	1분	사용자 설정온도
차광커튼	개도율	%	자동	1분	최대열림시간 대비 열림 작동시간
	운전모드	1, 2, 3	자동	1분	자동, 수동, 정지
유동팬	작동 여부	ON/OFF	자동	1분	
	운전모드	1, 2, 3	자동	1분	자동, 수동, 정지
보광등	작동 여부	ON/OFF	자동	1분	
	운전모드	1, 2, 3	자동	1분	자동, 수동, 정지
3WAY밸브	작동 여부	ON/OFF	자동	1분	
	운전모드	1, 2, 3	자동	1분	자동, 수동, 정지
배기팬	작동 여부	ON/OFF	자동	1분	
	운전모드	1, 2, 3	자동	1분	자동, 수동, 정지
환기팬	작동 여부	ON/OFF	자동	1분	
	운전모드	1, 2, 3	자동	1분	자동, 수동, 정지

관수작동상태 (토경)	작동 여부	ON/OFF	자동	1분	
	운전 모드	1, 2, 3	자동	1분	자동, 수동, 정지
양수작동상태 (수경)	작동 여부	ON/OFF	자동	1분	
	운전모드	1, 2, 3	자동	1분	자동, 수동, 정지
습관리장치	작동 여부	ON/OFF	자동	1분	
	운전모드	1, 2, 3	자동	1분	자동, 수동, 정지
난방기	작동 여부	ON/OFF	자동	1분	
	운전모드	1, 2, 3	자동	1분	자동, 수동, 정지
냉방기	작동 여부	ON/OFF	자동	1분	
	운전모드	1, 2, 3	자동	1분	자동, 수동, 정지
훈증기	작동 여부	ON/OFF	자동	1분	
	운전모드	1, 2, 3	자동	1분	자동, 수동, 정지
수막시스템	작동 여부	ON/OFF	자동	1분	
	운전모드	1, 2, 3	자동	1분	자동, 수동, 정지
CO_2발생기	작동 여부	ON/OFF	자동	1분	
	운전모드	1, 2, 3	자동	1분	자동, 수동, 정지
CO_2발생기+ 난방기	작동 여부	ON/OFF	자동	1분	
	운전모드	1, 2, 3	자동	1분	자동, 수동, 정지

출처: 농림수산식품교육문화정보원(2018), "ICT융복합 장비규격 및 서비스 기준(개정) 시설원예분야."

생산량과 품질을 높이기 위하여 관리해야 할 환경인자는 다양하고 복합적으로 작용한다. 작물별로 재배단계별로 고려해야 할 요소도 많다. 또한 식물은 환경 변화에 예민하여 환경인자의 변화속도가 빠를수록 급격하게 반응하고 위험성도 커진다. 따라서 스마트팜 운영자는 데이터 기반의 알고리즘 설계에 앞서 시설원예에 대한 심도 있는 이해가 필히 선행되어야 그 효과가 극대화될 수 있을 것이다.

참고

토마토의 생육환경 제어관리 예시

(1) 온도

토마토는 아열대성 식물로서 생육 온도범위는 5~35℃이다. 토마토는 온도환경에 둔감한 편이나 생육 시기별로 적온관리가 중요하다. 정식 직후는 낮 온도를 25~28℃로 관리하여 광합성을 최대화하되 30℃를 넘으면 광합성 능력이 떨어진다. 야간 온도는 15℃ 정도로 관리한다. 아울러 일주일 정도 지나면 활착이 인정되는 생장점에 세력이 나오는데 그대로 방치하면 과번무해지므로 낮 온도는 그대로 하고, 밤 기온을 서서히 내려 10~13℃로 관리한다. 1화방 개화부터 3화방 개화 시기의 온도는 오전에는 25~28℃, 오후에는 20~25℃로 하고, 밤 온도는 8~10℃ 내외로 관리한다. 3화방 개화기까지의 온도관리가 정확해 생식 생장형 초자가 형성된 이후에는 낮 온도는 오전에는 25~28℃, 오후에는 20~25℃가 되도록 해 광합성을 적극적으로 하게 한다. 밤 온도는 오후 9시경까지의 초저녁은 12~15℃ 내외로 좀 높게 관리하고, 밤중에는 10℃ 정도로 관리한다. 또 오전 6시경부터 2시간 정도 해가 뜰 무렵까지 10~15℃로 높여 광합성 작용시간을 앞당겨 과실 비대를 촉진하도록 관리한다. 온도가 30℃ 이상일 때 착과 불량 증상이 나타나고, 35℃ 이상일 때 탈수 피해가 발생한다. 1℃ 이하일 때 잎과 줄기가 동상해를 입게 된다.

(2) 광

토마토는 강한 광선을 요구하는 작물로, 광포화점은 7만 룩스, 광보상점은 1천 룩스 정도이다. 7만 룩스까지는 조도가 높을수록 광합성이 증가하며, 최소한 1~3만 룩스가 되어야 정상 생육이 가능하다.

(3) 수분

배수가 양호한 토양은 2~3일 간격으로 관수하고, 배수가 불량한 토양은 5~7일 간격으로 관수하여 토양이 적습상태를 유지하도록 한다.

(4) 이산화탄소

일반적으로 대기 중에는 350ppm 정도의 탄산가스가 존재하지만 밀폐된 시설환경에서는 일출 후부터 점차 낮아져 100~200ppm까지 떨어지게 되어 광합성 제한요소가 된다. 따라서 인위적으로 탄산가스를 공급해주는 것이 좋다. 탄산가스는 정식 후 열매가 달려 자랄 때부터 공급하는데, 해가 뜬 후 30분부터 환기할 때까지 2~3시간 주고, 환기하지 않을 경우는 3~4시간만 사용한다. 맑은 날은 1000~1500ppm, 흐린 날은 500~1000ppm가 적정 농도다. 비오는 날은 주지 않아도 된다.

(5) 양액관리

토마토 정식 후 EC 3.5~3.7, pH 5.6인 양액을 공급한다. 낮에는 1~2시간 간격으로, 흐린 날에는 3시간 간격으로 양액을 공급한다. 비가 오는 날에는 양액공급을 중지한다.

〈환경제어기준표 예시〉

생육단계		1단계	2단계	3단계	4단계	5단계
온도(℃)	오전	25~28	25~28	25~28	25~28	25~28
	오후	23~25	23~25	23~25	23~25	23~25
	해진 후 4~5시간	12~13	12~13	12~13	12~15	12
	밤	15	10~13	8~10	10	8~10
	새벽 3시부터 해돋이 직전	12~13	12~13	12~13	15~18	12~13
	땅 온도	15~18	15~18	15~18	15~18	15~18
습도(%)	대기습도	65~80	65~80	65~80	65~80	65~80
양액	급액 EC(dS/m)	3.5	3.5~3.7	3.5	3.5	3.5
	pH	5.6	5.2	6.5	6.5	6.5
CO_2	개인 날	0	0	0	1000~1500	1000~1500
	흐린 날	0	0	0	500~1000	500~1000
	비오는 날	0	0	0	0	0
광 ($w/m^2 \cdot s$)	복사량	493.4	493.4	493.4	493.4	493.4

- 1단계: 정식~정식 후 1주일
- 2단계: 정식 후 1주일~제1화방 개화
- 3단계: 제1화방 개화~제3화방 개화
- 4단계: 3화방 개화 이후
- 5단계: 1화방 수확 시작

출처: 스마트팜기술개발 NCS학습모듈(2019).

3 스마트팜 구성장비와 역할

3.1 스마트팜의 장비 구성

시설원예분야의 주요 장비는 복합환경제어 ICT장비, 양액공급제어 ICT장비, 영상장비 등으로 구분할 수 있다. 복합환경제어 ICT장비는 통합제어시스템과 통합환경제어기, 센서류로 구분할 수 있다. 양액공급제어 ICT장비는 양액공급기, 양액센서, 함수량 측정기, 배액정보 측정기로 나누고, 영상장비는 CCTV, 웹카메라, DVR 등으로 구분할 수 있다.

| 표 8-7 | 스마트팜의 장비 구분 및 생성 데이터

<table>
<tr><th>구분</th><th colspan="2">장비 구분</th><th>장비 목록</th><th>생성 데이터</th></tr>
<tr><td rowspan="4">복합환경 제어 ICT장비</td><td colspan="2">통합제어시스템</td><td>통합제어시스템(S/W)</td><td>제어기준 데이터, 제어 데이터, 이슬점온도, 누적일사량 등</td></tr>
<tr><td colspan="2">통합환경제어기</td><td>통합환경제어기</td><td></td></tr>
<tr><td rowspan="2">센서노드 및 센서</td><td>온실 내부</td><td>온도센서, 습도센서, CO_2센서, 토양수분센서, 조도센서 등</td><td>온도, 습도, CO_2, 토양수분, 조도 등</td></tr>
<tr><td>온실 외부</td><td>온도센서, 일사량센서, 풍향/풍속센서, 감우센서 등</td><td>온도, 일사량, 풍향/풍속, 감우 여부 등</td></tr>
<tr><td rowspan="4">양액공급 제어 ICT장비</td><td colspan="2">양액공급기</td><td>양액공급기</td><td>공급시간, 공급구역, 누적일사량 등</td></tr>
<tr><td colspan="2">양액센서</td><td>EC센서, pH센서, 유량계, 배지함수율, 배지온도계 등</td><td>EC, pH, 공급량, 배지함수, 배지온도 등</td></tr>
<tr><td colspan="2">함수량 측정기</td><td>함수량 측정 로드셀</td><td>무게</td></tr>
<tr><td colspan="2">배액정보 측정기</td><td>EC센서, pH센서, 유량계(또는 로드셀)</td><td>배액량, 배액 EC, 배액 pH</td></tr>
<tr><td rowspan="2">영상장비</td><td colspan="2">CCTV, 웹카메라</td><td>CCTV, 웹카메라</td><td>동영상, 정지영상</td></tr>
<tr><td colspan="2">DVR</td><td>DVR</td><td></td></tr>
</table>

출처: 농림수산식품교육문화정보원(2018), "스마트팜 장비규격 및 서비스 기준(시설원예분야)."

3.2 스마트팜 센서의 종류와 역할

센서(Sensor)란 환경 변화와 측정 대상물을 감지하여 그 측정량을 전기적인 신호로 변환하는 장치로서, 물리량이나 화학량의 절대치와 변화, 소리·빛·전파 등의 강도를 감지하여 유용한 신호로 변환하는 장치를 말한다. 센서노드(Sensor node)란 센서와 연결되어 센서의 출력신호들을 전압과 전류의 형태로 변환하는 모듈과 통신의 송수신기능을 갖는 장치를 말한다.

그림 8-17 | 스마트팜의 센서와 센서노드

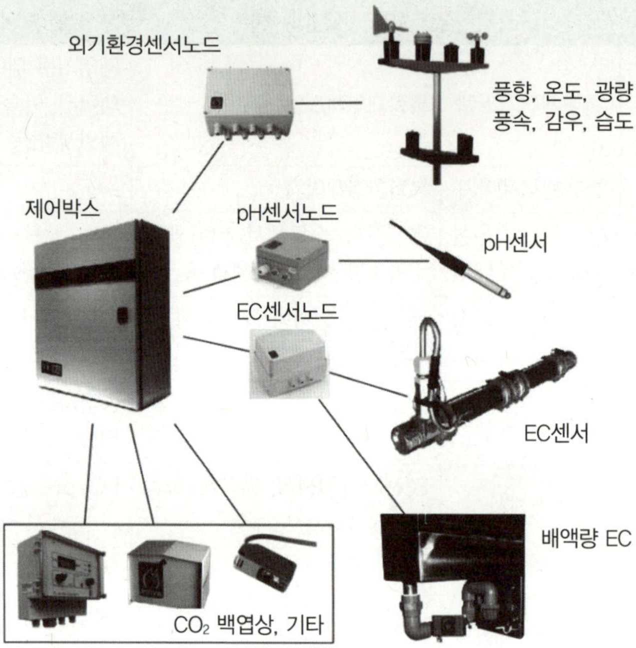

출처: 농림축산식품부(2018), "스마트팜 기자재 산업 육성방안 마련 연구."

스마트팜에 사용되는 센서의 종류는 크게 내부 센서와 외부 센서로 구분할 수 있다. 내부 센서로는 온도센서, 습도센서, CO_2센서 등이 있으며, 작물의 지하부 환경을 측정할 수 있는 온도센서, 수분센서와 양분을 공급하는 급액과 배액의 정보를 측정하는 양분(EC, pH)센서, 인공배지 무게 측정센서 등이 있다. 외부 센서로는 온도, 일사량, 풍향, 풍속, 감우센서 등이 시설 외부 환경을 측정하는 데 사용된다. 그 외에도 이미지를 이용한 생육 측정, 열화상을 이용한 엽온 측정, 마이크로 센서를 이용한 생체정보 측정 등에 사용되는 생육정보센서가 있다.

각 센서의 역할과 필요성은 다음과 같다.

(1) 내부 센서

● 온도센서

- 작물의 생장환경조건의 가장 기본이 되는 센서이다.
- 내부 온도는 작물의 발육, 병충해 발생 등 작물의 생장에 가장 직접적인 영향을 미친다.
- 온도조건을 맞추기 위하여 창문과 커튼을 조절하거나 관수시스템을 통해 물 공급을 실시하며, 동절기에는 보일러의 온도조절을 통해 생장조건을 맞춘다.

그림 8-18 | 온도센서

이미지 예시	비고
	전원전압: 〈직류〉 5~24V 출력신호: 〈아날로그〉 전압신호(0~5V), 전류신호(4~20mA) 〈디지털〉 RS485, 9,600bps, MODBUS RTU 측정범위: –20~ 80℃

출처: 스마트팜기술개발 NCS학습모듈(2019).

● 습도센서

- 습도는 작물의 병충해 발생과 관련성이 높은 환경인자로 습도가 높으면 병충해 발생 가능성이 높아지고, 반대로 습도가 낮으면 작물의 호흡 작용에 문제가 생겨 영양분 공급을 저해할 수 있다.
- 습도조절을 위해서는 창문 개폐 등을 통해서 습도조건을 관리한다.

그림 8-19 | 습도센서

이미지 예시	비고
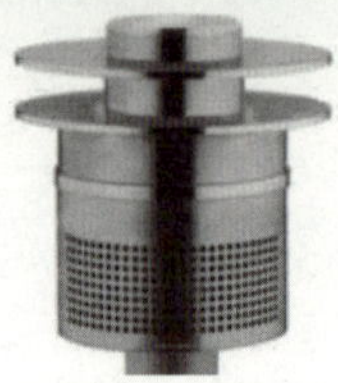	전원전압: 〈직류〉 5~24V 출력신호: 〈아날로그〉 전압신호(0~5V), 전류신호(4~20mA) 〈디지털〉 RS485, 9,600bps, MODBUS RTU 측정범위: 0~100%

출처: 스마트팜기술개발 NCS학습모듈(2019).

- CO_2센서

– 식물은 대기 중 CO_2 농도가 낮을 경우 광호흡을 할 수 없어 생장속도가 느려진다. 따라서 시설 내 CO_2 농도 측정을 통해 작물의 광합성환경, 즉 작물이 광호흡할 수 있는 환경조건에 대한 판단을 할 수 있다.

– 일사량이 높아 작물의 활동이 많을 때에는 CO_2 공급을 높여 작물의 생장에 문제가 발생하지 않도록 관리할 수 있다.

그림 8-20 | CO_2센서

이미지 예시	비고
	전원전압: 〈직류〉 5~24V 출력신호: 〈아날로그〉 전압신호(0~5V), 전류신호(4~20mA) 〈디지털〉 RS485, 9,600bps, MODBUS RTU 측정범위: 0~3,000ppm

출처: 스마트팜기술개발 NCS학습모듈(2019).

- 토양환경센서

– 토양습도 검출센서를 통해 토양이 작물의 생장에 적절한 수분을 포함하

고 있는지를 측정한다.

- 토양온도 검출센서를 통해 작물의 생장에 적절한 토양온도 여부를 측정한다.
- 토양 내 수분이 높으면 뿌리가 물에 잠겨 있는 상황으로 작물의 원활한 호흡이 어려운 환경이 되며, 반대로 토양 내 수분이 낮으면 물 공급이 되지 않는 상황으로 작물에 양분 공급이 원활하지 않게 된다.
- 관비센서의 경우 작물 생육에 필요한 양분(비료)을 관리하며, EC센서와 pH센서를 통해 토양의 양분 농도량, 염 농도량을 동시에 측정하여 분석한 데이터를 이용해 관비를 관리한다.

그림 8-21 | 토양함수율센서

이미지 예시	비고
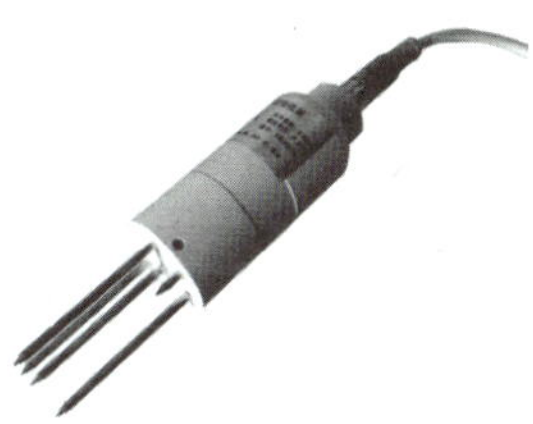	전원전압: 〈직류〉 5∼24V 출력신호: 〈아날로그〉 전압신호(0∼5V), 전류신호(4∼20mA) 〈디지털〉 RS485, 9,600bps, MODBUS RTU 측정범위 : 0∼50% vol.

출처: 스마트팜기술개발 NCS학습모듈(2019).

- 양액센서(수경재배의 경우)

- 작물은 저마다 다른 영양분 공급조건이 있는데, 작물의 EC, pH, 지온 등의 센서는 작물의 영양상태를 측정한다.
- 측정된 데이터에 따라 EC, pH, 지온 등을 조절하기 위해서 양분의 혼합비율을 달리함으로써 작물에 필요한 영양액을 공급한다.
- 양액센서는 배액정보센서(배액 EC센서, 배액 pH센서) 또는 배지정보센서(배지 내 함수율, 배지 온도센서) 중 택일하여 설치한다.

그림 8-22 | 지온센서

이미지 예시	비고
	전원전압: 〈직류〉 5~24V 출력신호: 〈아날로그〉 전압신호(0~5V), 전류신호(4~20mA) 〈디지털〉 RS485, 9,600bps, MODBUS RTU 측정범위 : −20~80℃

출처: 스마트팜기술개발 NCS학습모듈(2019).

그림 8-23 | EC센서

이미지 예시	비고
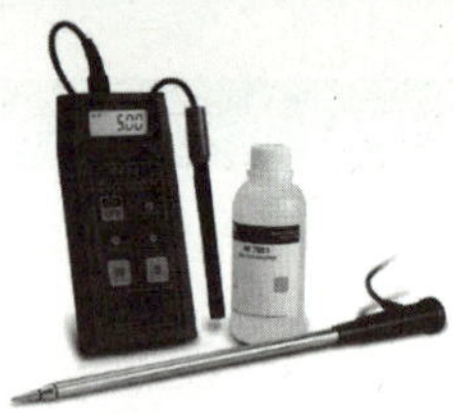	전원전압: 〈직류〉 5~24V 출력신호: 〈아날로그〉 전압신호(0~5V), 전류신호(4~20mA) 〈디지털〉 RS485, 9,600bps, MODBUS RTU 측정범위 : 0~10dS/m

출처: 스마트팜기술개발 NCS학습모듈(2019).

그림 8-24 | pH센서

이미지 예시	비고
	전원전압: 〈직류〉 5~24V 출력신호: 〈아날로그〉 전압신호(0~5V), 전류신호(4~20mA) 〈디지털〉 RS485, 9,600bps, MODBUS RTU 측정범위 : 2~12pH

출처: 스마트팜기술개발 NCS학습모듈(2019).

(2) 외부 센서

- 온 · 습도센서

– 외부 환경을 측정하는 센서로 실외의 온도와 습도를 측정한다.

– 측정된 실외온도와 습도 데이터를 활용하여 온실 내부 온도와 습도기준을 설정하고 천창환기, 차광/보온커튼 등의 제어를 통해 맞출 수 있다.

- 풍향 · 풍속센서

– 풍향 · 풍속 측정은 주로 온실 구조물의 안전관리를 위해 활용된다. 강풍 등으로 인한 시설피해가 예상되면 비닐이 손상되지 않도록 지지하는 등의 조치를 수행한다.

– 여름철과 같이 온실 창문을 열어 놓을 경우, 풍향 · 풍속이 실내온도 변화에 급격한 영향을 미칠 수 있으므로 내부 온도가 변화할 가능성이 있으면 온실 창문을 조절하여 내부 온도제어에 활용한다.

그림 8-25 | 풍향 · 풍속센서

이미지 예시	비고
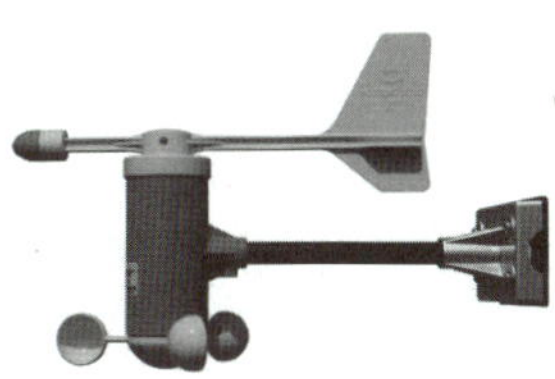	전원전압: 〈직류〉 5~24V 출력신호: 〈아날로그〉 전압신호(0~5V), 전류신호(4~20mA) 〈디지털〉 RS485, 9,600bps, MODBUS RTU 측정범위: 〈풍향〉 0~360도(방위각) 〈풍속〉 0~40m/s

출처: 스마트팜기술개발 NCS학습모듈(2019).

● 감우센서

- 비나 눈이 내리는 여부를 감지하는 센서이다.
- 비나 눈이 내리면 온실의 창문을 닫아 작물의 피해가 발생하지 않도록 조치한다.

그림 8-26 | 감우센서

이미지 예시	비고
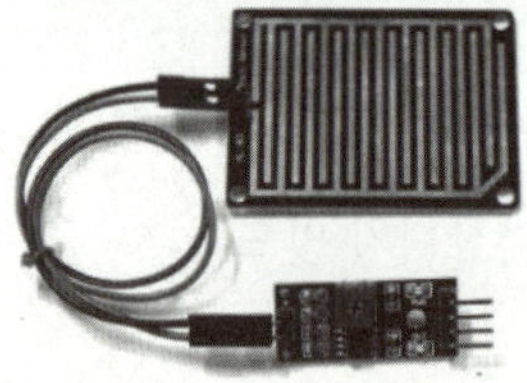	전원전압: 〈직류〉 5~24V 출력신호: 〈아날로그〉 전압신호(0~5V), 전류신호(4~20mA) 〈디지털〉 RS485, 9,600bps, MODBUS RTU 측정범위: ON/OFF

출처: 스마트팜기술개발 NCS학습모듈(2019).

● 일사센서

- 단위시간당 단위면적당 입사되는 일사에너지(W/m²)를 측정하는 센서이다.
- 온실 내 온도 및 관수제어 등에 참조한다.

그림 8-27 | 일사센서

이미지 예시	비고
	전원전압: 〈직류〉 5~24V 출력신호: 〈아날로그〉 전압신호(0~5V), 전류신호(4~20mA) 〈디지털〉 RS485, 9,600bps, MODBUS RTU 측정범위: 0~2,000W/m^2

출처: 스마트팜기술개발 NCS학습모듈(2019).

- 광양자센서

– 단위시간당 단위면적당 입사되는 광양자 수(광양자속밀도, μmol/m²/s)를 측정

– 광합성 유효 광양자속밀도(400~700nm)를 기준으로 값이 증가하면 광합성이 증가하며 일정 수준이 넘으면 포화된다. 커튼 개폐 등의 제어를 통해 햇빛을 실내로 전달하는 기능을 수행한다.

그림 8-28 | 광양자센서

이미지 예시	비고
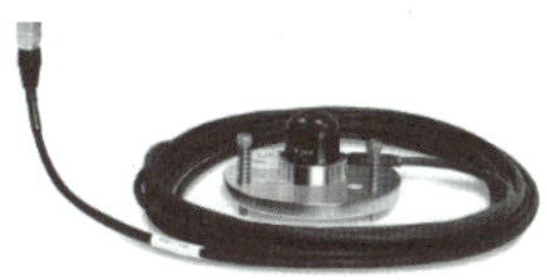	전원전압: 〈직류〉 5~24V 출력신호: 〈아날로그〉 전압신호(0~5V), 전류신호(4~20mA) 〈디지털〉 RS485, 9,600bps, MODBUS RTU 측정범위: 0~2,000μmol/m²/s

출처: 스마트팜기술개발 NCS학습모듈(2019).

(3) 생육정보센서

- 이미지센서

– RGB 이미지, 심도 이미지 등을 촬영하여 작물의 생육량을 분석하고, 작물의 상태를 진단 및 예측하는 데 활용한다.

– 초장,[1] 엽수[2]와 엽면적[3] 등 주요 정보를 동시에 자동 측정하고 실시간으로 데이터베이스에 저장하여 시기별 생육 변화량을 비교한다.

---

1 초장(Plant Length): 초본식물의 지표에서 선단까지의 길이로 일반적으로 식물의 키
2 엽수(Leaf Number): 식물체 잎의 수
3 엽면적(Leaf Area): 잎의 크기로 엽장(잎의 길이)과 엽폭(잎의 너비)의 크기에 따라 구성되는 단위면적당 잎의 전체 면적

그림 8-29 | 작물생육 이미지센싱시스템

출처: 농사로 홈페이지(http://nongsaro.go.kr)

- 엽온 측정센서

– 열화상 카메라를 이용하여 엽온과 과실온도를 측정한다.

– 엽온과 공기온도를 비교함으로써 작물의 증산이 활발한 정도로 엽의 활력을 측정한다.

– 관수 중단 및 고온 스트레스 발생 진단에 활용한다.

그림 8-30 | 열화상을 이용한 엽온 측정

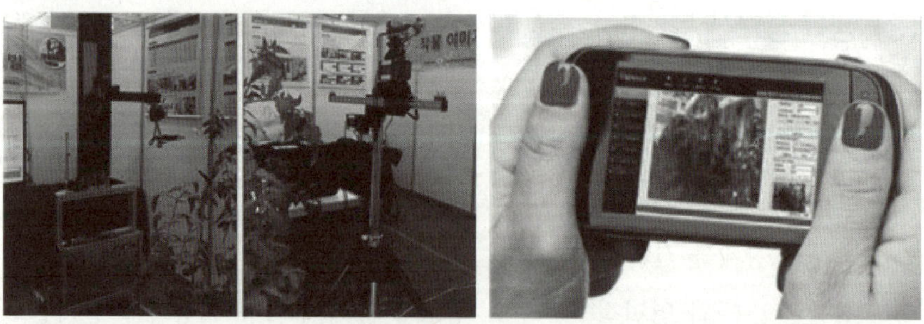

출처: 농사로 홈페이지(http://nongsaro.go.kr)

- 마이크로센서

– 바늘 크기의 마이크로센서를 줄기에 심어 줄기 내 물관 유동량을 측정한다.

– 수분 흡수량 예측을 통해 정밀 관수 조절에 활용한다.

그림 8-31 | 마이크로센서를 이용한 생체정보 측정

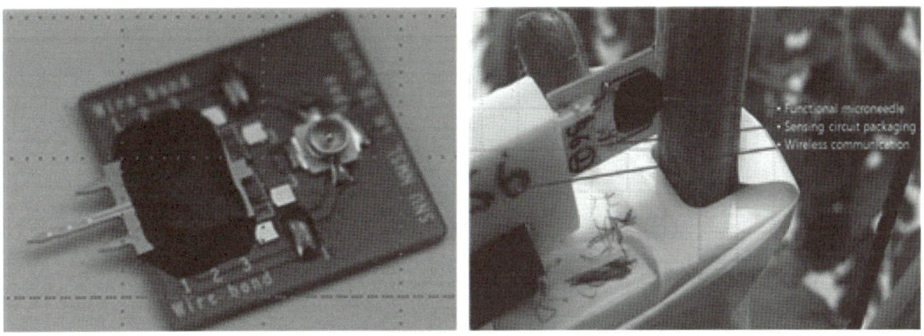

출처: 농사로 홈페이지(http://nongsaro.go.kr)

3.3 구동기의 종류와 역할

구동기(Actuator)란 온실의 환경을 조절하기 위해 사용하는 각종 전기적 또는 기계적 장치를 말한다. 제어노드(Actuator node)는 구동기와 통신모듈이 결합된 구조로서 통합환경제어기에 내장되어 있으며, 통합제어시스템으로부터 전달받은 메시지에 근거하여 구동기를 제어하는 역할을 한다.

시설원예에 사용되는 구동기의 종류에는 환기창(천창, 측창) 개폐기, 보온·차광 커튼 개폐기, 유동팬, CO_2 공급기, 관수·관비 공급기, 양액공급기, 냉난방기 등이 있다. 기존 시설원예농가에서 스마트팜 도입을 위하여 ICT 융복합 확산사업을 신청할 경우 이들 장치는 이미 설치되어 있거나 또는 시설원예현대화사업과의 연계신청을 통해 필히 설치되어 있어야 한다. 각 구동기의 기능과 역할은 다음과 같다.

- 환기창(천창, 측창) 개폐기

– 설정된 기준값과 온실 내·외부의 온·습도센서, 온실 외부 감우센서에

의해 얻어진 측정값이 자동으로 연동되어 환기창의 개폐범위, 작동주기를 조정한다.

- 환기창 제어는 바람 부는 방향과 반대방향의 창으로 분리하여 제어하여야 한다.
- 측창의 좌우 개폐 정도가 다르게 제어될 수 있어야 하며, 천창과 측창의 작동주기를 작물의 특성에 따라 단계별로 설정이 가능하여야 한다.

그림 8-32 | 천 · 측창 개폐기

출처: 농림축산식품부(2018), "스마트팜 기자재 산업 육성방안 마련 연구."

- 보온 · 차광커튼 개폐기
- 설정된 기준값과 일사값 및 외부 온도값, 실내 온 · 습도값에 의해 작물의 적정 생육온도 유지를 위한 보온을 목적으로 보온커튼의 개폐를 제어한다.
- 일사량센서에 의해 얻어진 광량데이터와 온실 피복재질의 투과율을 감안하여 차광커튼의 개폐가 되도록 제어한다.

그림 8-33 | 보온 · 차광커튼 개폐기

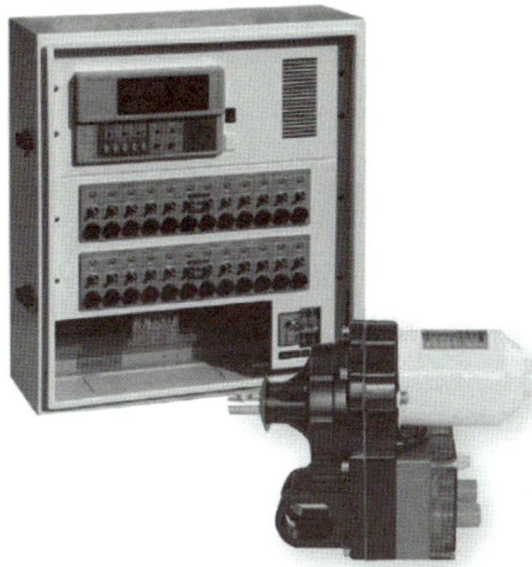

출처: 농림축산식품부(2018), "스마트팜 기자재 산업 육성방안 마련 연구."

- 유동팬

– 온실 내부에 설치된 온 · 습도센서에서 측정된 값을 수집하여 온 · 습도 편차 등의 정보를 토대로 각 동별 환기 구동을 제어한다.

– 온실의 온 · 습도 유지상태를 PC 및 모바일에서 모니터링할 수 있도록 연동하며, 이상값에 대한 임계치 설정기능을 제공하고, 설정값에서 벗

그림 8-34 | 유동팬

출처: 농림축산식품부(2018), "스마트팜 기자재 산업 육성방안 마련 연구."

어난 센서 측정값이 나타날 경우 해당 온실에 대한 이상 정보를 알리고 자동제어를 실시한다.

- CO_2 공급기

– 온실 내부의 CO_2센서에 의해 얻어진 CO_2 농도 정보에 따라 적합한 농도를 유지할 수 있도록 CO_2 공급기를 제어한다.

– 시설 내부에 작물의 광합성 작용에 필요한 이산화탄소를 인위적으로 공급해 광합성 작용을 촉진한다.

그림 8-35 | CO_2 공급기

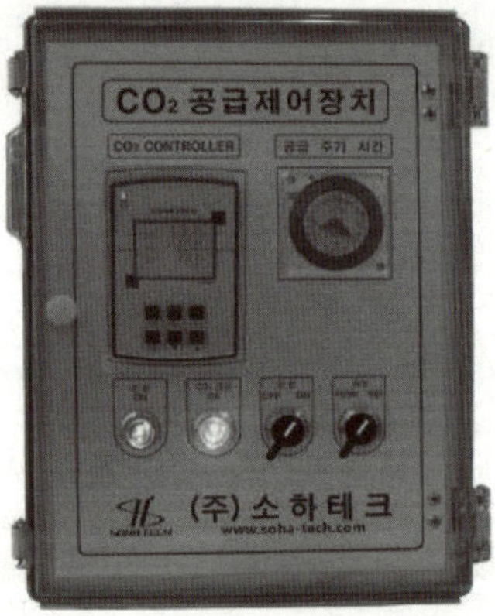

출처: 농림축산식품부(2018), "스마트팜 기자재 산업 육성방안 마련 연구."

- 관수 · 관비 공급기

– 온실 내부에 설치된 토양수분센서에서 측정된 값을 수집하여 각 동별로 적정한 관수 · 관비 공급을 제어한다.

그림 8-36 | 관수 · 관비 공급기

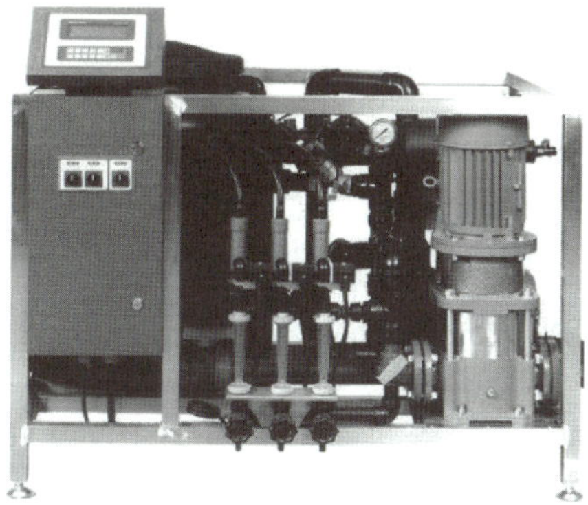

출처: 농림축산식품부(2018), "스마트팜 기자재 산업 육성방안 마련 연구."

- 양액공급기

– 인공배지 또는 무배지상태에서 재배하는 식물에 필요한 물과 영양분을 알맞은 농도로 공급할 수 있도록 조절하여 주는 장치이다.

– 양액정보센서 중 배지정보센서에 의해 얻어지는 배지정보(배지함수율, 배지EC) 및 배액통에 설치되는 배액정보센서를 통해 투여되는 양액의

그림 8-37 | 양액공급기

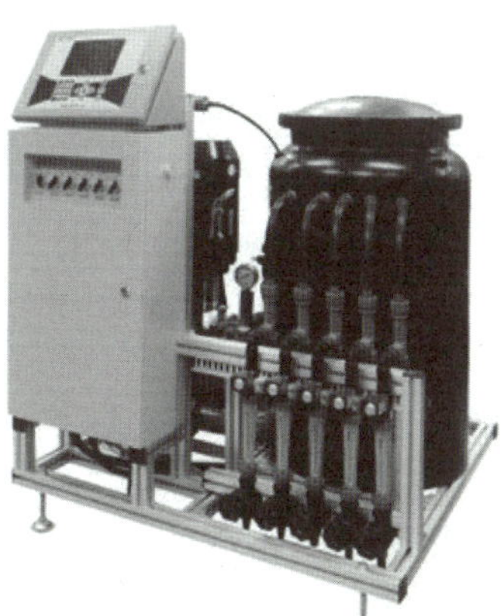

출처: 농림축산식품부(2018), "스마트팜 기자재 산업 육성방안 마련 연구."

정보(배액 EC, 배액 pH, 배액온도)를 파악하여 양액제어기를 조절한다.

- 냉난방기
  - 온실 내부의 온·습도값, 온실 외부 일사값 및 온도값, 누적일사량 등에 따라 냉난방기의 작동을 제어한다.

그림 8-38 | 냉난방기

출처: 농림축산식품부(2018), "스마트팜 기자재 산업 육성방안 마련 연구."

참고

구동기를 이용한 시설원예 환경관리: (1) 환기

시설의 환기는 온실 내·외부 공기를 교환해 주는 것이다. 환기는 온실의 기온과 상대습도를 조절하여 작물의 생장이 가능한 범위의 수증기압포차로 관리하는 것이며, 탄산가스를 공급하고 유해가스를 배출하는 역할도 한다. 기온과 상대습도를 작물 생장에 적합하게 관리하기 위하여 환기량과 환기율을 계산하여 외기의 환경에 따라 환기계획을 세울 수 있다.

환기방법은 중력 및 풍력에 의한 자연환기와 환기팬에 의한 강제환기로 구별한다.

자연환기는 천창이나 측창을 이용하여 환기하는 방식으로 천창의 개폐방법에는 다양한 방식이 있으나 현재는 주로 링크–암 방식과 랙 · 피니언 방식 두 가지가 사용되고 있다.

일사량이 강한 여름철에 온실 내 자연환기만으로는 작물이 생장하기에 적합한 기온으로 유지하기 어렵다. 따라서 환기 효율이 큰 환풍기를 이용한 강제환기가 필요하다. 온실은 일반적으로 남쪽, 서쪽부분이 일사량이 많고 온도가 높은 반면, 북쪽과 동쪽은 온도가 낮다. 또 온실의 중앙부는 공기의 움직임이 적어 온도가 높은 경향이다.

환기팬의 설치장소는 온실의 북쪽 혹은 동쪽으로 하고, 흡기구는 환기팬이 북쪽이라면 남쪽에 설치하고, 환기팬이 동쪽이라면 서쪽에 설치한다. 강제환기에서 환기량은 환풍기의 대수, 흡배출구의 위치와 면적에 따라 달라질 수 있다. 또한 온실 내에서 공기의 흡입구로부터 배출구까지 온도의 구배가 생길 수 있으며 환풍기의 그림자로 인하여 온실 내 투광량이 감소할 수 있다. 시설의 크기에 따라 환풍기와 환풍구의 위치를 다르게 해야 한다. 시설의 길이가 50m 이상 되면 환풍기를 양쪽에 설치하고, 그 이하인 경우에는 한쪽에만 설치한다. 그리고 시설의 너비가 10m 이상의 연동형 하우스에는 환풍기를 2개 설치한다.

출처: 농촌진흥청(2018), "시설원예 환경관리 가이드라인."

참고

구동기를 이용한 시설원예 환경관리: (2) 냉난방

작물의 생리반응들은 복잡한 물리화학적 반응이며, 온도의 영향을 가장 잘 받는다. 작물이 생육 가능한 범위의 온도를 유효온도라고 한다. 작물 생육이 가능한 가장 낮은 온도를 최저온도라 하고 작물의 생육이 가능한 가장 높은 온도를 최고온도라고 한다. 또한 생육이 가장 왕성한 온도를 최적온도라고 한다. 이 세 온도를 주요 온도라고 하는데, 이는 작물의 생육의 단계와 작물의 종류에 따라 다를 뿐 아니라 주야간의 생육 적온도 다르다.

한계온도까지는 생육이 가능하지만 적온에서 멀어질수록 생육이 둔화되며, 적온 범위 밖에 장기간 놓이면 심한 생육억제현상을 나타난다. 그리고 한계온도를 벗어나면 여러 가지 형태의 저온 또는 고온장해를 나타낸다. 시설의 온도관리에 있어서는 한계온도를 벗어나지 않도록 해주는 것이 시설원예의 온도환경관리에 있어 중요하다.

지온도 작물의 생육에 큰 영향을 미친다. 대체로 적정 지온은 15~20℃의 범위에 있으며, 30℃ 이상이 되면 근모의 발생이 억제되고 뿌리의 호흡이 왕성해지기 때문에 동화 산물의 소모가 많아진다. 그리고 지온이 낮으면 뿌리의 신장과 활성이 떨어지고 토양 미생물의 활동이 억제되어 결국 양분과 수분의 흡수가 불량해진다.

작물의 광합성은 온도, 광도, 탄산가스 농도의 영향을 받는다. 온도가 높아지면 광합성이 크게 증가하고, 일정 온도 이상이 되면 오히려 감소하는 것을 볼 수 있다. 광합성속도가 최고에 달하는 온도를 보면 토마토가 20℃, 오이가 25℃, 피망이 20~25℃로 광합성의 적정온도가 작물별로 다르다.

시설 내의 합리적인 온도관리는 변온관리이다. 작물은 해가 뜨면 광합성을 시작하나 시설 내 기온은 광합성에 충분한 정도의 기온이 안 되기 때문에 이때 1~2시간 정도 예비 가온을 하고, 광선이 충분하면 광합성을 최대한 높일 수 있도록 기온을 적정 수준으로 유지해준다. 해가 진 후 4~6시간 정도는 동화 산물의 전류를 촉진시킬 수 있도록 약간 높은 기온을 유지하도록 한다. 전류가 끝난 후부터는 호흡에 의한 소모를 줄일 수 있도록 작물 생육에 지장이 없는 정도의 낮은 기온으로 관리해준다. 주야간 변온관리방식을 작물과 기상조건에 따라 응용하는 것이 바람직하며, 이러한 합리적인 변온관리로 작물의 수량과 품질을 향상시키는 것은 물론 난방비를 크게 절감할 수가 있다.

시설원예에서 난방은 외기온이 낮은 저온기에 온실 내의 기온을 작물의 생육 적온까지 상승시켜 재배가 가능하게 하는 데 주목적이 있다. 겨울철 대부분 난방이 요구되며 시설원예 생산비 중에서 연료비가 차지하는 비중은 약 35%이다. 국내 일반 농가 및 현대화 온실에서 주로 이용되고 있는 난방방식은 경유, 등유 등을 열원으로 하는 온풍난방, 온수난방이 대부분이며, 자연에너지인 지하수 및 공기를 열원으로 하는 히트펌프 난방방식도 가끔 이용되고 있다.

우리나라는 여름에는 지나치게 고온으로, 특히 시설 내에서는 환기시설을 모두 개방하고도 실내온도가 35~40℃ 정도로 올라가는데, 이러한 상태에서는 많은 작물의 생육적온을 벗어난 온도로서 고온장해를 받는다. 따라서 여러 가지의 냉방 수단을 동원하여 시설의 온도를 하강 조절하지 않으면 안 된다. 온실 냉방을 하기 위해 개발된 방법으로 기화냉각법이란 덜 포화된 공기가 이보다 저온의 물과 접촉하면 물에 열을 주어 증발시킴과 동시에 공기 자체가 냉각되는 것을 말한다. 여름철에 세무냉방과 공기 순환팬을 함께 가동할 때 기온을 최대 6~7℃ 하강시킬 수 있다.

출처: 농촌진흥청(2018), "시설원예 환경관리 가이드라인."

참고

구동기를 이용한 시설원예 환경관리: (3) 에너지 절감

시설농가 경영비에서 난방비를 포함한 광열비가 전체의 30~40%를 차지하고 있어 냉난방에 소요되는 에너지의 절감이야말로 농가 경영개선을 위해 선결해야 할 과제이다.

히트펌프는 냉매의 상변화 순환을 이용하여 지중열, 공기열 등을 흡수하여 시설난방에 활용 가능한 고온수를 생산하는 설비로 지열히트펌프, 태양잉여열 축열식 공기열히트펌프, 지하수열원히트펌프, 발전폐열원히트펌프 등의 농업용 모델이 개발되어 있다. 지열히트펌프는 경유온풍난방기 대비 70~80%의 난방비 절감효과가 있으며 여름철 냉방기로 활용이 가능한 다목적 공조설비이다.

순환식 수막재배시설은 수막으로 사용한 지하수를 회수하여 일정한 온도로 가열하여 재활용함으로써 지하수 부족지역에서도 수막재배가 가능한 보온기술로 가온한 18~20℃의 지하수로 150~200L/분/10a 살수 시 최저 외기온 영하 6℃에서 수막온실 내부 기온을 8℃ 유지할 수 있다. 딸기재배 시 경유 온풍난방기 대비 67%의 난방연료 절감이 가능하며 관행의 비순환식 수막시설 대비 81%의 지하수 절감이 가능하다.

다겹보온커튼은 여러 단열재를 다겹으로 누빈 다겹보온자재를 이용하여 보온력을 극대화하며 예인 및 권취장치를 이용하여 온실전체를 완전히 밀폐하여 에너지 절감효과를 극대화할 수 있다. 관행의 3중 피복 비닐하우스 대비 난방연료가 약

40% 절감되며 초기수량 증대효과가 있어 최근 가온재배온실에 활발히 보급되고 있다.
온풍난방기 배기열 회수장치는 연소열의 20%에 달하는 연도로 버려지는 배기가스(250~300℃)의 열을 열교환기로 회수하여 온실에 공급하는 장치로 기존에 사용 중인 온풍난방기의 연통부에 간단히 부착하여 사용할 수 있다. 온풍난방기 배기열의 61~85%를 회수하며 일평균 11.5~25.2%의 난방연료를 절감할 수 있다.

출처: 농촌진흥청(2018), "시설원예 환경관리 가이드라인."

참고

구동기를 이용한 시설원예 환경관리: (4) CO_2 공급

탄산가스는 광합성에서 필수적인 성분으로 식물은 탄산가스를 흡수함으로써 포도당을 생성하게 되며, 탄산가스 농도를 높여 식물 생장을 향상시키는 기술에 대한 연구는 네덜란드를 비롯한 시설원예 선진국을 중심으로 수십 년간 진행되어 왔다.
대기 중 평균 탄산가스 농도인 350ppm에서 탄산가스 농도를 1,000ppm으로 증가시키는 경우 광합성이 30~50% 정도 증가하고, 수량도 약 35% 증수된다. 따라서 온실 내부의 탄산가스 농도를 증가시키게 되면, 생장기간을 5~10% 정도 단축시킬 수 있으며, 작물의 생육을 촉진시키고, 수량을 증대시키며, 품질을 크게 향상시킨다. 탄산가스 농도가 너무 높을 경우 작물에 해를 입힐 수 있으므로 작물 종류에 따른 탄산가스 적정 농도가 존재한다.
탄산가스 시비량을 결정하는 적정 수준의 탄산가스 농도는 작물의 종류와 생육단계, 그리고 광도와 수분 등의 환경조건에 따라 다르다. 예를 들어, 광도가 낮으면 탄산가스 포화점이 낮아지기 때문에 시비 농도를 낮추고, 반대로 광도가 높으면 시비 농도를 높여야 한다. 탄산가스 시비는 오전에 해가 뜰 때부터 오후 2~3시까지 하는 것이 생육 증진효과가 좋고, 특히 일사량이 충분한 오전의 시용효과가 높다. 비 오는 날은 탄산가스를 시용하지 않고, 흐린 날은 맑은 날보다 30~40% 낮은 농도의 탄산가스를 공급한다. 네덜란드의 경우 토마토 재배기간 동안 탄산

탄산가스 농도에 따른 광합성량과 상대 수확률 변화

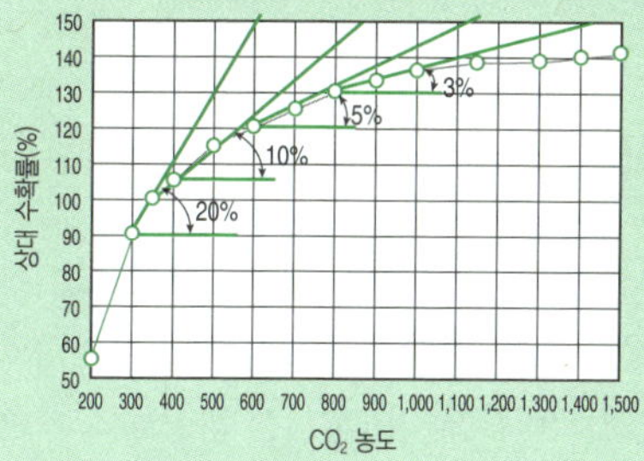

탄산가스 시비에 따른 파프리카의 상품과 수확량

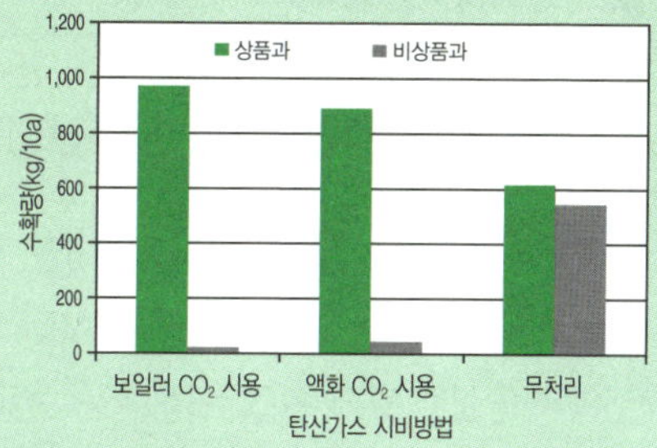

가스 농도를 1,000ppm을 목표로 10a당 23kg/h을 공급한다.

탄산가스 시용방법에는 시설 내에 액체 또는 고체 탄산가스를 직접 주입하는 방법이 있으며, 또는 각종 탄산가스 발생기를 이용하여 프로판가스(LPG) 등 각종 연료를 연소시켜서 발생하는 배기가스 중에 포함된 탄산가스를 이용하는 방법이 있다.

〈탄산가스 시비방법별 장단점〉

구분	장점	단점
액화탄산 시비법	• 탄산가스 제어 용이 • 불순물 발생 없음	• 탄산가스탱크와 기화기 필요 • 대규모 온실에 적용 가능
연소식 탄산가스 시비법	• 시비기의 가격이 저렴함 • 장치가 간단	• 연소 배출물이 발생함 • 탄산가스 및 온도 구배 발생 • 온도와 습도 조절 불가능
드라이아이스 시비법	• 작은 온실에 적용하기 쉬움	• 드라이아이스 배송 및 보관이 어려움 • 액화탄산가스보다 비쌈
고체 탄산가스 시비법	• 쉽게 탄산가스 시용이 가능	• 탄산가스 발생량 대비 가격이 비쌈 • 농도 조절이 어려움
보일러 이용 시비법	• 탄산가스 시비/난방 겸용 가능 • 온실 온습도 변화 최소화 • 배출물 저감 및 관리가 용이	• 송풍기, 콘덴서 등 추가 장치 비용 발생 • 물탱크와 같은 열저장소가 필요

출처: 농촌진흥청(2018), "시설원예 환경관리 가이드라인."

참고

구동기를 이용한 시설원예 환경관리: (5) 관수 · 관비

관비재배(fertigation)란 관수(irrigation)와 시비(fertilization)를 동시에 수행하는 기술로 토양이 가지고 있는 기존의 양분과 완충능을 활용하면서 작물 양 · 수분의 요구량과 특성에 맞춰 적기, 적시에 공급하여 시비 효율 및 생산성 향상을 도모한다. 기 설치된 관수장치를 이용하여 시비하므로 노동력 절감이 가능하고 양 · 수분 이용 효율 향상에 따른 시비량 절감 및 염류장해, 환경오염 경감에 효과적이다.

관비재배의 효과를 높이기 위해서는 토양의 상태가 매우 중요한데 관비재배 토양의 조건은 다음과 같다.

첫째, 토양의 pH는 5.5~6.5로 조정하여야 한다. pH가 약산성으로 교정되면 비료의 유효도가 증가하여 흡수가 원활해진다. 그러나 철, 아연 등 미량요소의 유효도가 떨어져 이들 성분의 요구량이 많은 작물은 부족하지 않도록 유의한다.

둘째, 토양 물리성을 개선하여 물빠짐(투수성)이 좋고, 토양 공기가 원활하게 공급될 수 있어야 한다. 투수성이 나쁘면 관비되는 물이 토양 속으로 침투하지 않고 두둑 옆으로 흘러 관비효과가 떨어진다.

셋째, 토양분석을 토대로 시비량을 결정하고 잘 부숙되지 않거나 양분의 함량이 높은 유기물이나 축분 사용을 자제한다.

재배지의 토양뿐 아니라 물도 매우 중요하다. 일부 관비재배 지역에서는 물에 의해 관비효과가 현저히 저하되고 비료성분의 침전에 의해 점적기와 여과기를 막히게 할 수 있기 때문에 특히 주의가 필요한 경우도 있다. 칼슘이나 중탄산염을 많이 함유한 물은 황산염 비료를 사용할 때 석고($CaSO_4$) 침전물이 생기고, 요소비료를 사용할 때 탄산칼슘($CaCO_3$) 침전물이 생길 수 있다. 칼슘이나 마그네슘이 많이 함유되었거나 pH가 높은 물은 인산비료를 이용할 때 인산칼슘이나 인산마그네슘은 침전되므로 산성을 띠는 인산비료 1인산암모늄을 사용하는 것이 좋다.

출처: 농촌진흥청(2018), "시설원예 환경관리 가이드라인."

참고

구동기를 이용한 시설원예 환경관리: (6) 양액공급

수경재배의 이점 중 하나는 관수나 시비의 자동화에 의한 생력화가 가능하고, 양액관리를 쉽게 할 수 있다는 것이다. 특히 시기별, 생육단계 또는 일중 기상환경 등에 따른 작물별 최적 급액량이나 급액농도에 대한 정보를 참고하여 양액장치를 설정할 수 있다. 수경재배의 경우 근권의 용적이 작고, 완충능이 낮기 때문에 양액의 비료성분이 생육에 직접 영향을 미치게 되므로 최적 목표 농도 설정 및 양액 조성이 필요하다.

양액공급장치의 기능은 작물의 생육에 적합한 양액을 조제하여 재배 베드로 양액을 공급하는 것으로 비료농축액탱크, 산 · 알칼리탱크, 양액혼합탱크, 양액희석장치, 산도조절장치, 급액컨트롤러 등으로 구성되며, 양액재배방식에 따라서 양액공급장치에 필요한 사양은 다르다.

양액의 농축액탱크(1톤)는 보통 2개를 준비하며, 양액 조제 시 한 탱크에는 질산칼슘, 질산칼륨의 일부 및 철의 수용액을, 다른 탱크에는 황산마그네슘, 인산칼륨, 황산칼륨, 미량원소 등의 비료를 용해시켜 사용한다. 최근에는 다량원소 비료(단비) 4~5가지와 미량요소를 액체비료로 사용하여 별도의 탱크를 설치하기도 한다. 배양액 희석장치는 고도로 정밀한 제어가 요구되는 기기로서 양분, 수분 및 산도를 조절하는데, 공급하고자 하는 양액의 pH와 EC의 편차가 없도록 센서나 컨트롤러, 유속 정압밸브 등의 성능을 잘 고려하여 선택하여야 한다. 최근에는 컴퓨터 프로그램에 의한 EC 및 pH의 자동조절뿐만 아니라 여러 종류의 작물을 동시에 재배할 경우 상이한 양액 조성이 가능하고, 시설 내 미기상환경과 작물의 생육단계에 따른 양액조절이 용이하다.

양액조제는 양액혼합탱크 내에서 EC센서를 이용하여 목표한 EC값이 될 때까지 비료원액을 혼합하고, 산 또는 알칼리를 혼합하여 pH를 조절한다. 양액을 순환하여 재이용하는 경우 재배베드에서 배출된 양액은 배액탱크로 모아져 여과 및 살균시스템을 거친 후, 다시 혼합탱크로 회수되고 물과 비료성분을 혼합하여 목표한 EC값이 되도록 조정한 후 재사용된다.

양액 자동 공급장치는 혼합 후 공급방식(Batch Tank방식)과 연속혼합 공급방식(Continuous방식)으로 분류되는데, 전자는 소규모 재배면적에 적합하며 후자는 재배면적에 구애받지 않고 농도와 급액횟수를 다양하게 제어할 수 있어 가장 많이 보급되어 있는 방식이다.

양액공급장치(탱크방식) 모식도

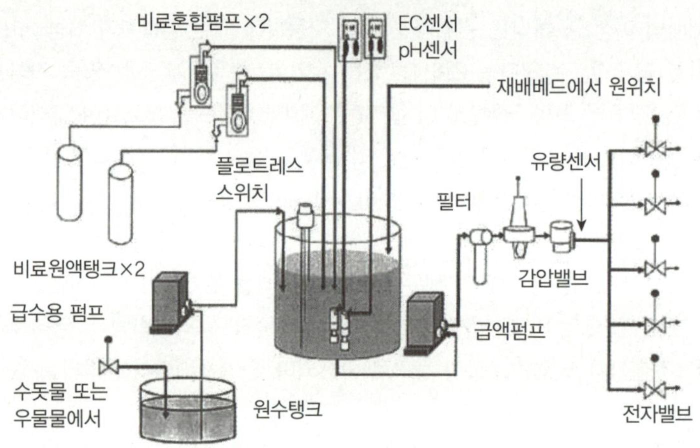

출처: 농촌진흥청(2018), "시설원예 환경관리 가이드라인."

3.4 영상 및 정보관리장비

(1) 영상장비

스마트팜에 사용되는 영상장비에는 CCTV, 웹카메라 및 녹화장비인 DVR이 있다.

카메라는 작물의 생장 · 생육상태를 확인할 수 있는 온실 내부용 관찰카메라와 시설물을 관리하기 위한 온실 외부용 보안카메라로 구성한다. 온실 내부용 관찰카메라는 작물의 근접촬영 및 온실 내부 환경을 확인하며, 작물의 관찰데이터는 일일 주기로 온실운영관리시스템에 저장한다. 온실 외부용 보안카메라는 야간촬영 및 식별이 가능하여야 하고, 동작감지기능 및 향후 데이터 확인을 위한 저장기능을 지원하는 사양을 필요로 한다. 또한 실시간으로 영상을 모니터링할 수 있도록 고화질 영상 전송이 가능한 속도의 네트워크가 지원되어야 한다.

녹화장비는 CCTV, 웹카메라를 통해 촬영된 영상을 실시간으로 저장하고, 저장된 영상을 검색 및 백업할 수 있어야 한다.

그림 8-39 | CCTV와 웹카메라

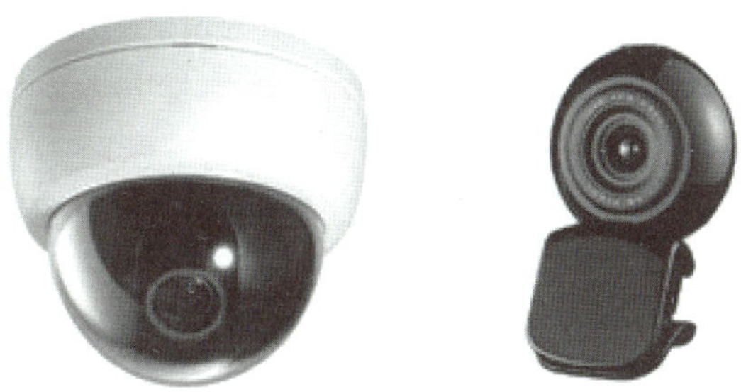

출처: 농림수산식품교육문화정보원(2017), "스마트팜 선도사례집."

(2) 전산장비

PC, 서버, 클라우드, 임베디드시스템 등을 사용할 수 있다. 각종 센서를 통해 수집된 온실의 환경 데이터를 백업하고, 스마트팜 운영에 필요한 소프트웨어의 설치 및 구동에 문제가 없도록 CPU 성능, 메인메모리 용량, 저장공간을 가지고 있어야 한다.

이 외에도 정전 시 통합제어시스템 및 통합환경제어기가 일정시간 안정적으로 운영될 수 있도록 소요전력을 산출하여 UPS를 설치하여야 한다.

3.5 통합제어시스템

통합제어시스템(Greenhouse Control System)은 스마트팜에 설치된 장비의 제어를 통합적으로 수행하는 소프트웨어로서 온실 내·외부 센서 및 센서노드로부터 수집된 환경정보기록, 온실 관제에 필요한 알고리즘 및 소프트웨어를 탑재하고 제어노드에 제어명령을 내리며, 외부 데이터서버 및 다수의 시스템과 정보를 주고받기도 한다.

통합제어시스템에는 환경요소인 온도, 습도, 일사량, CO_2, 풍향, 풍속, 감우 여부 등의 데이터가 복합적으로 투입되는 비례제어, 적분제어 등의 알고리즘이 사용되고, 연산결과로 최적의 자동제어기준 데이터를 생성하여 통합환경제어기로 전송하는 역할을 수행한다.

3.6 통합환경제어기

통합환경제어기(Greenhouse Controller)는 통합제어시스템으로부터 받은 명령을 제어노드에 전달하거나 또는 구동기를 직접 작동시키며, 센서노드로부터 전송된 센싱값을 통합제어시스템에 전달하는 역할을 한다.

센서노드로부터 환경정보를 수신하고 요청할 수 있거나 센서에서 직접 환경정보를 수신할 수 있어야 하며, 제어노드로 제어신호를 보내고 구동상태를 확인할 수 있거나 구동기를 직접 제어할 수 있어야 한다.

통합제어시스템과 환경정보 및 제어신호의 송수신이 가능해야 하나, 통합제어시스템과의 네트워크 단절과 같은 긴급상황을 대비하여 독자적으로도 제어가 가능하고, 일정기간 센서노드 등으로부터 수집된 데이터를 저장할 수 있어야 한다.

그림 8-40 I 통합환경제어기

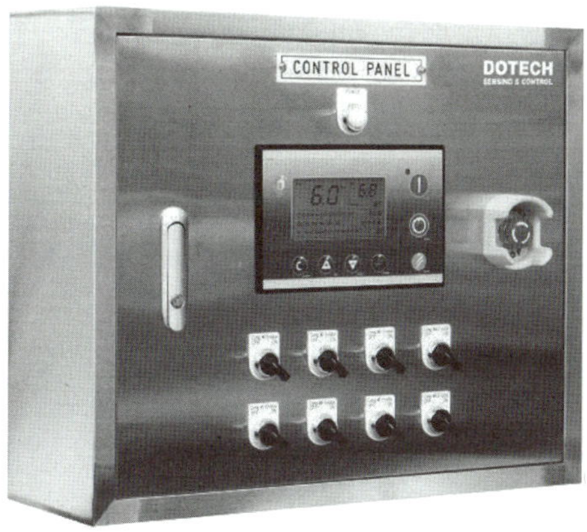

출처: 농림수산식품교육문화정보원(2017), "스마트팜 선도사례집."

Part 3
국내외 스마트팜 동향 및 사례분석

Chapter 9 국외 사례

이번 장은 주요 농업 선진국에서의 스마트팜 확산동향과 국가별 특성을 먼저 살펴본 후, '환경제어 · 관리', '데이터분석 · 예측', '수직농장(Vertical Farm)', '자동화 · 무인화'로 유형을 나누어 다양한 글로벌기업 및 운영 사례를 살펴보고자 한다.

1 주요 선도국가의 스마트팜 동향

네덜란드, 미국, 일본, 유럽연합 등의 농업 선진국에서는 국가별 농업 특성에 따라 다양한 스마트팜 모델을 개발하여 기업형 영농에서부터 소규모 농업까지 스마트팜 및 ICT기술 도입을 확산하고 있다. 네덜란드는 유리온실을 중심으로 한 모델, 미국은 규모화된 기업농에 자동화기술을 이용한 모델, 일본은 대기업이 제공하는 ICT기술을 활용한 모델, 유럽연합은 정밀 · 시설농업을 동시에 추진하는 등 국가별 농업구조에 따라 중점 확산분야는 다르나 4차 산업혁명을 주도하는 빅데이터, 인공지능, 사물인터넷 등 ICT와 로봇기술을 농업분야에 융복합한 스마트팜을 통해 농업환경 변화에 대응하려는 움직임은 빠르게 확산되는 추세에 있다.

1.1 네덜란드

네덜란드의 시설원예와 시설축산분야는 세계 최고 수준의 기술을 보유하고 있으며, 이는 좁은 국토면적에도 불구하고 세계 2위 농업 수출국가로서의 위상을 뒷받침하는 근간이 되고 있다.

네덜란드는 부족한 일조량, 낮은 온도 등 농업에 불리한 환경조건을 첨단 시설농업으로 극복한 시설장비분야의 세계 선도국으로서 대규모 유리 온실 시공, 농장 자동화 설비, 통합 관제시스템, 환기시스템, 냉난방시스템, 이산화탄소(CO_2) 공급시스템, 관수장비, 양액공급설비 등 해당 산업에서 글로벌 선두업체를 다수 보유하고 있다. 프리바(Priva), 그로단(Grodan), 호겐도른(Hogendoorn)과 같은 네덜란드 기업은 전 세계 1위 수준의 온실 환경제어 시스템을 수출하여 글로벌 선도기업으로 성장하였다.

네덜란드가 좁은 국토면적에도 불구하고 온실 환경제어분야 글로벌기업이 여럿 탄생하고, 다수 농가에 스마트팜 도입이 빠르게 이루어질 수 있었던 것은 60여 년 전부터 정부가 일관된 정책을 통해 개별 농가의 규모화가 진전되었기 때문이다. 네덜란드 정부는 1947년부터 농업의 선진화를 위한 '농지통합(Land Consolidation)'정책을 추진, 정부가 직접 농지를 매입하여 규모화를 이루고 첨단 설비를 도입하는 농부에게는 보조금을 지급하였으며, 도시로 이주하려는 농업중단농가는 토지를 적정 가격에 팔 수 있도록 지원하였다. 그 결과 네덜란드 농가의 규모화가 성공적으로 이루어졌고 스마트팜 기업의 성장과 농가로의 도입이 빠르게 확산될 수 있었다. 세계 최고의 생산성을 자랑하는 네덜란드 시설원예농업이 오늘날에 이르기까지는 이처럼 다양한 요인이 작용하였다.

최근에는 생산성 중심의 발전에서 나아가, 에너지와 노동력 투입을 줄이는 지속가능성에 초점을 두고 화석에너지 사용, 온실가스 배출, 용수와 토지 사용을 줄이는 기술개발로 패러다임의 변화가 이루어지고 있는 추세이다. 정부 주도 아래 2020년부터 신규 설치 온실을 대상으로 일산화탄소(CO) 배출을 금지하고 지열, 바이오 연료 등 대체에너지 사용을 추진하고 있다. 또한 간척지에 조성된 총면적 450만m^2(135만 평)의 대규모 최첨단 유리온실 단지인 애그리포트(Agriport) A7은 지열에너지를 사용하여 기존 천연가스 발전에 투입된 비용 50%를 절감하였으며, 작물 생장에 필요한 이산화탄소(CO_2)는 인근 공단으로부터 지하 파이프로 받아 활용하고 있다.

그림 9-1 | 애그리포트(Agriport) A7 전경

출처: 애그리포트 A7 홈페이지(http://agriporta7.nl)

또한 최근에는 정밀농업을 위한 자동화시스템 수요가 증가하고 있는 추세이다. 농업에 ICT기술을 접목, 생육환경을 정밀하게 조절하는 자동화기술을 개발하고 시스템을 구축해 왔으며, ICT기술과 로봇기술을 적극적으로 농업분야에 도입하고 있다. 네덜란드 농경지면적 50ha 이상 농가의 약 95%가 자동화시스템을 사용하고 있는 것으로 파악되고 있으며, 소규모 농가에서도 자동화된 조향시스템 사용이 증가하고 있어 농업 비즈니스의 부가가치를 높이고 있다.

1.2 미국

미국은 넓은 토지를 활용한 농업이 특징으로, 세계 최고 수준의 ICT기술을 바탕으로 글로벌 스마트팜 시장을 선도하고 있다. 인공위성으로부터 받은 위치정보를 활용해 농장을 원격으로 관리하는 무인 트랙터는 이미 농가에서 상용화되고 있으며, 대규모 경작지를 효율적으로 관리할 수 있는 농업 로봇 및 드론의 기술발전이 활발히 이루어지고 있다. 특히 농업용 드론은 상대적으로 도입비용이 저렴하면서도 다양한 정보를 얻어 의사결정에 보조 역할을 할 수 있다는 점에서 농업인의 관심이 갈수록 높아지고 있다. 시장조사기관 리서치 앤 마켓(Research & Market)에 따르면 미국 스마트팜 시장 내 농작물 경작부문은 이미 포화상태에 달했으며 앞으로는 실내농장과 수경재배기술을 중심으로 성장할 것으로 전망된다.

농업기술 시장조사기관인 알파 브라운(Alpha Brown)의 조사결과, 미국에서는 이미 약 25만 명의 농업인이 IoT기술을 활용하고 있으며, 약 80%가 어그테크 제품 및 서비스에 투자하고 있다. 이는 미국의 농업 생산성이 전 세계 평균의 약 2배에 달하는 결과와 무관하지 않다.

미국의 스마트팜 관련 정부정책을 살펴보면, 미국 농무부(U.S Department of Agriculture)를 중심으로 농업 IT 융합 R&D정책을 추진하고 있으며, 주로 장기적이고 위험도가 높은 고비용의 기반기술 개발에 주력하고 있다. 대표적으로 '로봇공학 이니셔티브 농업 연구 · 개발(R&D) 프로그램'을 통해 자율주행이 가능한 로봇형 트랙터와 농작업기, 작물 및 해충관리를 위해 나뭇잎 · 토양 샘플 등을 자동 수집하는 로봇, 상이한 지형과 토양조건에서 농업 생산량 증대를 위해 인간과 협업할 수 있는 농업로봇 플랫폼 개발, '로봇–인간' 및 '로봇–환경' 인터페이스 핵심기술 개발 등을 추진하고 있다.

이와 같은 미 정부의 정책적인 지원과 더불어 주요 글로벌기업에서는 신규 비즈니스로 스마트 농업 종합 솔루션을 개발하여 제공하고 있다.

미국의 대표적인 농업장비기업인 존디어(John Deere)는 2013년 농장 운영 데이터 및 자원관리 온라인 플랫폼 '마이존디어(MyJohnDeere)'에 무선 데이터 전송기술을 추가하여 트랙터 등 농업용 기기를 통해 수집된 정보가 자동으로 클라우드 저장소에 전송되도록 하였으며, GPS 가이던스 자동조향 기술은 이미 상용화단계로 활발히 활용되고 있다.

캘리포니아주 서니베일에 위치한 트림블(Trimble)은 위치정보기업으로 출발하였으나 현재 스마트팜 관련 소프트웨어 및 서비스, 정밀농업 솔루션, 농업용 로봇 관련 900개 이상의 특허를 보유한 대표기업으로 성장하였다.

그림 9-2 | 트림블(Trimble)사 Farmer Fit 소프트웨어 솔루션

출처: http://tst-2019-agriculture.trimbleag.team/blog/trimble-to-launch-new-farmer-fit-software-solution/

현장기록관리, 실시간 트래킹, 필드 맵, 수익성분석 등의 서비스를 제공하는 '파머 핏(Farmer Fit)', 농부들의 농장관리 및 운영에 대한 모든 사항을 연결하여 전체 농장 운영을 간소화하는 솔루션 소프트웨어 '파머 코어(Farmer Core)'를 제공하고 있다.

대표적인 ICT기업인 구글의 경우 농업 관련 빅데이터를 수집해 종자, 비료, 농약 살포에 도움을 주는 인공지능 의사결정 지원시스템기술 개발을 추진 중에 있다. 기상 · 토지 데이터 수집기업인 클라이밋 코퍼레이션(Climate Corporation), 농업 데이터 비교 · 분석기업인 파머스 비즈니스 네트워크(Farmers Business Network) 등에 구글이 꾸준히 투자해 온 것은 농가가 확보한 데이터와 정보에 따라 개별 농장의 생산성과 수익구조가 바뀔 수 있다는 것을 일찍이 깨달았기 때문이다. 구글은 현재도 환경제어관리, 수직농장, 로보틱스 등과 관련하여 다양한 농업기술을 보유한 스타트업들을 발굴하여 지속적으로 투자하고 있다.

마이크로소프트가 2017년부터 5,000만 달러 규모의 'AI for the Earth' 프로젝트의 하나로 추진 중인 '팜비트(Farmbeats)'는 농업 효율성 제고를 위해 블록체인, IoT, AI 등의 혁신기술을 기반으로 한 농업 플랫폼 솔루션이다. 또한 마이크로소프트는 드론 제조 및 항공이미지기술기업 DJI와 농장의 열지도(Heat Map) 생성과 관련하여 협력을 진행하는 등 다양한 스마트 농업 관련 기업들과 전략적 협력관계를 구축하고 있다.

최근에는 수직농장기업의 해외 진출과 연계한 투자유치 사례가 증가하고 있다. 에어로팜(AeroFarms)은 뉴저지를 기반으로 한 미국 최대 수직농장기업으로 기존 농업 대비 95% 적은 물을 사용한 공중재배방식으로 주요 식당 식자재 공급 및 소매업체를 통한 샐러드 패키지 판매를 하고 있다. 그 외에도 샌프란시스코 기반의 플랜티(Plenty), 뉴욕 기반의 보워리(Bowery) 등 많은 기업이 수직농장 솔루션 수출에 두각을 나타내고 있다.

1.3 일본

일본은 식량 생산 기반이 취약하여 식량 자급률(칼로리 기준)이 38%로 주요 선진국 중 최저 수준이다. 이에 일본 정부는 2025년까지 식량 자급률을 45%까지 상승시키고자 하나 총농가 수가 1990년 482만 가구에서 2015년 216만 가구로 크게 감소하고 인구 고령화 추세가 지속적으로 이어질 전망이므로 1인당 작업 효율을 높일 수 있는 혁신기술의 개발에 중점을 두고 있어 우리나라에도 시사하는 바가 크다.

일본은 2001년 e-Japan전략, 2004년 u-Japan전략 추진을 통해 농업 · ICT 융합 기반을 마련하고, 2011년 i-Japan전략에서 농업을 6대 중점 분야 중 하나로 선정하면서 기계화 · 자동화 등을 통한 생력화(省力化)와 농작업 편리성 도모, 수익성 제고, 안전성 확보 등을 목표로 한 농업 · ICT 융합시스템 개발을 본격화하였다. 또한 2018년 총리주재 미래전략회의에서 1차 산업을 둘러싼 다양한 과제 해결을 위해 AI · IoT · 센싱기술 · 로봇 · 드론 등 첨단기술과의 접목을 정책적으로 지원할 것임을 천명한 바 있으며, 정부예산 투입으로 스마트 농업 가속화를 추진하고 있다.

일본 농림수산성의 2019년 스마트 농업 전개 관련 발표자료에 의하면 일본은 원격탐사, 기상재해 예측, 농업용수관리, 농기계 자동화 등 스마트팜 구현을 위한 세부 요소기술 개발에 집중하고 있다. 농림수산성을 중심으로 ICT를 활용한 효율적인 생산체계 구축 및 저비용 생산기술 확립을 목표로 한 다양한 실증사업을 지원하고 있는데, 'Smartagri시스템', '영농정보관리시스템(FARMS: Farm Management System)', 'SIP(전략적 이노베이션 참조) 프로그램', '로봇기술 도입 실증사업', '영상 · 센서기술 기반의 무인 감시시스템', '착유 로봇시스템' 등이 대표적이다.

'Smartagri시스템'은 농업과 관련된 여러 가지 환경 · 생체정보 등을 수집, 분석 및 디지털화를 통해 식물 생육을 최적으로 제어하는 것을 목표로 하는 시스템이며, '영농정보관리시스템'은 농작업 이력 축적 및 DB화를 통해 GIS의 지도정보와 밀접하게 연계시키는 종합적 관리시스템으로 작업 진척상황 파악을 통한 작업계획 수립 등 대규모 영농의 효율적 수행을 지원하는 것을 목표로 한다. 'SIP(전략적 이노베이션 참조) 프로그램'은 원격탐사를 활용해 대규모 농장관리, 기상재해 방지, 관배수 자동화기술을, '로봇기술 도입 실증사업'에서는 자율주행 농기계, 수확 및 운반 자동화기계, 스마트 시설원예 시스템 등을 영농 현장에 도입하는 것을 목표로 하고 있다.

또한 일본은 2025년까지 데이터를 활용한 스마트 농업 실현을 목표로 하고 있으며 주요 내용은 다음과 같다.

첫째, 데이터와 첨단기술을 최대로 활용한 톱 레벨 '스마트 농업'을 실현하기 위해 현장에 ICT 기기를 도입하여, 센서데이터와 빅데이터 해석에 의해 재배관리를 최적화하고, 숙련자의 작업 노하우를 AI에 의해 형식지화하여 실제 작업을 로봇기술 등으로 무인화 · 간소화한다.

둘째, 2019년 4월부터 데이터 공유의 기반이 되는 '농업데이터 플랫폼' WAGRI(하모니를 의미하는 일본어 WA와 농업 AGRI를 결합한 용어)를 본격 가동하여 산학 연계를 통해 데이터를 연계 · 공유 · 제공하는 범위를 생산부터 가공 · 유통 · 소비에 이르게 하는 가치사슬 전체로 확장할 계획이다. 현재 WAGRI에는 게이오대학 환경정보학부, Microsoft Japan · NTT · NEC · 후지쯔 등 IT 대기업, 쿠보타 · 얀마 · 이세키농기 등 농기메이커, 기타 금융기관, 지자체, 유통소매, 농업생산법인 등 342개사(2019년 4월 기준)가 회원으로 참가하고 있다.

셋째, 첨단기술의 구현 및 기술 실증을 통해서 신속한 현장 보급을 추진한다.

넷째, 스마트농업을 추진하는 경영자를 육성하기 위해 스마트 농업에 대한 이해도 심화, 첨단기술의 도입 및 활용을 위한 컨설팅 상담을 지원하고, 학생대상의 첨단기술 체험 등 스마트 농업을 학습하는 기회를 제공한다.

그림 9-3 | 일본 농업 데이터 플랫폼(WAGRI) 구조체계

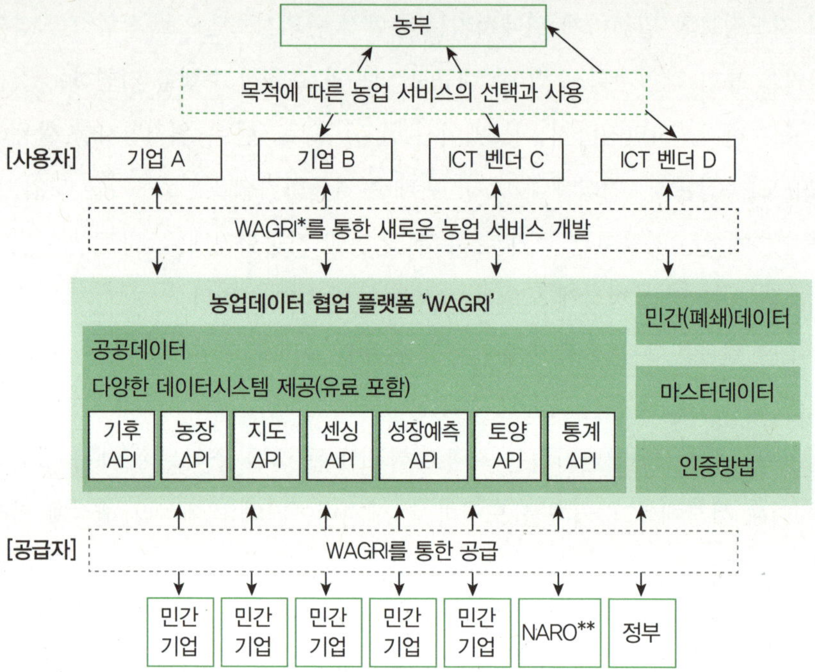

* WAGRI: WA('하모니'를 의미하는 일본어)와 AGRI(농업)를 결합한 용어
** NARO: National Agriculture and Food Research Organization

출처: Agnet 홈페이지(ap.fftc.agnet.org)(2019), "Agricultural Data Collaboration Platform: WAGRI-System Structure and Operation."

특히, 농업용 로봇 보급 확대를 지원하기 위해 2020년까지 규칙을 제정하여 로봇 현장 구현을 위한 환경을 정비하고 구체적으로는 무인상태로 농기계의 모든 조작 실시, 작업장 내 혹은 복수의 작업장 간 무인 자동주행, 로봇의 주변 모니터링 및 비상 시 작동정지 등을 통해서 사용자의 원격 모니터링을 가능하게 할 계획이다. 일본은 2018년 농기계 자동주행시스템 판매 개시, 2020년 원격감시하 무인 작동시스템의 실현, 2020년까지 농림수산업 및 식품분야 신규 로봇 20종 이상 도입을 목표로 하고 있다.

한편 IT기업, 농기계 제조업체 등의 민간기업 또한 스마트 농업 제품 및 서비스를 개발하여 사업화하고 있다.

쿠보타(Kubota), 얀마(Yanmar), 이세키(ISEKI)농기 등의 일본 농기계 제조업체들은 스마트 트랙터, 헬기, 이앙기 등의 개발을 집중적으로 추진하고 있다. 쿠보타의 경우, 2018년 자동조향시스템 탑재 농기계가 이미 제품화되었고, 2020년까지 기계가 자동으로 경작하는 원격조작 농업기계를 상용화할 계획이다.

후지쯔, NEC, IBM, NTT, 도시바, 샤프 등의 IT 대기업들은 농업분야에 ICT기술을 접목한 서비스를 제공하는 사업을 추진하거나 스마트팜 및 식물공장사업을 직접 참여하여 성과를 창출하고 있다.

1.4 유럽연합

유럽연합(EU)의 농업성장전략은 최소 투입 최대 산출을 핵심가치로 생산성 중심 농업에서 지속가능성 중심 농업으로의 강력한 전환을 강조하고 있는데, 스마트 농업은 이러한 농업혁신을 위한 핵심역할을 담당하고 있다.

EU 스마트 농업혁신정책은 내용적으로는 최소 투입 최대 산출의 최적화 농업으로의 전환을, 기술적으로는 ICT기술, 디지털 데이터, 로봇 등 비농업 영역 기술의 도입을, 방법론적으로는 경계와 영역을 넘는 다양한 주체 간의 개방형 협력 및 혁신을 근간으로 하고 있다. 이를 위하여 유럽혁신파트너십(EIP: European Innovation Partnership)의 5개 영역 중 하나로 '농업의 지속가능성 및 생산성에 관한 유럽혁신파트너십(EIP-AGRI: EIP on the Agricultural Sustainability and Productivity)'이 2012년에 조직되었다.

EIP-AGRI는 다른 부문에 비해 상대적으로 취약했던 연구-현장 간 연계를 강화하고 빠른 확산을 촉진하기 위하여 상호 학습을 통한 혁신 모델을 적극 도입함과 동시에 농업인, 농업인단체, 농산업체 등과 같은 현장주체들의 참여를 강조하고 있다.

EU 국가들의 스마트팜 추진정책을 보면, 미국과 같이 대규모 노지농업에 적용할 정밀농업기술과 시설원예, 축산 등 시설농업분야 스마트팜 기술개발이 동시에 이뤄지고 있다. 곡물 및 축산분야 정밀농업을 실현할 농업로봇 및 농장관리시스템을 개발하고 있는 'ICT-Agri' 프로젝트, 스마트팜의 경영과 운영관리, 물류 등을 지원하기 위한 'Smart Agri-Food' 프로젝트 등이 대표적이다.

주요 국가별 동향을 살펴보면 다음과 같다.

독일에서는 최근 들어 독일 산업계 화두인 '디지털화'가 농업분야에도 적용되어 스마트 농업, 정밀농업이 실질적으로 활용되고 있으며 이를 통해 생산 효율성 및 친환경 등의 지속가능성, 노동시간 감소를 위한 노력이 가시화되고 있다. 특히 GPS 리시버와 디스플레이, 가디언스 및 기계 자동화, 원격

그림 9-4 | 독일의 스마트 농업 솔루션 사용 현황

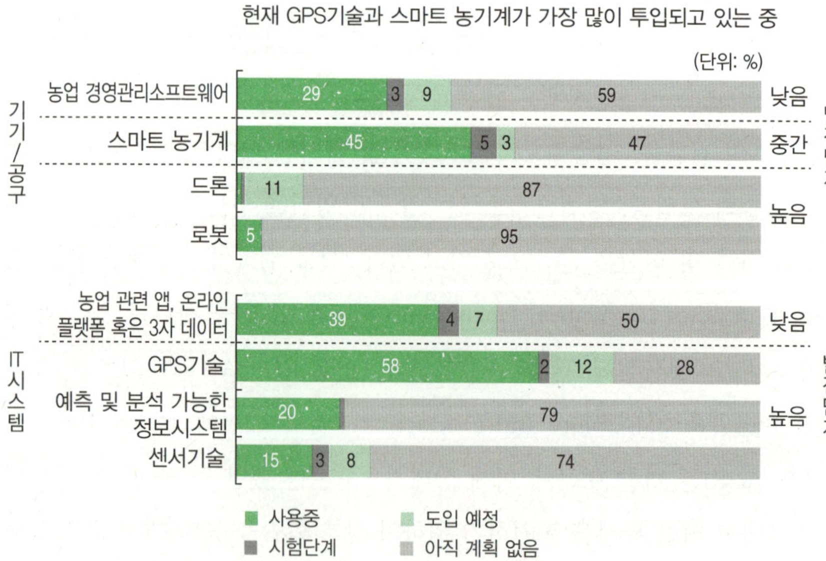

출처: KOTRA(2019), "스마트팜 글로벌 트렌드 및 진출 전략."

측정, 커넥티드 농업경영 앱 및 소프트웨어, 환경관리 서비스 등이 널리 보급되는 추세이다. 현재 독일에서는 수확용 로봇이 잘 익은 과일과 그렇지 않은 과일을 구분할 수 있는 수준까지 기술개발이 이루어졌으며, 알고리즘에 의해 수확량 감축 리스크를 산정하고 전염병 위험을 경고하여 농가에서 사전 대비를 하도록 지원하는 수준으로 활용이 이루어지고 있다. 독일 렌텐방크(Rentenbank)의 2018년 설문조사결과에 따르면 독일 농업경영인의 절반 이상이 이미 디지털 솔루션을 활용하고 있는 것으로 나타났다.

프랑스 역시 농가 노동력 감소 대응 및 생산성 향상을 위한 대안으로 농업에 ICT 솔루션을 접목시킨 어그테크(AgTech)에 관심이 증가하는 추세이다. 2013년에서 2015년 사이 농업 전문 애플리케이션 사용률은 110% 증가하였으며, 2018년 어그테크 스타트업기업에 약 2억 2,700만 유로 규모의 투자가 이루어졌다. 프랑스의 스마트팜 주요 도입분야로는 도시공간을 활용한 실내 수직농장이 대표적이다. 주로 주차장, 건물 지하 및 벽면, 옥상 테라스 등을 이용하는데, 파리시는 2020년까지 총 33ha 면적의 수직농장을 도시농업에

그림 9-5 | 프랑스 로만빌 라 시테 마레셰르 수직농장

출처: http://www.ville-romanville.fr/1076-tour-maraichere.html

이용할 계획이라고 밝힌 바 있다. 이 외에도 센서로 측정된 결과에 따라 프로그램이 밸브 및 펌프를 자동제어하는 관개시스템, 무인 항공기를 이용한 토지분석결과를 기반으로 각 토양에 맞는 작물 솔루션을 제공하는 등의 정밀농업기술 등이 발달하는 추세이다.

벨기에의 경우 국토면적이 협소하고 농촌지역의 인터넷 보급률이 낮은 관계로 스마트팜 보급이 초기단계이나 공간 제약을 극복할 수 있다는 장점으로 인해 수직농장분야에 특화한 강소기업들이 활발한 활동을 보이고 있다. 특히 어번크롭(Urban Crop)사 등의 컨테이너형 수직농장이 대표적인데, 컨테이너 내에서 완전한 농업 생태계를 구현하여 일반 방식 대비 작물 성장속도가 5배 이상 빠르고 작물별 재배 소프트웨어를 통해 200여 종의 작물재배가 가능하다. 스페인, 프랑스 등으로부터의 원거리 수입에 의존하던 방식에서 벗어나 컨테이너형 수직농장을 활용한 로컬재배와 소비에 대한 니즈가 증가하며 큰 호응을 얻고 있다.

그림 9-6 | 어번크롭(Urban Crop)사 수직농장

출처: Urban Crop사 홈페이지(www.urbancropsolutions.com)

2 환경제어관리분야 사례

시설원예 스마트팜 환경제어관리분야에서는 시스템 개발기업 사례 2개와 운영 사례 2개를 살펴보고자 한다. 시스템 개발기업으로는 네덜란드의 프리바(Priva), 홀티맥스(Hortimax), 호겐도른(Hoogendoorn) 등이 독보적이나 대표로 프리바 사례를 알아보고, 관수 · 관개분야 1위 기업인 이스라엘의 네타핌(Netafim) 사례를 알아본다. 운영 사례로는 일반적인 농장 외에 우리나라에서도 참고할 만한 특색 있는 사례를 함께 살펴보고자 한다.

2.1 프리바

프리바(Priva)는 온실 정밀제어를 위한 다양한 센서와 자동화 기자재를 설치하며, 운영 솔루션을 제공하는 네덜란드의 온실 환경제어시스템 대표기업이다. 1959년 가족기업으로 출발하였으나 현재 온실 솔루션분야 글로벌 시장점유율, 기술수출 1위 기업으로 성장하였다. 매출은 2017년 기준 7,480만 유로이며, 100여 개국으로 수출을 하고 있다. 직원은 자국 내 480명 중 3분의 1이 R&D 인력이고, 해외에도 115명의 직원이 근무 중이다. 13개국에 15개 지역 사무소 및 400여 개의 솔루션 설치 협력 파트너를 두고 있다.

프리바의 제품과 서비스는 중앙집중식 복합환경제어기로 온실별 에너지 최적 제어가 가능하며, 정밀도와 완성도가 높은 것으로 유명하다. 이는 프리바의 솔루션이 표준화된 유리온실 모델 안에서 가장 생산성 높은 생육정보를 뽑아 제공함으로써 온도와 습도를 일정하게 유지하는 한편 작물에 공급되는 수분과 양분을 최적의 상태로 조절함으로써 온실 속에서 작물이 자라는 환경을 최대한 완벽하게 제어하기 때문이다.

다른 온실 환경제어 솔루션기업보다 프리바가 정밀제어의 우수성을 인정

받는 이유는 프리바의 시스템이 50년 이상 축적되어 온 프리바의 기술 노하우에 전 세계적으로 수집된 데이터와 전문가의 경험이 접목되어 솔루션기술이 계속하여 진보하고 있기 때문이다.

한편 프리바는 온실시설 내 다양한 환경 제어장치를 일괄 생산 · 공급해 기술 표준화를 선도하고 시설원예 제어관리시스템을 패키지로 공급하는 토탈 솔루션을 제공하며, 센서 등의 부품은 자사 제품만을 지원하는 폐쇄형 비즈니스 모델을 특징으로 하고 있다.

그림 9-7 | 프리바 Compass(관개 및 수처리 제어시스템)

출처: 프리바 홈페이지(www.priva.com)

최근에는 농장 빌딩 및 건물 자동화시스템 등으로 사업 영역을 확장하고 있다. 농업용 온실환경을 조절하는 역량을 활용, 1983년 도심에 있는 다양한 빌딩을 관리하는 시스템을 개발하여 암스테르담 무역센터, 대형마트 등 네덜란드 공공건물 상당부분에 내부 환경관리 및 조절 서비스를 제공하고 있다. 또한 물고기로부터 나오는 질소 노폐물을 농작물 비료로 사용하고, 농작물이 광합성으로 만들어낸 산소를 수조에 공급함으로써, 농경과 양식에 따른 공해를 절감하는 솔루션을 개발하였고, 건물 옥상에 온실을 설치해 농작물을 재배하고, 건물 내부에는 물을 채워 물고기를 양식함으로써 소비자 거주지 인근에서의 생산을 용이하게 하여 운송비용도 절감하는 성과를 거두고 있다.

2.2 네타핌

네타핌(Netafim)은 1965년에 설립된 이스라엘의 농업 관수·관개 및 온실부문의 글로벌 리더기업이며, 특히 관개분야 세계 시장점유율 1위 기업이다. 네타핌의 연 매출규모는 8억 5,000달러 수준이며, 한국을 포함하여 30개 국가에 해외 지사를 두고 17개 공장을 가동하고 있으며 직원 수는 4,700여 명에 달한다.

네타핌은 지형에 맞는 기술을 개발하기 위해 이스라엘 북쪽·중앙·남쪽 지형 세 개의 키부츠 안에 회사를 두어, 농업 과수 관개기술을 개발하고 있으며, 텔아비브에는 비즈니스를 위한 본부를 두고 운영 중에 있다.

지형과 기후, 식물의 종류 등 다양한 변수에 맞춰 필요한 양의 물을 일정

그림 9-8 | 네타핌 관수공급장치

출처: 네타핌 홈페이지(www.netafim.com)

하게 공급하는 점적관수기술을 활용한 파이프, 펌프, 비료를 섞는 탱크 등 다양한 제품을 생산 · 판매하는데, 주로 와인용 포도, 망고, 아보카도, 아몬드, 오렌지 등 고부가가치 작물재배에 점적관수기술이 활용되고 있다.

네타핌은 UN에서 세계 수자원기술 1위로 랭크되었으며, 러시아에 건설한 144ha 유리온실은 세계 최대 규모를 기록하였고, 네게브 사막을 첨단 시설원예와 바이오에너지 단지로 전환, 이스라엘의 관수기술과 네덜란드 온실기술의 융합으로 최적의 솔루션 제공, 온실 건설 시 관수, 양액, 환경제어, A/S, 컨설팅까지 수직적인 통합 턴키 원스톱 서비스를 제공하고 있다.

2.3 일본 'SAC 이와타 스마트 농업기지'

2016년 일본 ICT기업 후지쯔(Fujitsu), 금융업체 오릭스(ORIX), 지역 종자업체 마스다(Masuda)가 공동 출자해 설립한 농업 합작법인 'SAC 이와타'는 시즈오카 현 이와타시에 전체 부지면적 8만5천m^2 규모의 스마트 농업기지를 조성하였다.

그림 9-9 | SAC 이와타 스마트 농업기지

출처: 연합뉴스 기사(2017년 11월 26일).

글로벌 금융위기 여파로 침체된 지역 경기를 살리기 위하여 업종과 업태를 초월한 기업 및 단체가 유기적으로 융합해 강한 농업, 새로운 지역기간산업 창조, 지역 브랜드화를 목표로 사업을 전개하고 있다.

완전제어형 스마트팜 유리온실에서는 수경재배방식으로 파프리카, 케일, 토마토 등의 작물을 재배하고 있다. 기상환경, 온실 내부 온·습도, 양분상태 등 모든 재배환경은 실시간으로 모니터링되고 있으며 통합제어장치를 통해 항상 최적의 상태로 유지된다. 수확된 작물은 생산에서 소비까지 전 과정이 전산화되어 소비자들이 구입 시 식품안전 관련 정보도 추적이 가능하다.

특히 후지쯔의 농업 클라우드 Akisai의 시설원예 SaaS는 클라우드에 다양한 데이터를 축적하여 이를 활용하는 클라우드 서비스로 후지쯔 데이터센터를 이용한 시설원예를 위한 데이터 축적·분석·활용 서비스를 제공한다. 시설과 클라우드를 접속하여 언제 어디서나 시설의 모니터링, 원격제어, 감시가 가능하며, 사용자가 미리 설정한 조건으로 온실 내의 장치들을 자동 제어하고, 카메라 화면도 화면상에 통합하여 표시할 수 있어 생육과 환경을 눈으로 직접 확인할 수 있다.

또한 환경데이터, 생육데이터, 수확데이터, 노무데이터 등을 종합적으로 분석, 활용하여 수확량 증대 등의 목적을 달성하기 위한 최적의 파라미터를 제공하고, 작업·환경·사용자에 최적화된 시설제어 서비스를 제공하며, 최신 작물의 특성 및 재배기술을 결합한 클라우드 서비스형의 기능을 제공한다.

'SAC 이와타 스마트 농업기지'의 특징은 종묘를 포함한 농식품 밸류체인 전체를 조감한 새로운 Co-creation 비즈니스 모델이라는 점이다. 종묘는 요코하마 식목, 아사히 농원 등의 종묘회사와 협력하며, 생산·가공은 미야모토 농원, Glo 등의 농업생산법인과 협력하며, 스마트팜의 ICT 인프라와 금융은 각각 후지쯔, 오릭스와 같은 대기업이 지원한다. 또한 지역 대학 및 농업시험장과 공동연구, 지역 도·소매업체와의 유통 협력으로 지역과의 공생을 추구하고 있어 우리나라 농업·농촌 지역 활성화에 참고할 만한 사례이다.

그림 9-10 | 후지쯔 Akisai의 시설원예 SaaS 화면

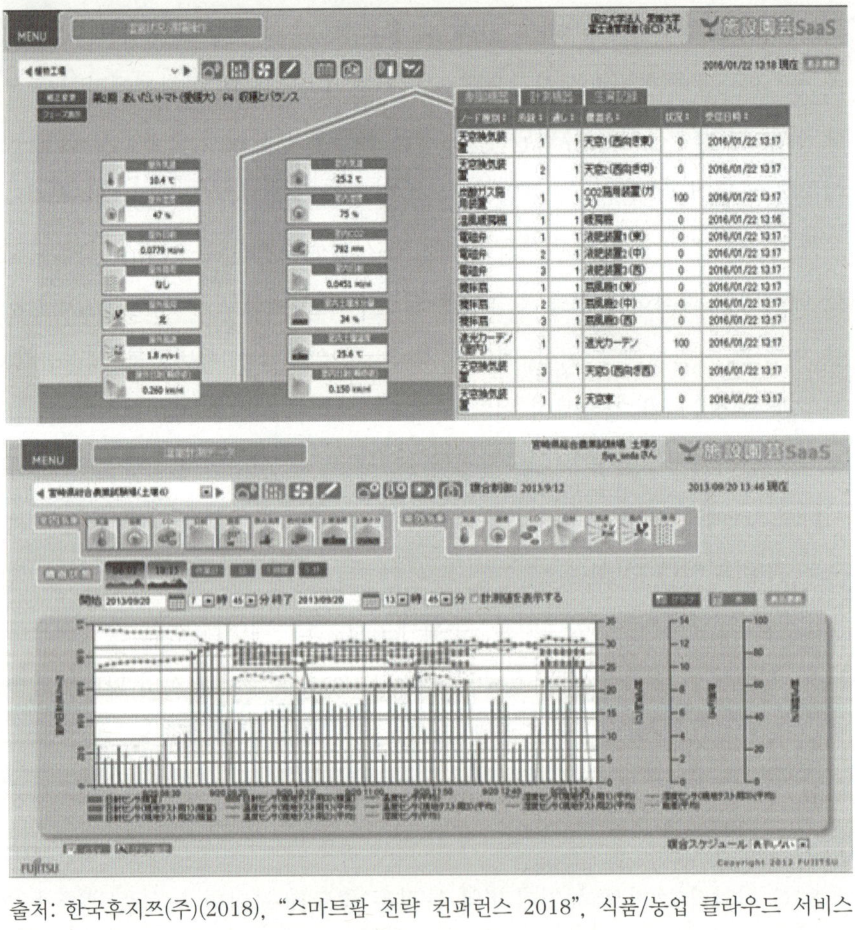

출처: 한국후지쯔(주)(2018), "스마트팜 전략 컨퍼런스 2018", 식품/농업 클라우드 서비스 Akisai.

2.4 세계 최초의 옥상 스마트팜 '루파팜스'

캐나다 몬트리올에 위치한 루파팜스(Lufa farms)는 2011년 세계 최초로 건물 옥상을 활용한 도심 온실농장을 개발하며 캐나다 최대의 도시농업 프로젝트를 추진하고 있다.

현재의 식량시스템이 지속가능하지 않으며 도시가 증가하는 대도시 인구를 계속 감당할 수 있을 만큼 자급자족 가능한 새로운 식량 생산 모델로 전환해야 한다는 철학하에 최초의 옥상 온실농장이 개발되었다.

옥상 온실농장은 별도의 토지를 필요로 하지 않아 열섬 문제를 완화할 수 있으며, 빗물 포집, 물 재순환, 친환경 퇴비 사용, 환경친화적 해충관리법인 '바이오 컨트롤' 사용 등 친환경적인 작물재배가 가능하다는 장점이 있다.

우선 옥상 아래 건물에서 방출되는 잔류 열을 가두어 사용하고, 에너지 커튼과 천연가스 히터의 사용을 통해 비슷한 규모의 지상 온실을 난방하는 데 사용되는 에너지의 약 절반을 사용한다. 여름에는 식물의 증산작용이 온실을 식히고 결과적으로 건물의 열섬효과를 완화하는 데 도움이 된다.

또한 수경재배시스템을 사용하여 코코넛 섬유 기질에서 작물을 재배하며, 물이 재순환되고 빗물과 섞인 물이 폐쇄 루프시스템에 다시 혼입되어 물을

그림 9-11 | 루파팜스 옥상 온실농장

출처: 루파팜스 홈페이지(www.lufa.com)

재순환하지 않는 비슷한 크기의 농장보다 약 50% 적은 물을 사용한다.

관리자들은 애플리케이션 프로그램을 사용해 작물재배에 필요한 온도, 습도, 광 등의 환경조건을 제어 · 관리할 뿐만 아니라 진딧물 등 작물에 피해를 입히는 해충의 개체수와 분포 등의 정보도 실시간으로 확인할 수 있다.

온실 설계와 시공은 네덜란드의 KUBO사가 맡았으며 재배시스템 및 자동화는 벨기에의 홀티플란(Hortiplan)사가 협력하여 설치가 이루어졌다.

주요 재배작물로는 토마토, 오이, 피망, 가지, 상추 등 수십 종의 채소류가 생산되어 지역 소비자들에게 배달되고 있다. 2016년부터는 전기자동차로 배달하는 에코 택배가 시작되는 등 생산부터 배송까지 친환경적 가치를 최우선으로 하고 있다.

캐나다 내부에서도 루파팜스의 사례를 우수 사례로 보고 여러 기업과의 파트너십 및 투자유치를 통해 현재 퀘백 지방에만 총 3개소에 32,000~64,000제곱피트 규모의 옥상 온실농장을 추가로 조성하여 운영 중에 있다. 현재는 매주 100종 이상의 채소, 약 20,000개의 바구니를 퀘벡 전역의 500개 이상의 픽업 지점에 배달하고 있으며, 2020년 현재 네 번째 온실이 완공 예정이다.

3 데이터 분석 · 예측분야 사례

3.1 몬산토

미국은 토양상태, 작물의 생육상황, 기상상황, 농기계센서로부터의 수집 정보 등을 분석하여 보다 양질의 농산물을 대량 생산하는 데 활용하는 처방식 농법인 정밀농업을 오래 전부터 추진해왔다. 세계 제일의 종자회사인 몬산토(Monsanto)는 농업에 필요한 데이터를 축적하고 분석역량을 솔루션에 담아 스마트 농업을 선도적으로 수행해왔는데, 이러한 빅데이터 기반 정밀농업시스템을 통해 연간 200억 달러 가치의 증산이 이루어질 수 있다고 예측하였다.

몬산토는 기상상황에 따라 작물을 심을 깊이를 조정하거나, 작물재배 간격을 조정하는 식의 정밀농업 처방 농법을 통해 에이커(4,046m²)당 160부셸(4,352kg)의 옥수수 생산량을 200부셸(5,440kg)로 증산했으며, 이는 1에이커당 182달러의 이익 개선효과를 가져왔다고 발표한 바 있다.

빅데이터 기반의 정밀농업 구현을 위한 몬산토의 M&A 행보는 2012년부터 시작되었다. 2012년 6월, 컴퓨터 하드웨어 · 소프트웨어 설계기업인 '프리시전 플랜팅(Precision Planting)'을 2억 4,800만 달러에 인수하며 정밀농업시장에 진출하였고, 2013년 11월에는 미국 전역을 세분화하여 지역별 기온 · 강수량 등 기후정보를 분석하여 관련 데이터를 기반으로 다양한 산업분야에 파생상품을 판매해온 벤처기업인 '클라이밋 코퍼레이션(Climate Corporation)'을 인수하였다. 이는 이들이 지닌 기상 관련 정보수집역량과 미 전역의 기상 · 토양 빅데이터를 활용하여 몬산토가 빅데이터 정보망 구축을 통한 정밀농업에 있어 도약하는 계기가 되었다. 몬산토가 선보인 '클라이밋필드뷰(Climate Field View)'라는 이름의 디지털 플랫폼은 클라이밋 코퍼레이션이 보유한 미국 250만 개 지역의 과거 수십 년간의 토질, 토양 수분함량, 파종된 종자특성, 기후데이터 등의 방대한 데이터에 대한 실시간 분석을 통해 파종 및 수확 시기, 예상수확량, 가격 등을 제시하고, 예상되는 병해충 및 기상상황에 따른 솔루션을 제시해주는 서비스를 제공한다.

이후 2014년 12월에는 빅데이터분석 관련 기술력을 갖춘 '640 Labs'를 인수함으로써 AI 및 머신러닝 등 첨단 데이터 과학기술을 보완하며 데이터 분석역량을 지속적으로 고도화시키고 있다. 최근에는 물과 에너지를 덜 사용하면서도 작물 생산성을 향상시킬 수 있는 '기후스마트(Climate-Smart)' 농법 실현을 위한 연구개발에 박차를 가하고 있다.

한편 독일의 다국적 농화학기업 바이엘이 2016년 몬산토를 인수하면서 2020년까지 디지털 농업에 2억 유로를 투자하겠다는 계획을 발표하였다. 그 내용을 살펴보면 육종, 채종, 육묘, 작물재배 및 관리, 수확에 이르기까지의 농업 전 과정을 수직계열화하였음을 의미하는 것뿐만 아니라 서로의 역량을 접목해 농업 토털 솔루션기업으로 도약하려는 의지를 읽을 수 있다. 특히 최근의 행보는 바이엘과 몬산토가 함께 데이터분석을 통한 정밀농업 및 농장경영관리 등에 역량강화를 집중하고 있음을 보여준다. 현재 바이엘과 몬산토는 유료서비스를 희망하는 농가에 대해 토양특성에 따른 종자 · 비료 추천 등의 기능을 제공하는 등 농가 재배환경에 맞는 솔루션을 제공하는 서비스를 실시하고 있다.

3.2 크롭엑스

크롭엑스(Crop X)는 2015년 설립된 이스라엘의 토양 및 농작물분석회사이다. Tracxn이 뽑은 이스라엘의 가장 주목할 만한 농업 스타트업 10개 회사 중 하나로 스미토모(Sumitomo), 아르마다 캐피탈(ARMADA Capital) 외 12개 투자사로부터 2천1백만 달러의 투자 유치를 받았다.

크롭엑스는 데이터분석을 통해 농업관리를 혁신하고 자동화하는 데 비전을 두고 토양에 따라 필요한 물의 양을 농부에게 알려주는 스마트센서시스템을 개발하였다. 토양의 성분, 구조, 수분량 등을 파악한 뒤 데이터를 분석한 후, 스마트폰 앱을 통해 농부에게 전달하는 크롭엑스의 프로그램을 통해 물, 비료, 에너지 및 노동력 절감이 가능한데, 현장에서 30% 이상의 물 절약 효과가 검증되었으며, 작물의 성장단계와 토양 및 날씨의 변화조건에 따라 최대 수확량을 달성하는 데 도움이 되는 정보를 제공함으로써 이를 통해

그림 9-12 | 크롭엑스 데이터 수집장치

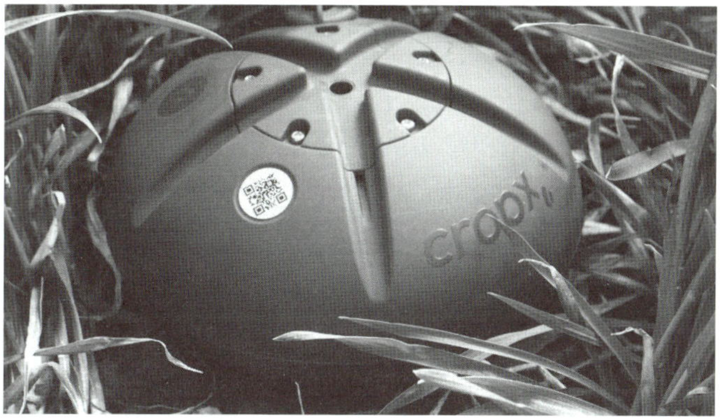

출처: 크롭엑스 홈페이지(www.cropx.com)

10%의 수확량이 향상되는 것이 현장에서 검증되고 있다.

크롭엑스는 미국시장 입지 확대 및 글로벌 리더십 위치를 확대하기 위해 2020년 1월 CropMetrix사를 인수하였는데, 미국의 농장데이터를 10년간 축적하고 있고 50만 에이커 이상의 농장을 관리하고 있는 이점을 최대한 활용할 전망이다.

3.3 파이테크

파이테크(Phytech)사는 재배환경정보들을 저장하는 센서를 농작물에 부착함으로써 생육환경 및 농작물 생육정보를 수집하는 '플랜비트(PlantBeat)'라는 서비스를 제공하는 이스라엘의 스타트업기업이다.

플랜비트 서비스는 센서를 통해 얼마나 많은 물을 농작물이 흡수하는지, 얼마나 토양이 물기 있는지 등의 다양한 데이터를 수집하여 서버에 저장하고, 사용자들은 이러한 정보를 재배 개선에 활용할 수 있다. 또한 데이터분석에 기반하여 각 농장의 예상 수확량과 현 시세에 따른 작물의 예상 판매수입 등을 산정하고, 특정 작물을 계획대로 키웠을 때 어느 정도의 수확을 올릴 수 있는지 예측하는 서비스를 제공한다.

그림 9-13 | 파이테크사 '플랜비트' 서비스

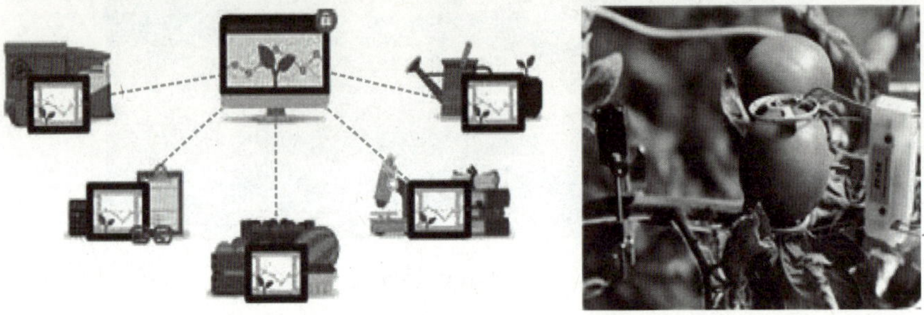

출처: NIA(2017), "[A.I. 플러스] 미래사회에 지능을 더하다: 농업분야."

이스라엘에서는 토마토 농장의 약 60%에서 파이테크사의 '플랜비트'시스템과 서비스를 이용하고 있다. 세계적인 농업기술기업인 스위스의 신젠타(Syngenta)와 일본 미츠이(Mitsui)가 파이테크사에 투자하면서 그 가치를 인정받아 현재는 미국, 브라질, 호주를 비롯해 많은 국가에서 파이테크의 시스템을 이용하고 있다.

3.4 그래놀라

미국의 그래놀라(Granola)사는 지능형 농장 매니지먼트 소프트웨어를 개발·운영하는 업체로, 구글벤처스(Google Ventures) 등 전 세계적으로 상당한 규모의 투자를 유치하며 이름을 알리기 시작했다.

그래놀라가 제공하는 핵심 서비스는 스마트팜 경영관리 프로그램이다. 계획대로 작물을 키웠을 때 어느 정도의 수확을 올릴 수 있는지에 대한 개별 농장의 예상 수확량정보를 제공한다. 또한 지난 수십여 년간의 미국 내 지역별 평균 작물 수확량 등을 기준으로 현 시세에 따른 작물의 판매소득과 지역별 예상수익을 산출하여 제공한다.

지역별 토질 분포를 파악할 수 있는 토양 지도와 각 토양에 적합한 작물정보, 생산성 등을 분석하는 기능도 제공하고 있다. 이를 통해 농장주들은 자신의 토지를 가장 효율적으로 활용하는 방안, 희망 작물의 수확량을 극대화하기 위한 농장 운영계획을 수립함에 있어 의사결정을 위한 정보지원을 받을 수 있다.

그래놀라 이용자들은 클라우드 기반의 농장 운영 앱을 이용하여 언제 어디서나 농장관리를 위한 의사결정을 진행하고 효율적으로 구성원 간에 공유를 실시하며, 다른 지역 농장주와 농장관리에 필요한 정보를 서로 공유하거나 벤치마킹할 수 있다.

그림 9-14 | 그래놀라사의 지능형 농장 매니지먼트 소프트웨어

출처: NIA(2017), "[A.I. 플러스] 미래사회에 지능을 더하다: 농업분야."

3.5 센크롭

센크롭(Sencrop)은 프랑스 릴에 본사를 둔 정밀농업 어그테크 스타트업으로 2016년 설립되었다. 강우량, 온도, 습도, 풍속 등 농업용 날씨 데이터를 측정하고 각종 농작업 관련 의사결정을 지원하는 서비스를 제공하는 농업용 날씨 플랫폼으로 2017년에는 세계적인 권위의 SIMA Innovation Awards에서 특별상을 수상하기도 하였다.

센크롭 서비스의 차별점은 신뢰할 수 있는 초정밀 기상데이터의 실시간 수집과 과거 데이터와의 비교를 통해 정확하고 표적화된 방식으로 수율을 높이기 위한 농약, 파종, 관개, 질병 예방 등과 관련한 의사결정을 쉽게 내릴 수 있다는 점이다.

커넥티드 우량계 및 풍속계인 레인크롭 레인 게이지와 커넥티드 윈드 게이지를 통해 강우량, 풍속 등을 측정하는 기상관측 스테이션에서는 장거리 네트워크를 통해 디지털로 연결된 농업 기상 관측소로부터 농가에 스마트폰 또는 노트북으로 실시간 기후데이터를 직관적인 시각화와 해석과 함께 제공한다.

잎젖음센서(Leaf wetness sensor)는 과수재배 시 잎에 존재하는 습윤 정도를 높은 정밀도로 측정하고 수분 유형을 감지하여 흰가루병과 같은 질병이나 서리 예방을 위한 맞춤형 알림을 제공한다.

이러한 모든 데이터와 정보는 센크롭만의 의사결정시스템인 'Mileo'를 통해 일기 예보, 작물 품종, 파종 및 발아 시기, 생장상태 및 질병 예측 등을 고려한 의사결정지원 서비스를 제공하여 보다 정확하고 효율적이며 친환경적인 농업을 가능하게 하고 있다.

그림 9-15 | 센크롭사 주요 제품 및 서비스

출처: 센크롭 홈페이지(https://sencrop.com)

4 수직농장 사례

4.1 에어로팜

미국의 에어로팜(AeroFarms)사는 2004년에 뉴저지주를 기반으로 설립된 수직농장업체로 2015년 12월, 세계 최대 규모의 수직농장을 미국 뉴저지주 뉴어크(Newark)시에 건설하였다. 3층 건물 높이(10m)에 6,400m^2(약 2,000평) 규모로 건물 실내에는 7~8단으로 설치된 재배대에서 LED 조명을 이용하여 연간 1천 톤의 잎채소를 생산하고 있다.

건물 실내에 설치된 다단 재배대에서 물 · 빛 · 온도 · 습도 등의 생육환경을 완벽하게 통제할 수 있어 가뭄 · 홍수 · 태풍 등 기상 이변에 관계없이 작물재배가 가능하다. 또한 수경재배방식에 있어 작물의 뿌리를 물에 담가 기르는 방식 대신 양분을 혼합한 물안개를 분무하는 방식을 적용하여 기존 식물공장의 한계점으로 거론된 맛 문제를 해결하고, 생산 작물을 샐러드, 주스 등으로 가공하는 시설도 함께 갖추어 부가가치를 높이고 있다.

그림 9-16 I 에어로팜 식물공장

출처: 에어로팜 홈페이지(www.aerofarms.com)

4.2 프레이트팜

프레이트팜(Freight Farms)은 2010년 설립된 미국의 수직농장업체로 'Leafy Green Machine™'이라는 자사만의 컨테이너형 수직재배시스템을 2012년 개발에 성공하여, 2013년부터 미국 5대 북동부 지역에서 판매를 시작으로 2016년에는 100호 농장 착공을 돌파하였다.

프레이트팜의 'Leafy Green Machine™'의 특징은 40피트 크기의 선적 컨테이너 안에 대량수확에 필요한 모든 도구가 갖추어져 있다는 점이다. 컨테이너 내의 TIG용접 스테인리스 스틸 워크벤치에는 맞춤형 모종 성장 구역이

구비되어 있어 작업자들이 간편하게 서서 심고 수확할 수 있다. Farmhand® 플랫폼을 이용하여 데이터 카메라센서에 의해 농장 실시간기능을 자동화하여 작업자가 편리하게 원격으로 제어할 수 있다. 또한 고효율 LED 조명을 사용하여 작물의 광합성에 필요한 최적 파장의 빛을 제공하고, 전통적인 농업보다 98% 적은 물을 사용하며, 폐쇄 루프 수경시스템을 사용하여 식물 뿌리에 직접 영양이 풍부한 관수를 제공한다.

그림 9-17 | 프레이트팜 외부와 내부

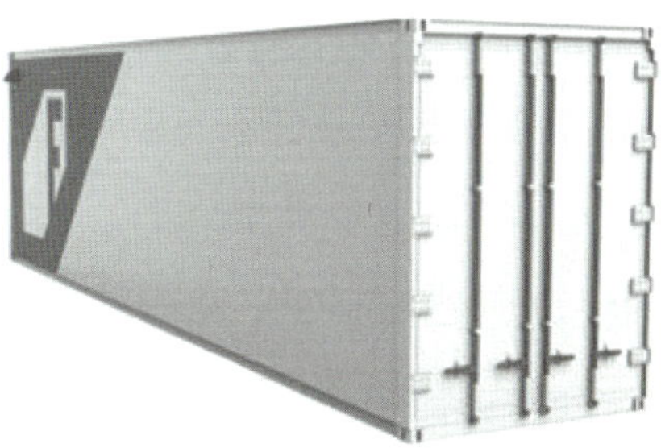

출처: 프레이트팜 홈페이지(www.freightfarms.com)

재배 가능한 작물로는 상추류(비브, 버터헤드, 롤로 로사, 오크리프, 로메인), 잎 채소류(루콜라, 클레이토니아, 콜라드, 민들레, 케일, 갓, 갯능쟁이, 탓소이, 라디키오, 시금치, 근대, 물냉이), 허브뷰(바질, 새순잎, 챠빌, 차이브, 고수, 딜, 펜넬, 마조람, 민트, 오레가노, 로즈메리, 세이지, 차즈기, 소럴, 타임), 화초류(금잔화, 맨드라미, 네스트리윰, 니젤라, 제비꽃, 서양톱풀, 백일초), 근류(근대, 당근, 대파, 무, 순무, 콜라비) 등이 있다.

현재는 미국 36개 주, 캐나다, 유럽, 아랍에미리트연합(UAE), 카리브해, 베트남으로 사업을 확대하여 대표적인 식물공장 글로벌기업으로 성장하고 있다.

4.3 후지쯔사의 아이즈 와카마츠 아키사이 채소공장

일본의 후지쯔사는 후쿠시마현 아이즈 와카마츠시에 구축한 2,000m² 규모의 폐쇄형 식물공장인 '아이즈 와카마츠 아키사이(Akisai) 채소공장'에서 저칼륨 채소를 주요 제품으로 생산하고 있다. '클린룸'으로 불리는 Akisai 공장에서는 재배환경을 ICT기술로 완전제어하여 맛과 영양소는 유지하면서 일반 채소 대비 칼륨 함량을 80%가량 감소시킨 저칼륨 상추, 저칼륨 시금치 등이 생산되어 '깨끗한 야채'라는 의미의 '키레이야사이' 브랜드로 판매된다.

반도체공장의 클린룸을 활용한 잡균 혼입 방지기술과 반도체 제조기술에서의 품질관리, 로트(Lot)관리기술, 원가관리 개념 등을 농업에 적용하여 높은 우량품 수확률을 실현하고 있다. 또한 반도체 제조공장의 인프라 공급 및 에너지 절약관리의 노하우를 살려 최적의 인프라환경의 정비 및 에너지 절약으로 재배 시 비용을 최소화하고 있다. 후지쯔의 식·농 클라우드 서비스인 Akisai를 통해 재배환경과 작물 품질의 상관관계를 파악하여 날씨나 계절과 무관하게 안정적으로 생산되고 있으며 생산된 상품은 신장병 환자들을 위한 고부가가치 채소로 판매되고 있다.

그림 9-18 | 후지쯔사 아이즈 와카마츠 아키사이(Akisai) 채소공장

출처: 한국후지쯔(주)(2018), "스마트팜 전략 컨퍼런스 2018," 식품/농업 클라우드 서비스 Akisai.

4.4 스프레드사의 테크노팜 게이하나

일본 스프레드(Spread Co. Ltd.)사의 테크노팜 게이하나(Techno Farm Keihanna)가 2018년 11월 가동을 시작하였다. 스프레드사에서 개발한 야채 생산시스템 '베지터블 팩토리(Vegetable Factory)'는 2016년에 에디슨상을 수상한 바 있다.

테크노팜 게이하나는 하루 3만 포기의 상추를 생산할 수 있는 세계 최대 규모(4,400m^2)의 식물공장이다. 1세대 식물공장에 비해 더 향상된 자동 생육관리시스템, 물 재순환장치, 환경제어기술, 수직농장에 최적화된 LED, 고도화된 자동화설비를 새롭게 적용하였다. 이를 통해 첨단센서들이 습도와 이산화탄소, 조명, 온도를 점검해 상추가 최적 환경조건에서 생장할 수 있도록 실내환경을 자동으로 조절한다.

기존 식물공장과 비교해 한 걸음 더 진보한 점은 상추재배 전 과정을 통틀어 최초에 씨를 뿌리는 작업만 사람이 직접 수행할 뿐, 그 다음부터는 모든 작업을 로봇이 수행한다는 점이다. 로봇 팔을 장착한 컨베이어벨트에서 상추에 물을 주고, 솎아내고, 새싹을 이식하고 나중에 수확하는 전 과정을 자동으로 처리한다.

스프레드사에서는 자동화의 가장 큰 이점으로 생산성 제고와 비용 절감효과를 제시하고 있다. 상추 생산에 필요한 인력이 기존 대비 절반 수준으로 가능하며 생산량도 하루 3만 개로 기존 실내농장의 2만 개보다 1.5배 많다는 것이다. 또한 자체 개발한 농장용 LED 조명으로 에너지비용이 3분의 1 수준으로 절감되며, 한 번 쓴 농업용수의 98%를 재사용하여 상추 1개당 소요되는 물이 기존의 100분의 1에 불과하다고 소개하였다. 살충제를 사용하지 않아 친환경적이며, 상추 안의 항산화물질도 잘 보존되어 영양 측면에서도 뛰어나다는 점 또한 식물공장의 장점이다.

그림 9-19 | 스프레드사 테크노팜

출처: 글로벌 이코노믹 기사(2018년 11월 6일).

스프레드사는 향후 이와 같은 최첨단 식물공장 50개소를 건설하여 일본 상추시장의 10%를 점유하겠다는 목표를 밝혔다. 또한 물을 거의 사용하지 않고 작물 성장이 가능한 '수직농업'에 대규모 투자를 진행하고 있는 아랍에미리트연합(UAE)에 베지터블 팩토리시스템을 공급하기로 합의하는 등 자사의 재배시스템을 전 세계 100개가 넘는 도시에 수출할 계획을 진행 중이다.

4.5 칸사이철강공업

일본의 칸사이철강공업 사례는 식물공장의 비즈니스 모델 중에서도 식물공장산 기능성 식물을 활용한 기능성 식품 제조 및 판매 사례로 의미가 있다.

효고현 오자키시에 위치한 칸사이철강공업은 본래 1946년 설립한 강철제품 가공 전문기업이었으나 미래성장산업으로의 사업 다각화를 위하여 식물공장사업에 뛰어들었다.

자사의 인공광형 식물공장에서 고기능성 식물인 아이스플랜트(ice plant)를 직접 생산하고 있는데, 아이스플랜트에 포함된 피니톨(pinitol) 성분은 혈당치를 제어하는 것으로 알려져 있다. 칸사이철강공업은 이를 배합한 엽산 공급 기능성식품을 제조하여 임산부 고객을 대상으로 판매하는 등 식물공장을 활용한 고부가가치화와 시장규모 확대에 집중하고 있다.

그림 9-20 | 칸사이철강공업의 아이스플랜트 식물공장

출처: www.vegestory.com/vegemama

4.6 알레스카 라이프

중국에서도 어그테크 스타트업 열풍이 강하게 불고 있다. 그중에서도 알레스카 라이프(Alesca Life)는 2013년 설립된 컨테이너형 식물공장기업으로 'Zero Mile Food'를 지향하는 지속가능농업 스타트업을 표방하고 있다. 2016년에는 두바이와 '퓨처 가속기 프로그램' 미래농업분야 협약을 체결하기도 하였다.

알레스카 라이프의 'EDN(Every Day Nutrition)'은 어디서든 소규모 상업용 농장을 구현할 수 있도록 한 턴키(Turn-key)형 컨테이너 농장 솔루션으로서, EDN 내부에는 모니터링센서, 자동화시스템, 온도제어시스템뿐 아니라 다 자란 채소의 상품화를 위한 냉장시스템을 갖추고 있다.

이들의 수경재배방식은 기존 농업 방식에서 사용되는 물의 5%, 토지의 1%, 전력의 30%만을 사용하며 100% 무농약으로 식물을 재배하고 있다. 하나의 재배시스템을 운영하는 데는 한 명의 관리자가 필요하며 일주일에 총 2시간의 관리시간만으로 채소 생산량을 최대치로 끌어낼 수 있다는 것을 강점으로 제시하고 있다. 동시에 1,600개의 양상추, 샐러리 등 잎채소 모종을 재배할 수 있도록 설계되어 있으며, 잎채소를 완전히 생산해내는 데는 평균 12~18주가 소요된다.

그림 9-21 | 알레스카 라이프의 EDN 외부

출처: Alesca Life 홈페이지(https://www.alescalife.com)

그림 9-22 | 알레스카 라이프의 EDN 내부

출처: Alesca Life 홈페이지(https://www.alescalife.com)

또한 클라우드 네트워크 연동 센서박스 및 농사 초보자도 이용하기 쉬운 사용자 친화적 앱 서비스인 'EDN Sprout'를 통해 발아상태, 모종, 육묘, 수확 가능 수량 등을 한눈에 파악할 수 있고, 온도, 습도, 이산화탄소 농도, pH, EC 등을 모니터링할 수 있다.

그림 9-23 | 알레스카 라이프의 EDN sprout 화면

출처: Alesca Life 홈페이지(https://www.alescalife.com)

5 자동화 · 무인화분야 사례

5.1 존디어

존디어(John Deere)사는 1837년에 삽, 쟁기 등 작은 농기구 제조업체로 시작하여 현재는 농업과 첨단기술을 결합한 어그테크산업을 선도하는 세계 최대 농기계업체이다.

존디어사는 2002년 자율기능을 탑재한 무인 트랙터를 개발하였고, 2017년 반자동 트랙터를 양산하여 20만 대 이상 판매하였으며, 2020년 완전 무인 트랙터, 콤바인을 상용화하는 계획을 가지고 있다. 2019년 CES에 스마트 콤바인을 출품하여 호평을 받았으며, 2020년 CES에서는 8RX 트랙터를 출품하여 혁신상을 수상하기도 했다. 8RX 트랙터는 차량에 장착된 GPS, 레이저, 카메라 등 센서들을 통해서 단독으로 경작지데이터를 실시간으로 분석할 수 있으며, 경작지의 상황에 따라 인공지능이 자동으로 제초제, 비료, 물을 조절함으로써 농업 생산성 향상에 크게 기여할 것으로 예상된다.

존디어사가 무인 자동화의 실현을 위해 중점을 두는 기술은 농기계가 정확한 농지정보를 파악하는 '센서기술'과 서로 다른 농기계 간에 정보를 통신하는 '텔레매틱스'이다. 무인 트랙터의 경우, GPS 측위의 대표적 방식인 실시간 위성측위기술을 활용하고, 작업장 주위에 설치된 소형 로컬 기지국과 트랙터에 설치된 수신기 간에 신호교환을 통해 정확한 자율주행이 가능하다. 경작지 지도를 작성할 수 있는 무선센서와 3D 프린터용 20톤 규모 인쇄 헤드처럼 종자와 비료를 뿌릴 수 있는 농기계도 개발 중에 있다.

그림 9-24 | 존디어사의 8RX 트랙터

출처: www.ces.tech/Innovation-Awards/Honorees/2020/Honorees/J/John-Deere-8RX-Tractor.aspx

존디어사는 농사를 과학적으로 하기 위해 다양한 기술업체를 인수하고 개발에 노력해왔다. 1999년 GPS 기술업체인 나브콤을 인수하여 GPS기술을 활용한 농기계를 개발하였으며, 2015년에는 소프트웨어업체 DN2K를 인수하여 클라우드 컴퓨팅 합작법인을 공동설립 후, 작물재배 관련 데이터를 시각적인 정보로 변환하여 PC, 스마트폰, 태블릿 등의 스마트기기에서 접속하고 실시간으로 공유할 수 있는 서비스를 제공하는 클라우드 기반의 '마이애그센트럴(MyAgCentral)'이라는 플랫폼을 개발하였다. 2017년에는 AI 스타트업인 블루리버 테크놀로지를 인수하여 제초기 로봇 제작 및 부착 카메라를 이용한 실시간 농지 촬영, 머신러닝을 이용한 잡초 식별 등을 통해 제초제 낭비를 90% 감소시키는 솔루션을 개발하였다.

존디어사는 현재 전 세계 30여 개국에 공장, 사무실 및 기타 시설을 갖추고 22개 국가에 수출을 하고 있는데, 선진국에는 최첨단 GPS기술 등 고급제품을, 개발도상국에는 기본 기술을 탑재한 저렴한 농기계를 판매하는 등 선진국과 개발도상국을 각각 다른 방식으로 공략하고 있다.

5.2 블루리버 테크놀로지

블루리버 테크놀로지(Blue River Technology)사는 농업용 빅데이터 수집, 머신러닝, 농장관리 자동화기술에 특화된 스타트업으로 2017년 9월 존디어(John Deer)가 3억 500만 달러에 인수하면서 큰 주목을 받기도 하였다.

대표적인 제품인 'LettuceBot'(일명 '상추로봇')은 머신러닝과 컴퓨터 비전 기술을 통해 밭에서 분당 5천 장의 사진을 촬영하여 식별한 상추를 수확하고 실시간으로 수확량을 측정할 수 있으며, 0.02초 안에 0.635mm 반경에 있는 상추 싹과 잡초 싹을 정확하게 구분하고 제거하며, '포착 후 살포(see & spray)'기술을 통해 직접 제초제를 뿌릴 때보다 제초제를 90% 절감하는 효과를 거둘 수 있다.

또한 3D 농작물 스캐너 'ZEA'는 LettuceBot을 통해 측정한 농작물의 간격, 높이, 잎의 크기 등의 데이터에 기반하여 물의 양이 얼마나 필요한지, 작물의 성장 가능성은 어떠한지 등을 파악할 수 있다.

LettuceBot은 현재 미국의 상추 총생산량의 10% 이상을 수확하고 있으

그림 9-25 | 블루리버 테크놀로지의 LettuceBot

출처: 블루리버테크놀로지 홈페이지(www.bluerivertechnology.com)

며, 시장조사기관 CB Insight에서 발표한 100대 AI기업에 선정되기도 하였다.

5.3 AvL Motion

AvL Motion은 2016년에 설립된 네덜란드의 수확 로봇 개발회사로서 Brightlands Agrifood Fund, Future Food Fund, BOM으로부터 100만 유로의 투자를 유치했다.

AvL Motion은 세계 최초로 인간의 개입 없이 아스파라거스를 성공적으로 수확한 회사로서 2019년 아스파라거스 시즌 동안 여러 번의 현장 테스트를 실시하였으며 이미 2대의 수확 로봇을 판매했다. 아스파라거스 수확 로봇을 사용하면 노동 강도를 약 83%까지 줄이고 일관된 품질의 수확을 보장할 수 있다고 밝혔다.

그림 9-26 | AvL Motion의 아스파라거스 수확 로봇

출처: AvL Motion 홈페이지(www.avlmotion.com)

5.4 일본의 농산물 수확 로봇

일본의 이부야세이키사는 3D 스테레오 카메라로 된 이미징시스템을 통해 수확 적기의 딸기만을 골라내는 딸기 수확 로봇을 2013년 출시하였다. 이 로봇은 온실 내부를 돌아다니며 수확 적기의 딸기를 스스로 식별하여 수확할 수 있으며, 1km^2 면적기준, 기존에 2천 시간이 걸리던 딸기 수확시간을 4분의 1인 500시간으로 단축시킬 수 있다. 딸기의 경우 이른 아침에 싱싱한 딸기를 따서 아침에 바로 출하하는 것이 유통 신선도 유지에 중요한데, 이 로봇의 개발로 농부가 자는 새벽시간 동안 신선한 딸기의 수확 자동화와 상품성 개선에 도움을 줄 수 있어 농가의 효율성 증대가 기대된다.

그림 9-27 | 이부야세이키사의 딸기 수확 로봇

출처: NIA(2017), "[A.I. 플러스] 미래사회에 지능을 더하다: 농업분야."

파나소닉은 센서와 영상처리기술을 이용하여 농작물의 색상, 형태, 위치를 정확히 판단하고 수확하는 농작물 수확 로봇을 개발하였다. 기계 수확이 어렵다고 여겨온 토마토 등의 과일을 흠집 없이 수확하는 것은 물론, 장애물을 자동으로 피해 이동하고 수확물을 바구니로 옮기거나 바구니를 교체하는 등 수확과정의 모든 단계를 자동으로 수행한다.

그림 9-28 | 파나소닉사의 토마토 수확 로봇

출처: NIA(2017), "[A.I. 플러스] 미래사회에 지능을 더하다: 농업분야."

Chapter 10 국내 사례

1 국내 선도기업 사례와 최신 동향

1.1 팜에이트

경기도 평택에 위치한 팜에이트(구 '미래원')는 새싹채소, 아이순, 어린잎 채소, 엽채류, 허브류, 파프리카 등을 직접 생산, 가공, 유통하는 농업회사법인이다. 이 모든 작물들은 바닥부터 천장까지 밀폐된 건물 전체를 가득 메운, 아래 위층 각 6단씩 총 12단의 선반에서 식물 생장에 필요한 모든 환경이 ICT로 완벽하게 제어되는 가운데 층층이 수직으로 재배되고 있다.

팜에이트가 처음 식물공장기술을 접한 것은 2009년 일본의 대표 스마트팜 기업인 미라이였다. 미라이로부터 식물공장 설비를 구입하고 기술을 이전받았으나 일본과 한국의 재배환경이나 선호하는 채소 종류에는 차이가 많았다. 수직농장에서 미래농업의 새로운 가능성을 일찍이 확인한 팜에이트는 이후 3년간에 걸쳐 시행착오와 자체 기술개발을 거듭한 끝에 한국 여건에 맞는 기기 · 기술개발과 안정화를 이루는 데 성공하였다.

팜에이트는 사업의 모태가 된 새싹채소공장을 비롯해 특수채소 시설하우스, 식물공장, 전처리 채소가공공장, 포장동, 물류센터, 샐러드 가공공장, 농식품연구소, 파프리카 시설하우스, 파프리카 전용 작업장 등의 시설을 갖추고 있다.

600평 규모의 식물공장에서는 하루 6,000포기의 엽채류를 생산할 수 있다. 엽채류는 온도에 매우 민감한 작물이다. 생육 적정 온도가 섭씨 22~23℃ 수준이기 때문에 30℃를 넘나드는 여름에는 열기에 녹아버려 제대로 된 재배가 불가능하다. 그러나 팜에이트의 식물공장에서는 선반 각 칸마다 LED 조명이 햇빛을 대신하여 광합성에 필요한 빛을 공급하고, 흙 대신 해당 작물의 생육에 가장 적합한 영양분이 배합된 양액이 뿌리에 영양분을 주고 있으며, LED 조명을 얼마나 켜고, 양액을 얼마나 흘릴지, 실내 온도와 습도, CO_2 농도는 어느 정도로 할지 모든 생육환경을 사전에 세팅한 기준에 따라 자동으로 제어관리하고 있다. 그 결과, 계절과 기후, 병충해 등의 영향을 전혀 받지 않으며 계획생산되어 가격을 일정하게 유지하며 안정적으로 공급하고 있다. 생산성은 동일면적의 비닐하우스 시설재배와 비교해 무려 40배나 높다.

그림 10-1 | 팜에이트 2020년 신축 식물공장

출처: (좌)팜에이트 홈페이지(www.farm8.co.kr); (우)저자 촬영(2020년 5월 7일).

팜에이트의 최근 10년간 연평균 성장률은 23%에 달하며, 2019년에는 472억 원 매출을 기록하였다. 식물공장은 초기 투자비용이 많이 들어 수익성이 낮다는 인식과는 달리 2019년부터 본격적인 흑자구조로 전환하였다.

그동안 팜에이트 매출의 대부분은 식물공장에서 자체 생산한 엽채류를 가공해 만든 신선편이 샐러드 제품으로부터 발생하였다. 다양한 조합과 형태의 샐러드 제품은 대형마트, 백화점은 물론 최근 급성장하고 있는 온라인 유통채널을 통해 소비자에게 공급된다.

그림 10-2 | 팜에이트 샐러드 가공공장

출처: aT Story, 2019년 5월호 기사.

그러나 최근 팜에이트는 첨단 식물공장 설비와 솔루션 제조 · 판매기업으로 빠르게 변모하고 있다. 프라이빗에쿼티(PE)인 IMM인베스트먼트, 산업은행 등 팜에이트의 기술혁신을 통한 미래성장 가능성을 확인한 다수의 투자기관으로부터 총 290억 원 투자를 유치한 바 있다(2020년 상반기 기준). 글로벌시장 진출 또한 가속화하고 있다. 이미 일본, 미국, 네덜란드, 중동 등에 수출이 이루어졌고 동남아시아, 중앙아시아 등과도 협의가 진행 중이다.

팜에이트는 자체적인 기술개발과 혁신을 거듭한 끝에 과거 평당 2,000만 원 수준에 달하던 식물공장 설치비를 400만 원 이하로 절감시키는 데 성공했다. 또한 오랜 경험을 토대로 생산성과 품질은 극대화하면서도 운영비 절감에 노하우를 갖추고 있다. 팜에이트는 설비의 가격경쟁력을 확보한 이후, 다양한 첨단 식물공장 사업 모델에 진출하고 있다. 그중 하나는 컨테이너형 식물공장 제조 및 판매이다. 컨테이너 특성상 작은 규모에도 불구하고 엽채류재배 기준으로 6단인 건물형 식물공장과 달리 10단으로 구성하여 생산성을 고려하고 있고, 자동 이송로봇이 설치되어 모종 이식과 수확이 모두 자동으로 이루어진다. 최초 씨앗을 심은 후 엽채류가 다 자라 포장되어 나오기까지 소요되는 기간은 35일에 불과하다. 이 모델은 해외 수출 등으로 2019년에 약 15억 원의 매출을 올린 데 이어 2020년에는 100억 원 규모의 매출이 예상된다.

그림 10-3 | 팜에이트의 컨테이너형 식물공장 내부와 자동 이송로봇

출처: 저자 촬영(2020년 5월 7일).

최근에는 가정에서 채소를 재배하는 가전형태의 소형 스마트팜 기기 '파밀로(Farmillo)'를 개발하기도 하였다. 코로나 19 팬데믹을 겪으면서 집에서 직접 농작물을 키우고 싶은 일반 소비자들이나 식자재 자체 공급에 수요가 있는 소규모 업장의 니즈를 충족시키는 새로운 시도가 될 수 있을 것으로 보인다.

그림 10-4 | 팜에이트의 가전형태 소형 스마트팜 '파밀로'

출처: 저자 촬영(2020년 5월 7일).

한편 팜에이트는 서울교통공사와 함께 답십리역, 상도역, 천왕역, 을지로 3가역, 충정로역 등 지하철 역사 내에 '메트로팜(Metro Farm)'이라는 이름으로 식물공장을 열었다. 일반 소비자들에게 식물공장에서 키우는 농산물이 안전하다는 것을 직접 보여주기 위함이다. 답십리역 메트로팜에서는 3면이 유리로 둘러싸인 50m^2(약 16평) 규모의 공간 속에서 다양한 종류의 양상추와 쌈채소 1,200여 포기가 재배되고 있다. 외부 미세먼지 농도가 100㎍/m^{3}이 넘을 때에도 메트로팜 내부는 4~5㎍/m^3 이내로 관리되며 ICT기술을 이용해 친환경적으로 생산되고 있다. 어린이들을 위한 체험공간과 메트로팜에서 재배된 채소로 만든 샐러드 판매 카페를 함께 이용할 수 있어 식물공장에 대한 긍정적 인식을 형성하는 데 일조하고 있다. 2020년 7월에는 LG유플러스, LG CNS와 손잡고 상도역 메트로팜을 미래형 식물공장으로 고도화를 추진한다고 밝혔다. 빅데이터와 인공지능기술 기반의 스마트팜 통합관제 플랫폼, 블록체인 솔루션을 활용한 식품안전이력관리시스템을 구축하여 생산부터 소비자에게 전달되기까지 전 단계에 걸쳐 스마트 농업을 현실로 앞당길 것으로 예고하고 있다.

그림 10-5 | 메트로팜(답십리역)

출처: 구글 이미지 검색.

1.2 만나CEA

만나CEA는 아쿠아포닉스(Aquaponics)라는 새로운 농법을 활용한 사업 아이템 및 기술력을 보유한 스마트팜 기업으로 중소벤처기업부로부터 차세대 유니콘기업으로 선정되기도 하였다. '아쿠아포닉스'란 'Aquaculture(물고기양식)'과 'Hydroponics(수경재배)'를 결합한 단어로, 농장에서 물고기를 양식해 발생한 배설물과 잉여양분을 식물의 영양분으로 활용하는 수경재배법이다.

2013년 설립, 2014년 충청북도 진천에서 약 19,800m^2(6,000평) 규모의 농장을 인수하며 카이스트 공학도 두 명이 시작한 스마트팜 스타트업 만나CEA는 친환경적 기술인 아쿠아포닉스를 활용한 스마트팜 솔루션 및 제어시스템을 공급하는 회사이다. 전체 임직원의 약 60%가 R&D 인력일 정도로 기술 연구개발에 투자한 결과, 자체 보유한 기술력으로 스마트팜에 사용되는 핵심설비 및 시설의 대다수를 자체적으로 제작하고 있다.

이러한 기술력의 가치를 인정받아 다수 투자사로부터 투자금을 유치한 바 있다. 2015년 DSC인베스트먼트, DS자산운용 등으로부터 시리즈A 투자를 유치했고, 같은 해 카카오의 투자전문회사인 카카오인베스트먼트로부터 100억 원 상당의 자금을 투자받았다. 2016년에는 두 차례의 크라우드펀딩을 통해 12억 원을 조달했으며, 2018년에는 알펜루트운용으로부터 100억 원 규모의 투자를 유치하는 등 290억 원 이상의 투자를 유치했다(2020년 상반기 기준). 투자금은 온전히 기술투자와 토지매입에만 활용하고 있다.

만나CEA가 개발한 아쿠아포닉스 농법의 장점은 일반 노지재배보다 생산 효율성이 높을 뿐 아니라 화학 비료나 화학 작물보호제를 사용하지 않는다는 점이다. 만나CEA의 재배시스템은 미 농무부로부터 USDA 인증을 받은 아쿠아포닉스시스템으로 물고기와 식물을 함께 키우는 지속가능성 선순환 시스템을 표방한다. 바이오엔지니어링기술을 통하여 기존 수경재배양식에 비해 화학 비료를 사용하지 않아 운영비용을 감소시키고, 생산량은 15% 증가하며, 상대적으로 영양분이 높은 것으로 밝히고 있다.

또한 만나CEA의 환경제어시스템은 온도, 습도, CO_2, 광량, pH뿐만 아니

그림 10-6 | 만나CEA 충북 진천 스마트팜 농장

출처: 파이낸셜뉴스 기사(2019년 6월 10일).

라 암모니아, 칼륨, 인 등 식물 생장에 필요한 다량원소와 미량원소를 센서로 디지털 데이터의 형태로 수집하여 데이터 기반 환경분석을 통해 농장 내 환경을 각 지역, 국가에 맞게 최적화한다. 뿐만 아니라 AI 알고리즘을 적용하여 점점 정밀한 환경제어를 통해 사람이 놓치기 쉬운 제어요소를 제어하여 작물의 품질과 생산성을 높일 수 있다.

최근에는 잎채소, 딸기 스마트팜에서 나아가 기능성 성분 추출을 통해 화장품, 의약품 등의 원료로 공급이 가능한 대마재배 특화 스마트팜을 개발하여 새로운 부가가치 창출을 제안하기도 하였다. 대마재배가 가능한 해외시장을 타깃으로 해외 IP 라이선싱 목적의 대마 종자 관련 연구를 수년간 진행한 결과, 통제된 환경에서 정밀한 환경제어를 통해서 생산된 대마초에서 의학적 효과가 있는 성분인 CBD 함량이 매우 높은 종자를 개발하여 재배할 수 있다고 밝혔다.[1]

만나CEA는 친환경채소, 과일 등의 농산물 정기배송 서비스 '만나박스'로 대중에게도 잘 알려져 있다. 아쿠아포닉스를 활용한 스마트팜 솔루션 및 제어시스템의 생산 및 B2B 판매에서 직접 재배를 통한 소비자대상의 B2C사업으로 본격적으로 확장한 것은 2016년 농산물을 직접 재배하여 배송하는 '팜잇'을 설립하면서부터이다. 만나CEA는 자사 스마트팜에서 직접 재배하고 수확한 친환경 채소와 과일을 직거래방식으로 소비자들에게 정기배송 서비스를 제공하는 온라인몰 '만나박스' 서비스를 제공하기 시작했다. 현재 허브류, 잎채소류 등 40여 종에 달하는 작물을 다루고 있으며 최근에는 다양한 종류의 채소와 과일을 조합해 샐러드 박스를 배송해주는 '샐러딩' 서비스를 제공하고 있다.

한편 만나CEA는 2019년 카자흐스탄, 사우디아라비아 등지에 농장 및 저온냉장 식물공장의 수출에 성공하기도 했다. 2021년 상반기에는 기업공개

1 출처: 만나CEA 홈페이지(http://mannacea.com/ko/main/cannabis)

그림 10-7 | 만나박스와 만나박스 샐러딩

출처: 구글 이미지 검색.

(IPO)를 목표로 하고 있다.

장기적으로는 2035년까지 해외에 농업 생산기지를 만들어 농작물을 대단위 면적에서 생산, 유통하는 게 궁극적인 목표라고 계획을 밝혔다. 생산자는 갈수록 줄어들고, 농산물가격은 올라갈 가능성이 있기 때문에 이런 상황을 주시하면서 대규모 농업 생산기지에 필요한 운영 노하우를 쌓고, 센서, 무인화 등 기술을 개발해나가고 있다.

1.3 씨드림

충남 부여에 위치한 스마트팜 핵심 플랫폼 개발 및 보급 전문기업 '씨드림'은 단국대에서 교수 20여 명이 참여하여 2014년 미래창조과학부 신산업창조 프로젝트의 IoT분야에 선정된 연구개발과제를 기반으로 2015년 설립된 농업회사법인이다. 스마트 농업 IoF 핵심 플랫폼을 통한 농업 자동화와 재배지식 공유로 농장의 경영비용 절감과 수확량 향상을 목표로 하고 있다.

씨드림이 표방하는 '커넥티드 팜'은 기존의 스마트팜에서 한 단계 업그레이드된 인공지능형 스마트팜이다. 기존 스마트팜은 농가별로 별도 시스템을 설치해 각각의 자동화시스템을 구축하고 운영해왔으나 자신들이 축적한 최신 영농지식과 경험을 다른 사람과 공유하거나 공유받을 수 없었다. 반면 씨드림의 '커넥티드 팜'은 빅데이터 기반 최적 생육 데이터를 인터넷으로 연결해 농민에게 축적된 영농지식과 경험을 공유할 수 있도록 지원하는 것이 특징이다.

'커넥티드 팜'의 핵심은 IoF(Internet of Farm, 농장인터넷)와 LOK(Linked Open Knowledge, 연결된 개방형 지식)라 할 수 있다.

IoF란 국제 IoT 표준인 oneM2M을 기반으로 만드는 개방형 농업 플랫폼을 말한다. IoF 플랫폼이 구축된 농장에서는 센서가 온도, 습도, 풍향, 풍속, 일사량 등 온실 밖 기상정보와 온도, 습도, CO_2, pH, EC 등 온실 내부 정보를 실시간으로 측정해 LTE 등 무선망으로 IoF 서버에 자동 저장한다. 그리

그림 10-8 | 커넥티드 팜 시스템의 개념도

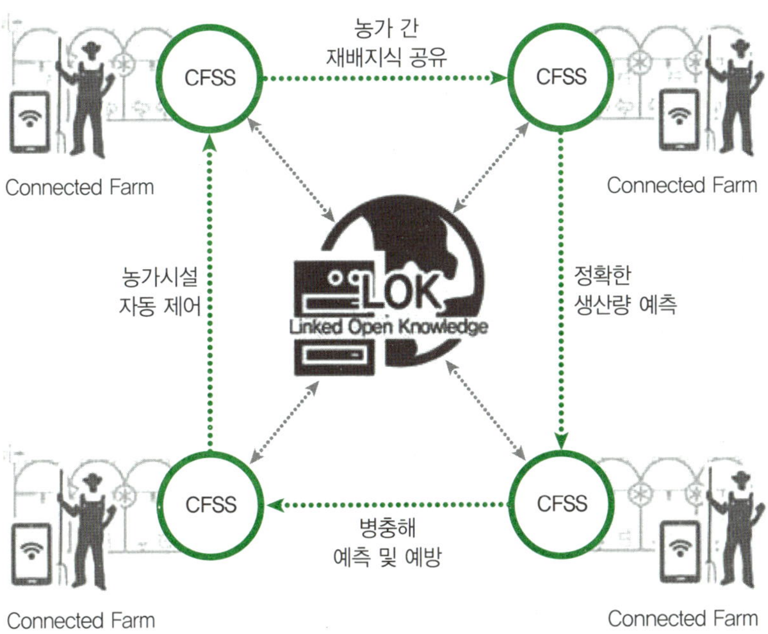

출처: 농촌진흥청(2016), "미래유망산업 농업에 진출하는 기업사례 분석."

고 입력된 명령에 따라 창문과 환기팬, 물, 양액, CO_2 등을 적절히 조절하면서 작물이 잘 자랄 수 있는 환경을 만들어나간다.

네트워크로 연결된 국내외의 개별 농장들은 IoF 플랫폼을 통해 IoF 서버에 저장된 생육정보, 에너지소비량 등의 데이터를 서로 공유하고 일간, 주간, 월간, 작기별로 분석한다. LOK(Linked Open Knowledge)는 바로 이렇게 상호 연결되어 수집된 데이터를 분석하고 가공하는 개방형 지식공유 의사결정시스템이다. 각 농장은 LOK를 통해 찾아낸 각 작물에 맞는 최적의 생육 모델에 따라 최적화 알고리즘을 적용함으로써 생산량 제고와 고품질 농산물 생산이 가능하게 된다.

씨드림 플랫폼의 장점은 첫째, 데이터 · 지식 · 경험의 공유로 농산물 품질은 높이고 영농비는 절감할 수 있다는 스마트팜의 장점이 보다 진화한다는 점이다. 농작물의 생육환경을 최적 모델에 의해 자동으로 제어하기 때문에 농가에서 따로 일손이 필요 없다. 필요한 최적 배합의 양분과 에너지를 공급하므로 투입비용도 효율화된다. 둘째, LOK를 통해 수확량 예측도 가능하고, 병충해 예측 및 예방이 가능하다. 셋째, 데이터가 축적될수록 농사 실패 확률이 줄어들어 귀농자 등 초보 농업경영인에게 도움이 될 수 있다.

현재 씨드림은 2016년 완공한 6,000m^2(약 1,800평) 규모의 부여 시범농장에서 토마토를 시험재배하며 선진국 수준의 토마토 생산량을 달성해 커넥티드 팜의 수익 증대효과를 입증할 계획에 있다. 2017년에는 부여군 소재 15개 농장을 씨드림의 팜클라우드에 연결해 플랫폼을 구축했으며, 2020년까지 1,850개 농장을 연결하는 것을 목표로 하고 있다. 토마토 외에도 딸기, 파프리카 등 시설원예 주요 작물 17종에 대한 생육 모델을 제공할 계획이다.

또한 일본 치바대, 중국농업대 등과 협력관계를 맺어 한-중-일 커넥티드 팜 플랫폼 구축의 기반을 마련하는 등 국내외 대규모 농장을 대상으로 IoF 구축에 박차를 가하고 있다.

그림 10-9 | 씨드림 부여 시범농장 내부

출처: 농림축산식품부(2017), "현장에서 전하는 스마트팜 선도사례."

1.4 대흥농산

1996년 설립한 농업회사법인 대흥농산(주)은 국내 최대 팽이버섯 생산기업으로 대흥농산의 생산 효율성 비결은 스마트팜시스템에 기반하고 있다. 버섯 생육에 중요한 온도, 습도, 이산화탄소 농도 등 각종 환경요인을 실시간으로 확인해 최적의 환경을 유지할 뿐 아니라 자동화 설비 및 프로세스 도입, 생산 현황 정보 모니터링 및 데이터베이스화 등 시스템 경영으로 전환한 결과 시장경쟁력을 높일 수 있었고, 현재 내수시장 40% 점유로 시장점유율 1위를 기록하고 있다.

경북 청도에 위치한 90,000m^{2}의 공장 부지에서는 하루 20만 병을 입병하고 동시에 20만 병을 출하하고 있다. 2015년 119억 원이었던 매출은 2020년 470억 원(예상치) 규모로 껑충 뛰었으며, 출하의 약 4분의 1은 미국, 캐나다, 호주를 비롯한 10여 개국으로 수출되고 있다.

대흥농산이 스마트팜을 도입하게 된 배경에는 여러 가지 요인이 작용하였다. 우선 생산규모와 수출량은 갈수록 늘어나는 반면 지역의 고령화로 인해 인력 확보에 한계가 컸다. 외국인 노동자의 경우 장기간 근속이 어려워 숙련도가 떨어져 많은 인력에 의존하던 생산방식을 대체할 시스템 도입이 필요했다.

또한 고품질의 팽이버섯을 생산하기 위해서는 생육기간 중 낮은 온도를 일정하게 유지해야 하며 습도, 이산화탄소 농도 등의 환경관리가 매우 중요하다. 따라서 하루에도 몇 차례 실시간으로 확인하며 여러 환경인자를 조절하여야 한다. 그러나 스마트팜 구축 후로는 생산관리 인력이 일일이 버섯생육실을 돌아다니지 않고도 제어반 모니터 계기판을 통해 한눈에 모든 상황을 모니터링할 수 있어 그만큼 경영 효율이 제고되었다.

대흥농산은 이러한 문제점을 해결하기 위하여 생육실 온도, 습도, 이산화탄소 농도의 자동 제어 및 조기이상감지체계 구축, 모바일을 통한 원격 모니터링시스템 개발, 재배 및 생육정보의 데이터베이스화, 포장공정 자동화를 통한 인건비 절감 등 4가지 목표를 두고 스마트팜 도입을 추진하였다. 2018년 8월부터 2019년 2월에 걸쳐 MES(Manufacturing Execution System) 생산관리시스템을 도입하여 125개 생육실마다 생육현장 IoT센서에 의한 실시

그림 10-10 | 대흥농산 버섯생육실과 제어반

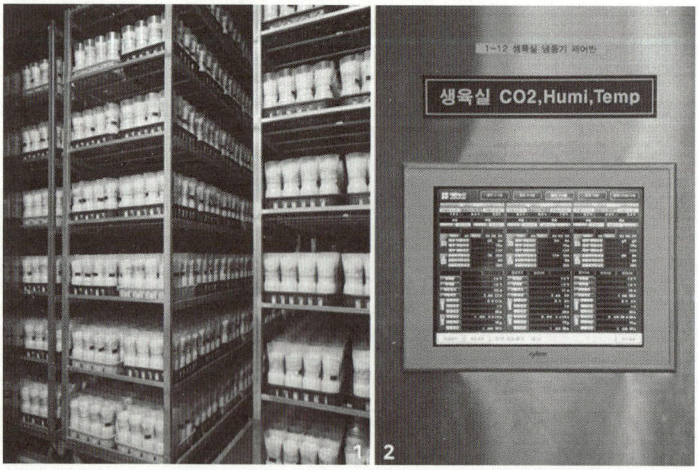

출처: 월간기업나라 네이버포스트(https://post.naver.com/my.nhn?memberNo=6687676)

간 생육환경 모니터링과 원거리제어가 가능하게 되었으며, 생산 현황정보를 실시간으로 파악할 수 있게 되었다. 2019년 3월부터 2020년 하반기까지는 자동화설비를 도입하여 수확, 포장, 출하 과정 전반에 자동화 프로세스가 적용될 예정이다.

스마트팜의 도입으로 인한 효과는 숫자로 나타나고 있다. 데이터분석에 기반하여 배지 레시피의 최적혼합비율을 찾아내고 적용한 결과, 팽이버섯 1병당 생산량은 341g에서 355g으로 늘어났으며, 불량률은 2.1%에서 0.8%로 크게 감소하였다. 업무처리시간은 기존 대비 약 60% 수준으로 단축되었고, 작업투입인원도 기존의 3분의 1로 감소하였다.

자동화설비 도입으로 인한 효과도 나타나고 있다. 많은 인력이 투입되어 온 수확, 소분 컷팅, 박스포장 공정에 로봇 등 자동화설비가 기존 작업인력을 대신하고 있다. 이로 인해 포장공정의 운영 효율이 50% 이상 개선되어 원가경쟁력을 향상시키는 동시에 인건비 부담을 낮추는 것으로 확인되고 있다.

그림 10-11 | 대흥농산 중앙통제실

출처: 월간기업나라 네이버포스트(https://post.naver.com/my.nhn?memberNo=6687676)

대흥농산은 2020년 하반기까지 자동화설비 구축이 완료되면 장기적으로 고도화 추진을 이어나갈 예정이라고 밝혔다. 생산관리뿐만 아니라 공장관리 전반으로 확대하고 네트워크화하며, MES 구축 후 쌓이고 있는 빅데이터를 활용할 계획이라고 하고 있다.

1.5 엔씽

엔씽(n.thing)은 농자재회사에서 온실설비 수출 업무에 종사하며 농업의 무한한 가능성과 동시에 기술혁신 필요성을 피부로 느낀 전자공학과 출신의 김혜연 대표가 2014년 창업한, 농업과 사물인터넷기술을 결합한 국내 대표 스타트업이다.

첫 시작은 IoT센서 및 IoT 솔루션을 농업에 적용해 누구나 쉽고 편리하게 안전하고 신선한 채소들을 기후 · 지역에 관계없이 언제 어디서나 키울 수 있는 스마트 화분 개발이었다. '글로벌 K스타트업'이라는 미래창조과학부 주관 스타트업 경진대회에서 최우수상 및 구글 특별상을 수상 후 투자유치에 나섰다. 초기 설비투자에 비용부담이 큰 농업 특성상 적은 비용으로 농업을 스마트하게 바꿀 수 있는 제품과 소프트웨어 개발에 집중하였다. 특히 일반 소비자들도 농업을 쉽고 어디서나 즐길 수 있도록 한다는 목표하에 스마트 화분 '플랜티(Planty)'의 첫 프로토타입 개발(2013년)에 이어 모바일재배 애플리케이션 'Life' 출시(2014년), 재배환경 모니터링 및 원격관리 가능한 스마트 화분 출시(2015년)가 이루어졌다.

스마트 화분 'Planty'를 통한 B2C 비즈니스뿐만 아니라 2017년부터는 농장 경영관리시스템, 농장 모니터링시스템 등 소프트웨어 및 하드웨어를 통한 B2B 비즈니스도 본격화하였다. 바로 컨테이너 타입 수직농장시스템인 'Planty Cube'사업이다.

모듈형 수경재배 키트와 작물의 상태를 기록할 수 있는 모바일 애플리케이션 등 그간 자체 개발했던 기술들을 컨테이너 내부에 적용하여 작물을 키울 수 있는 시설과 환경을 완벽하게 컨트롤할 수 있는 솔루션을 개발한 것이다. 'Planty Cube'에서는 온도, 습도, 빛, 양분, CO_2 등의 환경 조절은 물론 IoT 솔루션을 통해서 전 세계 어디에서나 실시간으로 모니터링하고 컨트롤할 수 있다. 나아가 현재는 컨테이너 내부의 모든 환경을 자동으로 컨트롤하고 있다. 자체 개발한 LED 조명 및 인터넷 연결 센서로 컨테이너는 1년 내내 통제되고, 모니터링 된 실내조건에서 재배가 가능하다. 실시간 데이터 확인으로 높은 생산성을 가져오고, 최적의 예측 가능한 재배환경을 조성할 수 있다.

주 재배작물은 엽채류와 허브류로 50가지 이상의 작물에 대한 재배환경 데이터를 확보하고 있으며, 각각 양산화에 필요한 재배모듈 개발이 완료되어 있다. 딸기 등 과채류에 대한 양산 재배모듈도 머지않아 개발 완료될 예정이다. 2020년에는 세계 최대 전자제품 전시회 'CES 2020'에서 최고혁신상을 수상하기도 하였다. 농업분야에서는 CES 수상이 최초라는 점에서 의의가 크다.

'Planty Cube'의 차별성은 농장을 마치 제품처럼 모듈화하여 만든 'Farm as a Product' 개념의 적용에 있다고 할 수 있다. 컨테이너 농장(Farm) 1동

그림 10-12 | 플랜티 큐브 내부

출처: 엔씽 홈페이지(https://nthing.net)

그림 10-13 | 플랜티 큐브 모듈화를 통한 확장 예시

출처: 엔씽 홈페이지(https://nthing.net)

의 내부를 완전히 규격화하고, 들어가는 기기와 장비들을 모두 제품(Product)의 부품들처럼 규격화하였다. 그리고 이렇게 규격화된 제품들을 마치 레고 블록을 연결하듯이 모듈화함으로써 확장이 용이하다는 점이 장점이다.

'Farm as a Service' 개념을 도입한 것도 우수한 점이다. 'Planty Cube' 컨테이너 농장은 엔씽의 농장시스템에 의해 운영되며 지속 업그레이드를 실시하고 있으며, 스마트폰 애플리케이션을 업데이트하는 것처럼 펌웨어를 업데이트하고 최신 데이터를 다운로드받을 수 있다. 작물별 재배환경 데이터와 재배모듈이 서비스처럼 제공된다. 이처럼 농업을 서비스처럼 제공하는 비즈니스 모델로 기존 농산업과는 차별화를 이루고 있다.

이와 같은 기술력을 인정받아 2019년에는 중동의 아랍에미리트연합(UAE)에 진출하는 성과를 거두기도 하였다. 한여름 날씨가 60도 이상 올라가고 대부분의 국토가 모래로 이루어진 UAE는 농사 자체가 굉장히 어려운 지역으로 대부분의 농산물을 수입에 의존하고 있다. 자국 내에서 농산물을 직접 생산하기 위한 기술을 적극 도입하는 정책을 펼치고 있어 엔씽은 2019년 테스트를 성공적으로 마치고 2020년에는 운영 테스트 및 모듈화를 통한 대규모 수출을 논의하고 있다.

그림 10-14 | 엔씽의 UAE 아부다비 플랜티 큐브

출처: 엔씽 홈페이지(https://nthing.net)

Chapter 11 스마트팜 경영분석 사례

1 비닐하우스형 딸기 스마트팜

1.1 기업 개요

기업명	○○○○○○
소재지	전라북도 남원시
대표	○○○
생산품목	딸기
설립년도	2002년

1.2 시설 전경

1.3 투자내역

구분	내용
정부지원	30,000천 원(원예지원사업)
	25,000천 원(스마트팜 지원사업)
자부담	200,000천 원
시설면적	3,967㎡
총투자비	약 255,000천 원(토지매입비 제외)

1.4 경영분석(2019년 기준)

구분	금액	비고
매출액	130,000천 원	
인건비	70,000천 원	3명(대표 1+근로자 2)
비용	15,000천 원	수도광열비, 양액 등
모종	20,000천 원	
이익	25,000천 원	매출액 대비 이익률 19.2%

1.5 스마트팜 운영 시 장 · 단점

장점	• 인건비 절감 • 고품질 생산 • 수확량 증대(약 30%) • 관리 용이
단점	• 연동시설이다 보니 병충해 예방에 비효율적 • 양액기의 제조업체별 차이로 인한 표준화 어려움

2 비닐하우스형 쌈채소 아쿠아포닉스 스마트팜

2.1 기업 개요

기업명	○○○○○○
소재지	충천남도 태안군
대표	○○○
생산품목	쌈채소(향어, 비단잉어)
설립년도	2016년

2.2 시설 전경

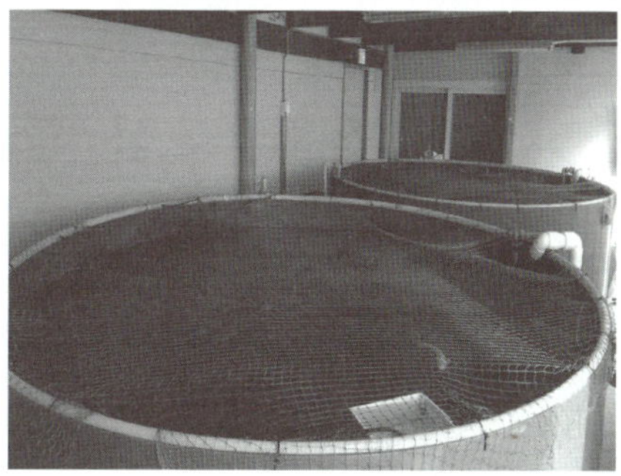

2.3 투자내역

정부지원	45,000천 원(청년농지원사업)
자부담	455,000천 원
시설면적	991.7㎡
총투자비	500,000천 원(토지매입비 제외)

2.4 경영분석(2019년 기준)

구분	금액	비고
매출액	140,000천 원	
인건비	110,000천 원	5명(대표 1+근로자(정규직 3, 비정규직 1))
비용	5,000천 원	수도광열비 등
기타	10,000천 원	
이익	15,000천 원	매출액 대비 이익률 10.7%

2.5 스마트팜 운영 시 장 · 단점

장점	• 친환경 무농약재배, 건강한 먹거리 • 신선상태 유통기간 연장 • 칼슘수치 낮음
단점	• 인건비 부담 높음 • 병충해 예방 어려움

참고

Autonomous Greenhouse Challenge(인공지능 스마트팜 대회) 소개

Autonomous Greenhouse Challenge는 WUR(와게닝겐대학 연구소)과 세계 최대 IT기업인 Tencent가 주최하고, 네덜란드 시설원예 제어 솔루션기업 Grodan 등 여러 글로벌기업이 후원하는, 일종의 인공지능 스마트팜 대회이다.

2020년 열린 두 번째 대회에서는 여러 국가에서 참여한 21개 팀이 24시간 동안 온실 시뮬레이터를 사용하여 높은 수익을 올리는 경쟁을 펼치는 예선을 거쳐, 본선에서는 5개 팀이 2019년 12월 16일 동일한 조건으로 정식된 방울토마토를 6개월간 자체 AI 알고리즘을 사용하여 원격으로 재배하였다.

각 팀에 배당된 96㎡의 온실 구획에 동일한 장비(환기창, 2개의 스크린, 2개의 난방시스템, CO_2 투입기 및 완전제어 LED 램프 등)가 장착되었으며, 상업용 재배자도 사용할 수 있는 표준센서(온도, 수분, CO_2), PAR 조명, 관개, 배수, EC 등의 정보가 공유되었다. 또한 팀은 도전을 시작할 때 자체 센서(RGB 카메라, 열화상 카메라, 다양한 높이의 PAR센서, 일사계, 줄기 두께 센서, 수액 흐름 등)를 배치할 수 있도록 하였다.

대회 재배온실

우승팀 Automatoes(네덜란드)

	Net profit (€/m²)
Automatoes (306)	6,86
AiCU (302)	6,26
DIGILOG (305)	3,59
IUA.CAAS (304)	3,35
The Automators (301)	3,19
Reference (303)	3,10

순이익 결과(5개 팀 및 참고치)

평가기준은 순이익(50%), 지속가능성(20%), AI전략(30%)으로 이루어졌다.

고품질의 높은 생산량이 더 높은 수익으로 이어졌으며, 더 많은 중량과 더 나은 품질(Brix) 사이의 적절한 균형을 유지하는 것이 중요하여 kg당 가격이 높아졌다. 또한 자원(열, 전기, CO_2, 물, 영양소)의 사용은 비용 절감과 함께 지속가능성을 높였다. 팀의 AI전략은 자동화, 혁신성, 견고성, 확장성 등을 평가하였다.

우승은 'Automatoes'라는 네덜란드 기업, 농업대학, 기술대학의 직원, 연구원, 학생들로 구성된 팀이 차지하였다. ㎡당 6.86유로의 수익을 내 비교 참고치(reference)로 사용된 네덜란드 토마토 농가 그룹의 동일조건에서의 재배결과 3.10유로와 비교해 2배 이상의 결과를 거두었다. 참고로 한국의 대학, 기업 인원으로 구성된 'DIGILOG' 팀은 3위를 차지하였다.

대회에 참가한 5개 팀은 모두 기존 제어방식을 사용한 네덜란드 농가 그룹의 참고치보다 높은 생산성을 보여주었다. 이는 AI기술을 통한 스마트 농업이 기존 농업에 비해 생산성 향상과 자원절약에 있어 진일보한 결과를 가져오고 있음을 보여주는 실증적 사례라 할 수 있다.

출처: 네덜란드 Wageningen University & Research 홈페이지(2020년 6월 8일 게시글), https://www.wur.nl/en/Research-Results/Research-Institutes/plant-research/greenhouse-horticulture/

참고

해외기사 소개 – 수직농업의 현재

수직농업으로 생산된 농산물의 세계시장규모는 2020년 7억 8,100만 달러에서 2030년에는 15억 달러로 성장하여 연평균 6.85% 성장할 것으로 예상된다. IDTechEx에 따르면 투자자들은 2015년 이후로 10억 달러 이상의 자금 모금부문에 열광적으로 반응하고 있다. 주목할 만한 투자로는 뉴저지 기반의 AeroFarms가 에어로포닉 재배시설을 확장하기 위해 2019년에 1억 달러를 조달하였고, 캘리포니아의 스타트업 Plenty는 SoftBank Vision Fund가 주도하는 자금 조달 라운드에서 Jeff Bezos 및 Alphabet 회장 Eric Schmidt를 비롯한 후원자들로부터 2017년 2억 달러를 조달하였다.

아시아에서는 산업계가 이미 잘 확립되어 있다. 일본에는 현재 200개 넘는 수직농장이 운영되고 있으며 업계 리더인 Spread Co. Ltd.는 고도로 자동화된 Techno Farm Keihanna 공장에서 매일 30,000개의 상추를 생산하고 있다. 그러나 일본 시장 성장은 북미와 중국의 성장이 업계를 주도하면서 성장이 둔화될 것으로 보인다.

그러나 이러한 낙관적인 전망에도 불구하고 업계는 도전에 직면해 있다. 연중 24시간 통제된 환경을 유지하는 데 드는 전력비용과 수직농장을 운영하는 노동집약적 프로세스 조정의 어려움으로 인해 많은 업체가 파산하고 있다. 그럼에도 불구하고 기업들은 조명기술 및 자동화기술의 발전으로 실내재배의 미래에 낙관적인 전망을 보이고 있다고 보고서는 말한다.

IDTechEx에 따르면 수직농업산업의 주요 과제 중 하나는 전력비와 인건비이다. 수직농업회사는 인건비를 줄이고 효율성을 높이기 위해 매우 높은 초기비용이 드는 고도로 자동화된 시설과 자동화가 덜하고 인건비가 높지만 초기비용이 적게 드는 시설 사이에서 어려운 결정에 직면한다. 보고서에 따르면 현재 수익을 내는 수직농업회사는 많지 않다. 투자자의 관심이 떨어지면 효율적으로 운영되지 않는 기업은 어려움을 겪을 수 있다.

수직농업의 또 다른 단점은 현재 대부분 재배하기 쉽고 먹을 수 있는 고부가가치 작물인 엽채류와 허브류로 제한되어 있다는 사실이다. 연구진은 “이 시장은 그 자체로 가치 있는 시장이지만 글로벌 식량 생산에 혁명을 일으키지는 않을 것”이라고 지적한다.

수직농업은 많은 전기를 사용한다. 보고서에 따르면 이는 수직농업을 비싸게 만들뿐만 아니라 공정에 사용되는 에너지가 지역생산을 통한 운송 감소의 이점을 훨씬 능가하는 지속가능성 문제를 일으킨다.

물론 장점도 있다. 예를 들어 수직농업은 살충제를 사용하지 않고 1년 내내 재래식 농업보다 적은 토지와 적은 물로 더 많은 작물을 재배할 수 있다. 또한 식물의 정확한 필요에 따라 재배조건을 조정함으로써 훨씬 더 높은 품질의 작물을 공급할 수 있다.

그리고 IDTechEx에 따르면, 수직농업은 도시의 인구 중심지 근방에서 효율적으로 작물을 생산함으로써 기존의 복잡한 농식품 유통 공급망 문제를 해결할 수 있다. 현재 신선농산물은 소비자에게 전달되기 위해 수백에서 수천 마일을 이동하여 도중에 신선도가 떨어지고 오염의 위험이 증가한다. 수직농업은 더 적은 위험으로 훨씬 더 신선한 농산물을 제공할 수 있다.

출처: Future Farming, 2020년 4월 20일자 기사 "Vertical farming sector struggles with costs."

* 〈Future Farming〉은 네덜란드의 농업분야 전문출판사인 MISSET이 발간하는 스마트농업 관련 잡지임.

Part 4
스마트팜 경영전략

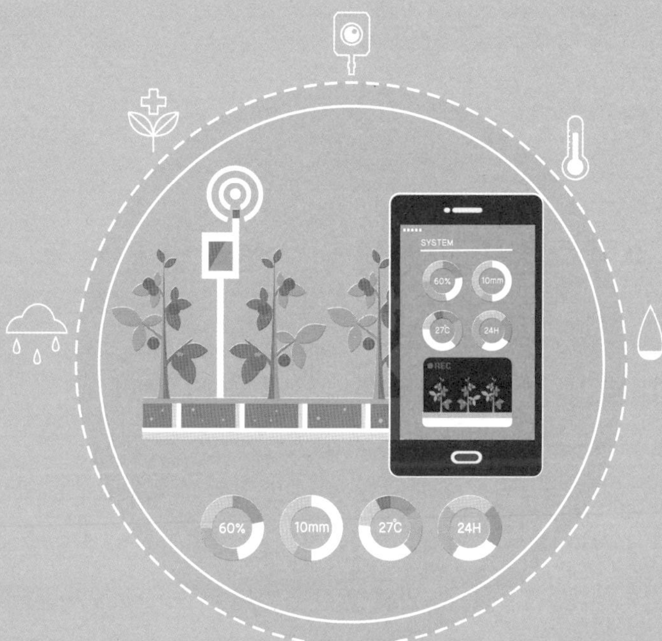

Chapter 12 스마트팜 정부지원제도

1 스마트팜 관련 정책 및 지원사업 현황

1.1 스마트팜 관련 정부정책 · 사업 추진 경과

우리나라의 스마트팜 지원사업은 2014년 이후 ICT를 접목한 농업의 스마트화사업 추진과 함께 본격적으로 시작되었다. 이에 앞서 오늘날 스마트 온실의 근간이 되는 시설원예농업의 발전을 가져온 주요 정부지원사업은 다음과 같다.

원예농업이 시설원예농업으로 발전한 것은 1968년 화훼 · 채소 품목의 '비닐하우스 설치사업'에서 시작되었으며, 2007년 한미 자유무역협정(FTA) 타결을 계기로 '비닐온실 현대화사업'을 10년간(2008~2017년) 5천억 원을 투입해 추진하면서 노후화된 비닐온실을 대상으로 온실 증축, 내재해성 강화, 측창 개폐기 등의 자동화기기 도입을 비롯한 원예시설 구조 개선과 운영 효율화를 지원하였다. 2009년부터는 '농업에너지이용 효율화사업'의 일환으로 시설원예농업시설에 다겹보온커튼, 지열냉난방설비와 같은 신재생에너지시설을 지원하기 시작하였다.

한편 2004년부터 2009년까지 지식경제부(현, 과학기술정보통신부) 주관으로 IT산업을 체계적으로 육성하기 위한 'IT 839전략'에 따라 농업분야도 '농수축산분야 u-IT 선도사업'을 실시해 25개 시험 모델을 운영하였다. 이는 2010년 농림수산식품부로 이관되어 농업 경쟁력 향상을 목표로 한 생산 정밀화 모델 개발이 본격화되었다. 시설원예분야에서는 토마토, 파프리카 품목 모델이 확산 가능한 수준으로 개발되었고, 축산분야에서는 양돈업의 사료 자동 급이시스템 등이 현장적용이 가능한 모델로 개발되었다.

우리나라가 ICT를 접목한 농업의 스마트화를 목표로 현재의 스마트팜 보급 · 확산 및 스마트 농업 관련 R&D를 위한 정책적 노력의 첫걸음을 디딘 것은 2014년부터라 할 수 있다.

2013년 농림축산식품부는 기존 시설의 증 · 개축 등 하드웨어 위주의 접근 방식에서 나아가 ICT를 접목한 농업의 스마트화를 추진하기 위한 '농식품 ICT 융복합 확산대책'을 마련하였다. 생산 · 유통 · 소비 등 부문별로 ICT 융복합 현황을 진단하여 스마트팜 보급, R&D, 산업생태계 조성 등 정책 기본 방향을 설정하고, '농림식품 과학기술 육성 중장기계획(2013~2022)'을 수립하여 스마트팜 보급 및 R&D의 추진근거를 마련하였다.

이에 따라 2014년부터는 과수, 채소, 화훼의 시설현대화사업과 연계한 ICT 기자재 보급, 2016년부터는 스마트 온실 신축 지원, 2017년부터는 스마트 원예단지 기반 조성사업의 연장선에서 확산사업을 추진해오고 있다.

정부는 과학기술과 농업의 융합을 국정목표로 농정목표와 R&D정책의 연계성 강화를 위한 전략을 마련하고 혁신성장 핵심 선도과제 중 하나로 '스마트팜 확산방안'을 마련하여 매년 사업을 확대하고 있다.

2018년 4월 관계부처 합동으로 발표한 '스마트팜 확산방안'에 따르면 정부는 농업에 4차 산업혁명 기술을 접목한 스마트팜을 유능한 청년 유입, 농업과 전후방산업의 투자를 끌어낼 수 있는 효과적 대안으로 인식하고 혁신성장 선도산업으로 선정하여 종합대책을 발표하였다. 기존의 농가 단위의 스마트팜 보급전략을 보완하여, 정책 대상을 청년 농업인, 전후방산업으로 확대하고 집적화된 확산거점을 조성하는 것이 핵심이다.

주요 추진과제로는 첫째, 청년들이 스마트팜에 도전하고 성장할 수 있는 생태계를 구축하는 것으로, 창업보육센터를 통해 실습 중심의 전문화 · 체계화된 장기교육을 제공하고, 적정 임대료만 내고도 스마트팜 창업이 가능하도록 지자체 농어촌공사 부지를 활용해 조성하며, 스마트팜 창업이나 규모 확대를 도모하는 청년들을 위해 농지 · 자금 지원체계 개선, 창업 안전망을 강화하는 것을 내용으로 하고 있다.

둘째, 스마트팜 실증단지를 중심으로 전후방산업 경쟁력을 강화하는 것으로, 기자재 · 식품 · 바이오 등 관련 기업 실증연구 및 제품화, 전시 · 체험 등을 위한 공간, 실증단지 중심으로 민관공동 R&D를 추진하며, 중동 · 중앙아시아 등에 스마트팜 플랜트 수출을 위한 '수출연구사업단'을 운영하고 주요국과 기술협력을 추진하고, 빅데이터 수집을 체계화하여 현장 체감형 서비스를 발굴 · 확산하고 ICT 기자재를 표준화하는 내용이다.

셋째, 조기 성과 창출을 위한 거점으로 '스마트팜 혁신밸리'의 조성이다. 스마트팜 혁신밸리는 스마트팜 집적화, 청년창업, 기술혁신(R&D), 판로개척기능이 집약되어 농업인 · 기업 · 연구기관 간 시너지를 창출하는 거점으로 육성될 예정이며, 스마트팜 단지(청년임대농장 포함), 창업보육센터, 실증단지로 구성하여 패키지 지원하는 것을 목표로 하고 있다.

1.2 스마트팜 관련 정부정책 최근 동향

스마트팜과 관련하여 정부가 추진 중인 정책사업은 크게 스마트팜 보급 · 확산을 위한 정책사업과 스마트팜 관련 기술개발에 대한 정책사업으로 구분할 수 있다.

(1) 스마트팜 보급 · 확산을 위한 정책사업 동향

정부는 스마트팜 보급 · 확산 관련 정책지원에 지속적으로 예산을 투입하고 있다. 스마트팜 지원사업의 대표사업은 'ICT 융복합 확산사업'으로 농림축산식품부는 시설원예농업의 스마트 온실, 축산업분야의 스마트 축사 확산 · 보급을 중점적으로 추진하고 있다. 스마트팜 보급에 투입된 정부자금규모는 2015년 215억 원에서 2018년 632억 원으로 3배 가까이 증액되었다.

시설원예분야는 채소 · 화훼류 등(육묘, 버섯, 인삼 · 약용채소) 자동화재배시설을 운영하는 농업인 · 농업법인 · 생산자단체를 대상으로 ICT 융복합 수출전문 스마트팜 온실 신축, 스마트팜 시설 보급 및 컨설팅을 지원하며, '시설원예현대화사업' 또는 '농업에너지이용 효율화사업'과 동시 추진도 가능하도록 하고 있다. 과수분야는 사과, 배, 감귤 등의 작물이 식재되어 있고 관수 등이 가능한 과수원(시설 · 노지)을 운영하는 농업경영체가 대상이며, 사업 예정지는 1,000m^2 이상으로 조직 단위로 신청한 농가, 수출농가 등을 우선지원 대상으로 하고 있다. 축산분야는 ICT 융복합시설 적용이 가능한 양돈, 양계, 낙농, 한우분야 농업경영체를 대상으로 하고 있다.

이와 같은 정부정책 추진성과로 시설채소를 중심으로 스마트 온실 등 시설원예 관련 스마트팜 보급면적은 크게 확대 추세에 있다. 2014년 이전까지 시설원예부문에서 스마트팜 도입면적은 405ha이었으나, 2017년에는 10배 이상 확대된 4,010ha, 2018년에는 4,900ha까지 늘어났으며, 2022년 7,000ha를 목표로 하고 있다. 이는 시설원예농업의 현대화된 온실면적(약 1만 500ha)의 약 70%에 해당한다.

| 표 12-1 | 스마트팜 보급사업 예산 및 성과

구분(누계)	2013년 이전	2014년	2015년	2016년	2017년	2018년	2019년 (목표)	2022년 (목표)
스마트 온실면적 (ha)	345	405	769	1,912	4,010	4,900	5,017	7,000
스마트 축사 보급 농가 수(호)	–	23	181	430	801	1,425	2,150	5,750
예산(백만 원)			21,555	42,360	59,275	63,256	111,858	

* 2014~2017년 사업명은 ICT 융복합 확산사업, 2018년 이후는 스마트 축사 확산사업임.
출처: 농림축산식품부 보도자료(2019년 9월 4일)를 재정리함.

2018년 4월 발표한 '스마트팜 확산방안'에서 제시된 '스마트팜 혁신밸리'는 청년창업–기술혁신(R&D)–판로개척기능을 집약시켜 농업인 · 기업 · 연구기관 간의 시너지가 창출되는 거점으로 현재 가장 역점을 두고 추진 중인 사업이라 할 수 있다.

2018년 8월과 2019년 3월 경북 상주시, 전북 김제시, 전남 고흥군, 경남 밀양시, 이상 총 4개의 지자체를 혁신밸리 후보지로 최종 선정하여 시설원예농업을 위한 스마트팜 혁신밸리를 구축하고 있다. 스마트팜 혁신밸리에서는 농업분야와 관련한 생산 · 유통 · 기술혁신기능을 두루 갖출 수 있도록 청년 창업보육센터와 실습농장, 임대형 스마트팜, 육묘장을 비롯해 온실 및 농업용 드론 등에 대한 다양한 기술개발과 실증이 가능한 실증단지가 2021년까지 조성될 예정이다. 농업인은 생산, 기업은 연구 · 개발을 담당하는 가운데, 특히 중소기업이 참여하여 개발한 기술 및 신제품을 향후 농촌에 널리 보급하는 방식으로 운영될 예정이다.

그림 12-1 | 스마트팜 혁신밸리 조감도 예시

출처: 관계부처 합동 '스마트팜 확산방안'(2018).

거점별로 특화된 중점 추진방향은 다음과 같다.

경북 혁신밸리(상주)는 농업인이 참여하는 수출전문단지를 조성하여 스마트팜 주력품목 수출 거점화를 추진하고, 로봇 · 자동화 특화 연구개발, 그리고 스타트업 캠퍼스 및 주거시설 · 문화거리 조성 등으로 청년 유입–성장–정착의 원스톱 지원 모델을 구축할 계획이다.

전북 혁신밸리(김제)는 농생명 연구개발 인프라(농진청–종자센터–식품클러스터)를 활용하여 기능성 작물에 대한 종자개발부터 기능성 식품에 이르는 제품화까지 연계할 수 있는 모델개발, 그리고 기존 노후 온실의 스마트팜 전환 및 IT 확산을 추진할 계획이다.

전남 혁신밸리(고흥)는 기후변화에 대응하여 아열대작물을 육성하고 수입 농산물을 대체할 수 있는 남방형 스마트팜 시설 구축 및 지역농업인과의 상생 모델을 마련할 계획이다.

경남 혁신밸리(밀양)는 지역에서 자체 개발한 육종 품목을 중심으로 품목 다변화를 위한 다양한 연구와 수출 및 에너지 비용절감, 기자재 국산화 등의 연구에 중점을 둘 계획이다.

한편 농림축산식품부는 스마트팜 혁신밸리사업의 일환으로 스마트팜 빅데이터 센터 건립, 스마트 농업정보 플랫폼 구축계획을 발표하기도 하였다. 스마트팜 빅데이터 센터에서는 농업에 빅데이터 플랫폼과 솔루션을 도입하여 본격적으로 빅데이터 중심의 스마트팜을 추진해나갈 계획이다. 이를 통해 스마트 농업 선도국가들과 비교해 부족했던 농업의 빅데이터 축적 및 활용분야에 경쟁력을 강화할 수 있을 것으로 보인다.

(2) 스마트팜 관련 기술개발에 대한 정책사업 동향

스마트팜 관련 기술개발 정책사업은 2014년부터 2018년까지 진행한 농촌진흥청의 '한국형 스마트팜 모델 개발'사업이 대표적이다. ICT 융합 기반의 생육 최적 환경제어 및 자동 측정기술 개발을 통한 시설농업의 생산성 향상과 에너지 및 경영비 절감을 목표로, 한국형 스마트팜 핵심 기반기술 개발, 동식물 생육 정밀관리기술 개발, 농업분야 사물인터넷 및 빅데이터 활용 모델 개발 등의 사업을 추진하였다. 농촌진흥청은 본 사업을 통해 129건의 특허출원과 41건의 기술이전 등의 성과를 거두었다. 현재 스마트팜 관련 기술의 정밀도 향상, 품질과 서비스의 안정성 확보, 적용 작목 확대 등을 위해 2세대 스마트팜 고도화 및 실증연구사업이 진행되고 있으며, 로봇 · 에너지 시설 연구 및 현재 스마트팜의 난방비 문제 해결을 위한 에너지 관련 연구를 포함한 3세대 스마트팜 개발사업을 추진하고 있다.

과학기술정보통신부는 2015년 10월 농림축산식품부와 농촌진흥청과 함께 국가신산업 창출을 위하여 한국과학기술연구원(KIST) 주관으로 '스마트팜 솔루션(SFS: Smart Farm Solution) 융합연구단'을 출범시켰다. '스마트팜 솔루션(SFS) 융합연구단'사업은 선진국 성능 대비 저가의 표준 기반 국산시스템 개발을 목표로 2015년부터 2018년까지 총 276억 원을 투자하여 한국형 복합환경제어시스템, 스마트팜 생산성 향상시스템, 스마트팜 정보성 활용시스템 등의 개발과 스마트팜 경제성 확보 등의 사업을 추진하였다. 그 결과 현장에 즉시 적용 가능한 총 16개의 기술성과를 거두었다.

농림축산식품부, 농촌진흥청, 과학기술정보통신부가 2021년부터 2027년까지 국고 3,333억 원, 민자 534억 원 등 총 3,867억 원을 투자하여 추진할 예정인 '스마트팜 다부처 패키지 혁신기술개발'사업은 스마트팜 융합 · 원천기술 개발 · 확산을 통한 지속가능한 농축산업 구현 및 글로벌산업 경쟁력을 제고한다는 목표하에 ① 스마트팜 실증 고도화 연구, ② 차세대 융합 · 원천기술 연구 등 2개 내역사업에 10개 전략과제, 35개 추진과제에 대한 연구를 수행할 계획이다. 본 사업의 경우 농림축산식품부에서는 즉시 적용 가능한 스마트팜의 표준화 · 사업화 등을 위한 상용화기술 개발을, 농촌진흥청에서는 스마트팜의 고도화를 위한 핵심기술 개발을, 과학기술정보통신부는 차세대 미래스마트팜 기술개발을 추진하는 등 기존에 각 부처에서 추진하고 있던 스마트팜 관련 기술개발사업을 통합하고 부처 간 역할을 분담해 연계 · 협력하여 진행해나간다는 점이 특징이다.

2대 내역사업 중 첫째, '스마트팜 실증 고도화 연구'사업은 스마트팜 핵심기술 고도화, 다양한 기술의 통합 및 실증을 통한 대상 작물 및 축종 확대 등 현장 맞춤형 솔루션 최적화를 주요 내용으로 한다. 둘째, '차세대 융합 · 원천기술 연구'사업은 지능정보기술+로봇+그린에너지기술 등이 융합된 차세대 스마트팜 원천기술과 완전 무인 · 자동화를 지향하는 글로벌 K-Farm 모델 확립을 주요 내용으로 한다.

이를 통해 농업 편의성 제고를 넘어 데이터 기반의 지능형 의사결정을 통해 저투입 · 고효율의 안정적 농축산물 생산이 가능한 스마트팜 구현을 목표로 하고 있다.

| 표 12-2 | 스마트팜 다부처 패키지 혁신기술개발 사업과제 리스트

2대 내역사업 (분야)		10대 전략과제	35개 추진과제
I. 스마트팜 실증 및 고도화 연구사업	Plant	1. 고생산성 디지털 재배관리기술 개발	디지털 재배관리를 위한 생육 모델 및 의사결정 SW 개발
			작물 생육 및 생체정보 측정/진단기술 개발
			고생산성 온실환경 모니터링 및 조절기술 개발
			스마트 온실 병해충 종합관리기술 개발
			순환식 수경재배 양수분 최적관리기술
		2. 현장 맞춤형 스마트팜 최적화기술 개발	2세대 스마트 온실 모델 품목별 실증 및 최적화
			3세대 스마트온실 모델 품목별 국내외 실증 및 K-FARM 최적화
			농작업 및 생산이력관리기술 개발
	Animal	3. 고생산성 정밀가축 관리기술 개발	가축 개체별 경제형질 정밀 측정 및 관리기술
			가축 생체정보 활용 개체별 건강관리기술
			가축 개체별 사양관리 자동화기술
			가축 성장/생산 예측 모델 및 관리기술
		4. 스마트 축사 지능형 복합환경관리기술 개발	축사 복합환경 멀티 센싱 및 진단기술
			지능형 축사 환경 동적 제어기술
			현장 맞춤 지능형 축산 냄새제어기술
			가축분뇨 공정 자동화 및 처리기술
		5. 스마트 축산 K-FARM 표준 모델 최적화기술 개발	스마트축사 표준 플랫폼기술
			2세대 스마트 축사 실증 및 최적화
			무인 자율형 스마트 축산 K-FARM 실증 및 모델 팜 구축

II. 차세대 융합 · 원천기술 연구사업	Plant	6. 완전자율형 스마트 온실 통합제어 플랫폼 개발	인공지능기반 스마트 온실 통합제어 플랫폼 개발
			인공지능 네트워크 기반 자율형 생산환경 관리지원 플랫폼 개발
		7. 로봇 기반 무인 자동화기술	스마트팜 다중센싱봇 개발
			(인공)지능형 농작업 로봇 개발
			무인 자동화 차세대 생산시스템 개발
			수확-출하 전 과정 자동화시스템 개발 및 실증
		8. 신재생 에너지 100% 순환 및 이용기술	신재생 기반 다중 생산(전력-열-CO_2)기술 개발
			신재생 에너지 자원 순환형 복합 에너지 저장 이용기술 개발
			ZERO 배출 스마트팜 친환경 공조기술 개발
			스마트 온실 에너지-자원 모니터링 및 시뮬레이터 개발
			고효율 맞춤형 스마트 온실 냉난방 패키지 개발
	Animal	9. 무인 자율형 스마트 축산 K-FARM 통합 솔루션 개발	수의로봇 연계 가축 질병 실시간 예찰 및 원격진단기술
			가축 생애주기관리 스마트 인공지능 플랫폼기술
			축산 생력 자동화 로봇기술
		10. 에너지/자원 완전 순환형 축산 모델 개발	가축분뇨 및 부산물 활용 차세대 에너지원 개발
			축산 자원 완전 순환형 플랫폼 개발

출처: 농림축산식품부 · 농촌진흥청 · 과학기술정보통신부 보도자료(2019년 10월 29일)를 재정리함.

한편 농림축산식품부는 기존의 스마트팜 보급 · 확산정책이 시설원예 및 축산분야에 집중되어 있는바 노지부문의 스마트 농업 기술개발을 위하여 2019년 10월 지자체 단위로 생산자단체, 농기계 관련 기업, 공공기관 등을 참여자로 한 '노지 스마트 농업 시범사업'을 2020년부터 2022년까지 추진해 나갈 것이라고 발표하였다.

본 사업은 규모화된 농경지에 IoT, ICT장비 및 첨단 농작업 기계를 접목하여 기상 · 작황 · 농작업 정보를 수집 · 활용할 수 있는 데이터 영농을 구현하는 것을 목적으로 한다. 이를 통해 노지에서 발생하는 각종 데이터를 수집 · 분석, 활용할 수 있는 기반을 마련하고, 과학적인 생산계획 및 관측 · 수급관리가 가능하도록 주요 품목의 작황 파악, 수급 예측 등 관련 기술의 개발을 촉진할 계획이다.

2 주요 정부지원사업 및 제도 소개

2.1 스마트팜 ICT 융복합 확산사업

'스마트팜 ICT 융복합 확산'사업은 시설원예분야의 ICT 융복합된 스마트팜 시설보급 및 컨설팅을 지원하는 정부지원사업으로, 채소 · 화훼류 · 특용작물(버섯, 인삼, 약용채소) 자동화 재배시설을 운영하는 농업인 · 농업법인 · 생산자단체는 누구나 사업 대상자가 될 수 있다.

사업자별 사업계획 확정결과에 따라 ICT 융복합 시설장비 및 정보시스템(센서장비, 영상장비, 제어장비, 정보시스템 등)에 대한 보조 · 융자지원이 이루어진다.

사업비 상한액은 2억 원이며(총사업비 기준 1백만 원 미만 사업은 지원에서 제외), 표준사업비는 0.33ha(1,000평) 기준 복합환경관리 2천만 원, 단순환경관리 7백만 원이다. 국고보조금 30%, 지방비 30%로 총 60%가 지원되며 자부담 40%는 본인 부담이다.

「농어업경영체 육성 및 지원에 관한 법률」 제4조에 따라 농업경영정보를 등록한 농업인 · 농업법인 · 생산자단체인 경우 지원이 가능하며, 사업신청은 사업예정지 관할 시 · 군의 농정과에서 신청하면 된다.

지원사업에 신청하기 위해서는 우선지원 대상 자격이 되기 위한 가점 항목, 자금사용용도의 동시지원 가능 여부 등 상세내용에 대해 파악하여 숙지한 후 농림축산식품부의 사업신청서 및 사업계획서 서식을 작성하여 사업추진절차와 시기에 맞게 신청하여야 하므로 아래의 사업 상세내용을 필히 확인하기 바란다(2020년 사업시행지침서 기준).

단, 사업의 상세내용 및 추진절차는 해마다 일부내용이 변경될 수 있으므로 '농림사업정보시스템' AGRIX 홈페이지(https://uni.agrix.go.kr/)에서 농식품사업 시행지침서를 참조하거나 해당 시 · 군 담당과의 담당자에게 문의하는 것이 바람직하다.

(1) 사업 대상자

- 채소 · 화훼 · 특용작물*(육묘장 포함)을 재배하고 있는 농업인 · 농업법인 · 생산자단체

  * 특용작물: 버섯, 인삼, 약용채소

  – 농업인: 「농어업 · 농어촌 및 식품산업 기본법」 제3조 제2호

  – 농업법인: 「농어업경영체 육성 및 지원에 관한 법률」 제2조 제2호

  * 「농림축산식품분야 재정사업관리 기본규정」 제35조 충족 영농조합법인 · 농업회사법인(단, 시 · 군이 대출 취급기관을 통해 대출 가능 여부 등 확인 후 보조사업 추진이 가능하다고 판단하는 경우 지원 가능)

- 생산자단체: 「농어업 · 농어촌 및 식품산업 기본법」 제3조 제4호
  - * 5인 이상이 결성한 법인격 있는 전문생산자조직과 농림사업을 실시할 목적으로 결성된 농업인등의 공동조직(법인 · 비법인 모두 포함)

(2) 지원자격 및 요건

- 채소 · 화훼 · 특용작물을 재배하고 있는 농업인 · 농업법인 · 생산자단체
  - 고정식*이며 자동화된 재배시설에서 채소 · 화훼 · 특용작물을 재배하며, 「농어업경영체 육성 및 지원에 관한 법률」 제4조에 따라 농업경영정보를 등록
    - * 고정식 시설이 아닌 경우 지자체(시 · 군)에서 동 사업으로 지원되는 시설에 대한 사후관리대책(철거 · 보관 · 재설치계획 등)을 수립하고, 철저한 이행을 담보할 시 지원 가능
- 시장 · 군수 · 자치구청장(이하 '시장 · 군수'라 함)은 다음의 경우 지원자격 · 요건을 충족하고 지원제외 대상자가 아닐 시 최우선 지원
  - 노후화된 온실 개보수(시설원예현대화사업)와 동시에 추진하는 경우
  - 태풍 · 화재 등 재해 피해 농업인 · 농업법인(시장 · 군수 종합검토 필요)
  - 화훼류 중 신수출전략품목* 재배 농업인 · 농업법인(화훼류 재배농가에 한함)
    - * 수국, 프리지아, 알스트로메리아, 칼라, 심비디움, 춘란, 호접란, 선인장(다육식물 포함), 스타티스, 리시안서스, 거베라 등 11개 품목
- 시장 · 군수는 종합적으로 판단하여 다음의 경우 평가 시 가점 부여(중복적용 가능)
  - 의무자조금을 납부하는 농업인 · 농업법인(의무자조금단체 결성품목)

- 농작물재해보험(원예시설) 가입
- 「원예 · 특작시설 내재해 설계기준 및 내재해형 시설규격의 등록 등에 관한 규정」에 따른 규격 시설
- GAP 농산물 및 친환경농산물, 저탄소농축산물 인증농가
- 밭작물공동경영체육성지원사업 참여
- 지역 푸드플랜 참여(또는 참여 약정) 또는 노후온실단지 기반조성사업 참여

〈 지원제외 대상자 〉

- 「보조금법」 제31조의2에 따라 보조사업의 수행배제된 자 또는 「농림축산식품분야 재정사업관리 기본규정」 제79조에 따라 농식품사업자금의 지원제한 기간 중에 있는 자
- 「농림축산식품분야 재정사업관리 기본규정」 제79조에 따른 지원제한을 3회 이상 받은 자
- 대출금 또는 보조금의 부정수급으로 인해 형사처벌을 받은 자
- 「농림축산식품분야 재정사업관리 기본규정」 제63조에 따른 집행잔액 등 반납금, 제77조 제2항에 따른 중요재산 처분기준에 따른 환수금, 제78조 제4항에 따른 부정수급 등으로 인한 환수금 또는 회수금, 제85조 제1항에 따른 제재부가금 및 가산금의 전부를 납부하지 아니한 자
- 생산자단체 중 소비자 판매 등 농업인과 직접적으로 생산이 경합되는 시설을 운영하는 조합공동사업법인 · 품목조합연합회 등
- 사업신청서 · 계획서와 경영체등록정보가 일치하지 않는 자(2021년부터 적용)
  - 대상정보: 농업인정보, 농지정보(농지주소, 농지면적), 품목정보(재배품목, 재배면적), 시설정보

(3) 지원 대상 및 자금사용 용도

- 시설원예분야 ICT 융복합 시설장비 및 정보시스템
  - 센서장비: 외부 온도 · 풍속 · 감우 · 조도 등과 시설 내부 온습도, CO_2, 토양수분, 배지수분, 양액 EC/pH 모니터링을 위한 센서장비
  - 영상장비: 영상모니터링장비 등
  - 제어장비: 환풍기, 천창, 측창, 차광커튼, 보온커튼, 광량, CO_2, 양액재배시설 등을 제어하기 위한 장비
    * ICT 기반구축 시설 · 장비(시설원예현대화사업 지원 대상)와 제어장비 동시 설치지원 가능(동시 설치 시에 한해 ICT 융복합 확산사업으로 신청 가능)
  - 정보시스템: 온실 내 센싱, 제어정보의 모니터링, 제어 및 분석시스템, 화재경보기(ICT 융복합장비 설치 시 추가지원 가능)
    * 정보시스템을 통한 ICT 융복합 시설관리 및 생산 · 경영관리는 필수
    * 센서와 제어장비 설치 시에는 스마트 온실을 위한 센서 인터페이스 표준(KS X 3266, 2018)과 구동기 인터페이스 표준(KS X 3265, 2018)을 따라야 함
- 사업자별 사업계획 확정결과에 따라 ICT 융복합시설에 대한 보조지원
  * 농가별 사업계획은 사전 컨설팅 결과를 반영하여야 하며, 사업을 수행하는 물품납품 또는 공사시공업체는 농식품부(전담기관)의 규격 및 서비스 기준을 충족하여야 함

(4) 지원형태

- 국고재원: 자유무역협정이행지원기금(FTA기금)
- 지원형태: 국고보조 30%, 지방비 30%, 자부담 40%

– 지방비 분담 비율은 시 · 도가 30%, 시 · 군이 70%씩 부담함을 원칙으로 하되, 재정여건에 따라 별도 협의하여 편성 가능

* 컨설팅: 국고보조 80%, 자부담 20%

- 사업시행기관: 시장 · 군수
- 사업신청농가의 주소지와 사업예정지가 행정구역상 시 · 군을 달리할 경우 농가의 주소지 또는 사업예정지 관할 시 · 군에 신청

  * 해당 시 · 군으로부터 지방비 확보 및 지원 가능성 사전 확인

(5) 지원한도액 기준 및 범위

- 사업비 상한액: 2억 원(총사업비 기준 1백만 원 미만 사업지원 제외)

  * ICT 기반구축을 위한 시설 · 장비(시설원예현대화사업 지원 대상)와 제어장비를 동시에 지원하는 경우에는 미적용

  * 표준사업비(0.33ha 기준): 복합환경관리 2천만 원, 단순환경관리 7백만 원

  * 사업집행 시 실 단가를 적용하되, 사업시행기관장 책임하에 철저한 검토 · 확인(사업비 산출근거, 견적서, 원가계산서, 타 지자체 사례 등)을 거쳐 집행

(6) 사업절차

① 예비신청

– 사업예정지 관할 시 · 군의 농정과에서 예비신청

② 컨설팅

– 컨설턴트가 직접 사업예정지를 방문하여 사전 컨설팅 시행 및 사업신청서 · 사업계획서 작성 지원(전년도 3~8월)

* 컨설팅비용은 전담기관(농림수산식품교육문화정보원)에서 80% 지원

③ 사업신청

- 컨설팅 결과 사업 대상자로 적합하다고 검증이 되면 사업신청
- 컨설팅 결과를 반영해 사업신청서 및 사업계획서 작성 후 시 · 군에 제출(전년도 3~8월)

④ 최종선정

- 예비사업자 선정(전년도 9월)
- 최종사업자 선정(전년도 12월)

⑤ 사업추진

- ICT장비 공급업체와 계약하여 사업 착수 및 시 · 군에 사업비(국고보조, 지방비) 배정 · 교부를 요청(당해년도 연중)

2.2 스마트팜 종합자금

'스마트팜 종합자금'은 스마트팜 영농에 특화하여 2017년 농림축산식품부와 NH농협은행이 출시한 농업정책자금 대출상품으로 원예 · 축산분야 재배 · 생산사업자로서 사업성과 기술력이 우수하고 스마트팜 시설 설치를 희망하거나 기 설치 농업인 · 농업법인이 대상이다.

영농교육 이수 인정요건 충족 및 사업타당성 등을 평가하여 스마트팜 시설자금, 개보수자금, 운전자금에 대하여 최대 50억 원까지 대출이 가능하며, 각각에 대한 대출금액과 금리, 상환조건은 상이하다.

2018년 4월부터는 고령화에 대응한 핵심 미래농 육성을 위하여 젊은 신규 인력의 농업분야 유인에 특화한 '청년농업인 스마트팜 종합자금' 상품을 신설하였다. 기존의 재무평가 30%, 비재무평가 70% 반영 비율을 재무평가 생략 후 비재무평가(경영관리, 가능성 등) 100%로 개선하여 담보력이 부족한 청년에 대해서는 가능성 위주로 대출 심사를 하고 있다. 특히 10억 원 미만

의 시설자금에 대해서는 자부담 없이 100% 대출 가능하며, 농업 경력, 관련 자격증 여부, 전문 컨설턴트 평가를 통해 사업의 지속가능성, 성공 가능성, 사업계획 충실도를 중점적으로 심사함으로써 청년농부의 활발한 진입을 촉진하는 역할을 하고 있다.

'청년농업인 스마트팜 종합자금'의 지원 대상은 농업계 고등학교 졸업자 또는 대학의 농업 관련학과 졸업자, 정부지원 '스마트팜 청년창업 보육센터' 교육 이수자에 해당하는 만 40세 미만 청년 농업인으로 생애 최초로 스마트팜 설치를 희망 시 시설자금, 개보수자금, 운전자금 대출을 실시하고 있다. 각각에 대한 대출금리, 상환조건은 상이하며 대출한도는 최대 30억 원까지 가능하다.

보다 상세한 내용은 아래(2020년 8월 기준)를 참고하기 바라며 금리 등 대출조건, 심사기준 등은 수시로 변경 가능하므로 NH농협은행 지점에 문의하는 것이 바람직하다.

(1) 대출 대상

- 원예 · 축산분야 재배 · 생산사업자로서 사업성과 기술력이 우수하고 스마트팜 시설 설치를 희망하거나 기 설치 농업인 · 농업법인 중 다음 각 호에 모두 해당하는 자(단, 농업 생산과 관련 없는 일반법인이 출자한 농업법인은 제외)
  - 영농교육을 이수하고, 해당 분야에 경력이 있는 농업인 · 농업법인
  - 사업타당성과 자부담 능력이 있는 농업인 · 농업법인

(2) 심사기준

- 영농교육 이수 인정 요건

- 판단기준: 농업 관련 정규대학 졸업자 또는 중앙본부에서 인정한 기관*에서 최근 5년간 300시간 이상 교육 이수자. 단, 해당 영농 관련 경력 5년 이상인 경우 150시간 이상(유사품목** 포함)
  - * 농촌진흥청, 산림청, 농식품공무원교육원, 한국농수산대학, 한국농어촌공사, 한국농수산식품유통공사, 농림수산식품교육문화정보원, NH농협, 도 농업기술원, 특 · 광역시 농업기술센터, 시 · 군 농업기술센터, 한국벤처농업대학 등 교육과정 및 내용을 검토하여 인정 여부 판단
  - ** 유사품목 여부는 NH농협은행 농식품금융부 전문컨설턴트가 판단하여 결정
- 증빙서류: 학교 졸업증명서, 교육이수증

● 영농경험
- 판단기준: 해당 분야* 유경험자
  - * 해당 분야 여부는 NH농협은행 농식품금융부 전문컨설턴트가 판단하여 결정
- 증빙서류: 경력증명서, 현장 실습사진 등

● 사업타당성
- 판단기준: 사업계획, 투자타당성, 설계도 및 시방서, 기계설비 사양, 열계수 검토, 작물재배 매뉴얼, 자부담 능력 등
  - * 운전자금 대출은 사업타당성 심사 제외
- 증빙서류: 본부 컨설팅보고서

(3) 자금 용도

● 시설자금: 원예 · 축산분야 재배 · 생산을 위한 스마트팜 시설 및 기존 시설물 구입에 소요되는 자금

- 개보수자금: 기존 시설의 개수 · 보완 또는 기계 · 장비 구입에 소요되는 자금
- 운전자금: 사업운영에 소요되는 자금

(4) 대출 한도

- 50억 원 이내

(5) 대출조건

- 시설자금
  - 대출금리: 고정 연 1.0% 또는 변동금리
  - 대출금액: 총사업비의 90% 이내
  - 상환조건: 5년 거치 10년 원금균등상환(총 15년)
- 개보수자금
  - 대출금리: 고정 연 1.0% 또는 변동금리
  - 대출금액: 총사업비의 90% 이내
  - 상환조건: 대출금액별로 2~3년 거치, 3~7년 원금균등상환
- 운전자금
  - 대출금리: 고정 연 1.5% 또는 변동금리
  - 대출금액: 1회전 운전자금 이내
  - 상환조건: 2년 이내 일시상환

2.3 청년농업인 스마트팜 종합자금

(1) 대출 대상

- 생애 최초로 스마트팜 설치를 희망하는 만 40세 미만 청년 농업인 중 다음 각 호에 해당하는 개인
  - 농업계 고등학교 또는 대학의 농업 관련학과를 졸업한 자
  - 정부가 지정한 '스마트팜 청년창업 보육센터' 교육 이수자

(2) 심사기준

- 자격기준
  - 농업계 학교 졸업자(증빙서류: 학교 졸업증명서)
  - 스마트팜 청년창업 보육센터(증빙서류: 교육이수증)

(3) 자금 용도

- 시설자금: 원예 · 축산분야 재배 · 생산을 위한 스마트팜 시설 및 기존 시설물 구입에 소요되는 자금
- 개보수자금: 기존 시설의 개수 · 보완 또는 기계 · 장비 구입에 소요되는 자금
- 운전자금: 사업운영에 소요되는 자금

  * 단, 시설자금을 지원받은 농가는 최종 기성고 대출지급일로부터 2년 이내인 경우에 한하여 개보수 및 운전자금 지원

(4) 대출 한도

- 30억 원 이내

(5) 대출조건

- 시설자금
  - 대출금리: 고정 연 1.0%
  - 대출금액: 총사업비의 90% 이내(단, 총사업비 10억 원 이하는 100% 이내)
  - 상환조건: 5년 거치 10년 원금균등상환(총 15년)
- 개보수자금
  - 대출금리: 고정 연 1.0%
  - 대출금액: 총사업비의 90% 이내
  - 상환조건: 대출금액별로 2~3년 거치, 3~7년 원금균등상환
- 운전자금
  - 대출금리: 고정 연 1.5% 또는 변동금리
  - 대출금액: 1회전 운전자금 이내
  - 상환조건: 2년 이내 일시상환

Chapter 13 스마트팜 사업계획 수립

1 스마트팜 사업계획 수립의 필요성과 절차

1.1 사업계획서의 의의와 필요성

일반적인 농업경영체에 있어 스마트팜 도입에 따른 투자비용 부담은 결코 적은 규모가 아니다. 스마트팜 도입을 결정하기 위해서는 높은 투자비용을 부담하기 위한 자금조달계획에 대한 검토와 함께 투자회수기간 동안 재배희망작물의 생산, 유통, 수익 등과 관련한 면밀한 검토를 통해 안정적인 농업경영에 대한 확신이 필요하다.

사업계획서는 사업운영에 필요한 제반 사항을 담은 내용으로 사업을 위해 작성하는 공식적인 기록이며, 사업목표를 달성하는 데 필요한 핵심내용을 일목요연하게 정리한 문서이다. 농업경영체는 스마트팜 도입에 앞서 사업계획을 수립함으로써 스마트팜 도입의 목표를 명확히 하고 목표를 달성하기 위한 체계적이고 구체적인 방법들에 대하여 정리하는 과정이 반드시 필요하다.

사업계획서를 작성하는 목적은 사업을 추진하는 주체의 내부적인 측면과 외부적인 측면으로 크게 나눌 수 있다.

내부적인 목적은 경영체 스스로 사업계획의 타당성 및 사업성에 대하여 자기확신을 갖도록 하는 데 있으며, 계획서를 통해 사업의 방향성을 명확히 하여 추진하려는 사업의 가치와 내용을 보다 효율적이고 체계적으로 분석하고 평가할 수 있다는 데 있다. 또한 사업에 대한 준비 및 향후 사업활동을 보다 체계적이고 구체적으로 실행하기 위해서는 사업계획을 수립하는 것이 필수적이다. 이를 통해 경영체는 목표와 이를 달성하기 위한 방법과 절차를 현실적으로 준비할 수 있다.

외부적인 목적으로는 자금조달을 위한 기관 제출용, 사업인 허가용, 기술평가용, 전략적 제휴를 위한 사업설명 용도 등이 있을 수 있다. 농림축산식품부의 '스마트팜 ICT 융복합 확산' 사업신청을 위한 사업계획서가 대표적이며, 기관에서의 사업자 선정을 위한 기초사항들을 담은 간소화된 서식이 제공된다.

이 책에서는 실제 농업경영체가 스마트팜 도입 및 사업운영을 위해 검토해야 할 제반사항들을 담은 내부적인 목적의 사업계획 수립절차에 대해 알아보고자 한다.

1.2 스마트팜 사업계획서의 작성절차

일반적으로 사업계획서는 사업목적(Why?), 사업 대상(What?), 사업경영(How?)의 내용을 담아 작성한다. 반드시 정해진 목차가 있는 것은 아니며 속한 산업의 특성, 사업계획서 작성의 목적, 경영체가 처한 상황 등을 고려하여 유연하게 구성하면 된다. 다만 남에게 보이기 위한 형식적인 면보다는 내가 실제로 사업에 대한 준비 및 향후 실제로 사업활동을 실행함에 있어 검토가 필요한 사항들에 대해 누락된 것은 없는지 이해하면서 작성하면 활용도 높은 사업계획서가 될 수 있을 것이다.

스마트팜 사업계획 수립을 위한 사업계획서의 일반적인 목차 구성 예시는 다음과 같다.

(1) 사업 개요 및 목적

- 사업 개요
- 사업목적
- 기대효과(기술적 파급효과, 경제적 파급효과 등)

(2) 대상지 현황

- 기상 · 기후분석
  - 기온, 강수량, 일조시간, 풍속 등
- 토양분석

(3) 작물 현황

재배 희망 작물 후보에 대한 특성 및 동향분석을 통해 작물을 선정한다.

- 일반 현황
  - 생육조건, 주요 품종 및 인기 품종 특성, 재배작형 등
- 생산동향
  - 재배면적, 생산량, 재배동향 등
- 가격동향
  - 최근 5개년 월별 가격추이, 유형별 도매가격 변화 등

(4) 스마트팜 구축전략

- 시설 및 기기 · 장치의 구성
- 농장 레이아웃
- 시설 설치
- 센서 배치 및 운용
- 기타 기기 · 장치

(5) 유통 마케팅전략

- 유통동향
  - 수확 · 선별, 출하, 유통경로, 유통비용분석 등
- 유통전략 수립
  - 해당 지역 내 재배 희망 작물 생산 및 소비 현황
  - 해당 작물 수출동향
  - 유통전략: 경쟁력요소, 타깃, 포지셔닝, 유통채널 구축 등
  - 판매계획: 2~3개 대안 도출 후 시뮬레이션을 통한 최적안 선정(5개년 판매계획 수립)

(6) 재무계획

- 투자계획
  - 투자비용 산출, 투자재원 조달방안 등
- 비용계획
  - 경영비(생산비용), 금융비용, 기타관리비 등
- 손익계획

– 5개년 재무제표, 필요운영자금, 손익분기점 등

2 스마트팜 사업계획 수립: 사업목적(Why?)

2.1 사업 개요 및 목적

사업 추진에 대한 전반적인 내용을 기술한다. 스마트팜 도입 배경과 목적, 특징을 설명하고 이를 통해 달성하고자 하는 기술적 파급효과, 경제적 파급효과 등의 가치에 대한 내용을 기술한다.

예시 I 사업 개요 및 목적[1]

1. 사업 개요

- 전통적인 생산위주의 농업에서 탈피하여 ○○지역에 적합한 소득작목 발굴과 IoT, ICT 기반 첨단농업의 접목, 체험, 가공, 관광을 연계한 농업 6차산업의 성공 모델 실현을 통한 지역경제 활성화가 요구됨.
- 이에 ICT기술을 접목하여 적은 노동력으로도 연중 작물재배가 가능한 스마트팜을 통해 고품질의 △△을 생산하고 안정적 판로 확보를 위해 신규 소비처 발굴 및 가공, 체험과 연계한 스마트팜 체험농장을 운영함으로써 안정적이고 지속적인 수익을 창출하고자 함.

2. 사업목적

- 첨단기술 적용 생산 농산물의 부가가치 향상과 지역경제 활성화
- 국내외 판로개척을 통한 안정적 소비와 농가소득 확보

1 이하 각 절의 예시는 해당 항목의 기술 사례로 각각의 내용은 서로 다른 사례로부터 참고하여 가공하였으며, 데이터 및 자료의 인용 또는 활용은 불가함.

3. 기대효과

가. 기술적 파급효과

- 기후온난화에 따른 재배적지 북상에 대한 대응전략으로 지속적인 연구개발을 통해 ○○지역의 재배작물 다양화를 실현하는 지속가능 농업을 기대할 수 있음.
- 고품질 △△작물의 ○○지역 특산화를 위한 연중 생산기술 개발 및 작부체계 확립
- 생산성 향상을 위한 고온기 및 저온기 에너지 절감을 위한 국부냉난방기술 개발

나. 경제적 파급효과

- △△의 주 생산 시기는 12월~5월이며 6월부터 11월까지는 주로 수입에 의존하여 쥬스, 제빵 등 가공용으로 소비됨. 이에 ○○지역에서 소비하는 수입농산물을 국산농산물로 대체할 수 있음.
- △△는 최근 수도권을 중심으로 농장체험 수요가 증가함에 따라 장기적으로 ○○지역 특산품으로 육성 가능하며, 수도권 소비자들의 가족단위 방문 증가가 예상됨.

3 스마트팜 사업계획 수립: 사업 대상(What?)

3.1 대상지 현황

일반적인 창업 사업계획서와는 달리 스마트팜 사업계획 수립에 있어 스마트팜이 도입될 부지에 대한 대상지분석은 필수적이다. 스마트팜기술을 통해 인위적으로 작물의 생육환경을 최적조건으로 제어하고 관리하더라도 해당 지역의 온도, 습도, 광조건, 토양 및 수질 특성에 따라서 투입되는 에너지비

용과 추가적으로 요구되는 기기 · 장비에 차이가 발생할 수밖에 없기 때문이다. 따라서 스마트팜 경영의 경제성과 사업성을 판단하기 위해서는 비록 사업계획서에 세부적인 내용은 포함시키지 않을지라도 기온, 강수량, 일조시간, 풍속 등의 기상 · 기후분석 및 부지의 토양분석을 통해 희망작물의 재배적합성 여부를 판단하는 과정이 필요하다.

대상지의 환경조건과 효과적인 스마트팜 운영과의 관계를 보다 구체적으로 살펴보면 다음과 같다.

작물은 빛으로부터 에너지를 공급받아 동화산물을 합성하고 각종 대사작용에 필요한 물질을 생산하므로 광환경은 작물의 생육을 좌우하는 중요한 환경요인이다. 대상지의 광환경이 불량할 경우 작물생육에 있어 생육부진과 여러 가지 생리장해가 나타나기 때문에 경제적이고 작물생육에 효과적인 스마트팜 시설의 설치 및 이용이 중요하다.

대상지의 기온 또한 효과적인 스마트팜 운영전략 수립을 위해 파악해야 할 중요 환경요인이다. 작물의 생육단계와 작물의 종류에 따라 생육 가능한 온도 범위가 다를 뿐 아니라 생육이 가장 왕성한 최적온도도 주야간별로 다르기 때문이다. 따라서 저온 또는 고온장해를 일으키지 않기 위해서는 한계온도를 벗어나지 않도록 스마트팜 운영전략을 수립하는 것이 중요하다.

스마트팜을 통해 노동력 절감, 시비량 절감, 염류장해 및 환경오염 경감의 효과를 기대하기 위해서는 토양이 가지고 있는 기존의 양분과 완충능을 활용하면서 작물의 양 · 수분 요구량 특성에 맞춰 적기적시에 공급하는 관비재배가 효과적이다. 이때 관비재배의 효과를 높이기 위해서는 토양의 pH를 약산성(5.5~6.5)으로 조정, 토양 투수성(물빠짐) 확인, 성분별 시비량 결정을 위하여 토양분석을 실시하는 과정이 필요하다. 재배지역의 토양뿐만 아니라 수질 또한 중요하다. 일부 지역에서는 물에 의해 관비효과가 현저히 저하되고 비료성분의 침전에 의해 점적기와 여과기를 막히게 할 수 있기 때문이다. 가령 칼슘이나 중탄산염을 많이 함유한 물은 황산염 비료를 사용할 때 석고

($CaSO_4$) 침전물이 생기고, 요소비료를 사용할 때 탄산칼슘($CaCO_3$) 침전물이 생길 수 있다.

참고로 대상지의 토양시료를 채취하여 토양분석 및 비료사용 처방을 신청하는 방법을 알고 있으면 도움이 된다.

- 국립농업과학원의 흙토람 홈페이지(http://soil.rda.go.kr)를 참조하여 가까운 시·군 농업기술센터를 방문하여 채취한 시료의 토양검정을 신청한다. 토양검정은 신청 후 비료사용처방서 발급까지 약 15일 정도 소요되므로 작물재배 전에 미리 신청하는 것이 좋다. 이때 지금까지의 재배이력이나 특이사항을 알려주면 토양 분석결과와 비료사용처방서를 해석하는 데 도움이 된다.
- 농업기술센터에서는 토양을 풍건하여 체로 치고, 균일하게 섞어 토양 화학성을 분석한다. 분석 항목은 토양 pH, 전기전도도(EC), 유기물(OM), 유효인산, 치환성 칼륨(K), 치환성 칼슘(Ca), 치환성 마그네슘(Mg), 유효규산, 석회소요량 등이다.
- 농업기술센터에서는 토양검정을 마친 다음 분석결과를 흙토람에 입력하여 비료사용처방서를 발급한다. 비료사용처방서에는 농경지 양분상태에 맞춰 질소·인산·칼리질 비료사용량, 퇴비사용량, 석회·규산 등 토양개량제 사용량을 알려준다.

이외에도 흙토람 홈페이지(http://soil.rda.go.kr)에 접속하여 분석결과를 확인할 수 있다.

- 홈페이지 상단의 [비료사용처방/토양검정정보]에서 지역을 선택하고, 지번 조회나 지번 선택으로 번지를 찾으면 해당 지역의 화학성 평균 결과를 보여준다.
- 오른쪽의 [검색]을 누르면 새 창이 뜨면서 토양분석결과를 보여준다. 상단에는 해당 지번의 토양에 대한 물리적 특성을, 하단에는 화학적 성

질에 대한 분석결과를 보여준다. 분석결과와 논/밭/과수/시설 토양의 적정 화학성 범위를 비교할 수 있다.

- 분석결과에 따른 비료량을 확인하고 싶다면 [비료사용처방]에서 지역과 지번을 선택 후 작물 종류를 선택하여 검색을 누르면 해당 작물에 대한 비료사용량이 계산된다.
- 흙토람에서 토양분석결과로 비료사용량을 알아보려면 해당 지역을 선택한 다음, 작물 유형과 작물명을 선택하고 [검색]을 누른 상태에서 [처방서 보기]를 클릭하여 비료사용처방서를 확인할 수 있다.

예시 Ⅱ 대상지 현황

1. 기상 · 기후조건 및 특징

- 기온의 일교차가 크고 봄철에 늦서리 현상이 자주 발생함.
- 여름은 혹서현상이 자주 나타나며, 여름이 긴 반면 가을은 짧고 겨울이 길며 북서 계절풍이 다소 강하게 불고 혹한 현상도 발생함.
- 최근 5년간 폭염일수는 평균 17.1일로 전국 평균 대비 폭염일수가 많은 편임. 식물성장 가능기간은 250.2일로 전국 평균 대비 4.6일 짧게 나타남.
- 2018년 일조시간은 2,448시간으로 일조량이 풍부하고, 평균 강수량은 907mm
- 종합: 타 지역보다 강수량이 매우 적은 편이므로 노지재배보다 시설재배가 유리하며, 혹서 · 혹한 기후에 대응 가능한 스마트팜 시설 · 장비 구축과 운영이 필요함.

연도	기온(℃)					일조시간(h)
	평균	평균최고	최고극값	평균최저	최저극값	
2018	12.0	19.9	36.6	5.0	−16.7	2,448.1

연도	강수량(mm)	상대습도(%)		바람(m/s)		
		평균	최소	평균풍속	최대풍속	최대순간풍
2018	691.7	65.0	5.0	1.3	8.6	15.9

2. 토양검정결과 및 비료추천량[2]

가. 토양검정결과

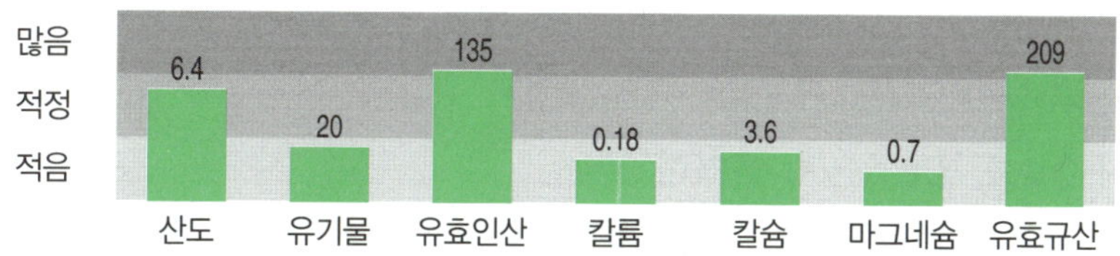

단위	pH(1:5)	g/kg	mg/kg	cmol+/kg	cmol+/kg	cmol+/kg	mg/kg
적정범위	5.5~6.5	25~30	80~120	0.25~0.3	5.0~6.0	1.5~2.0	157~180

나. 비료추천량(kg/3,830m^2): 비료와 퇴비는 각각 한 종류만 선택하여 사용

구분	질소질비료		인산질비료		칼리질비료		퇴비종류				규산질 비료
	요소	유안	용성인비	용과린	염화칼리	황산칼리	볏짚퇴비	우분퇴비	돈분퇴비	계분퇴비	
밑거름	45	98	58	57	13	16	4,596	4,596	1,011	781	225
웃거름	35	77	0	0	6	7	-	-	-	-	-

* 10a당 화학비료 성분량(밑거름/웃거름): 질소(5.4/4.2), 인산(3.0/0.0), 칼리(2.1/0.9)kg

3. 수질분석결과

- 사업지의 농업용수(지하수) 수질분석결과, 용수의 EC(전기전도도)는 0.36으로 시설재배에 적합(EC < 0.5)하며, 산도는 pH 6.9로 배양액 조성을 고려하면 적합한 범위임.
- 칼슘 함량: 56.2mg/kg
- 중탄산염 함량: 176.9mg/kg

2 이미지 출처: 농촌진흥청 국립농업과학원(2017), "흙토람을 활용한 토양 및 양분관리."

3.2 작물 현황

스마트팜에서 생산하고자 하는 재배 희망 작물에 대한 내용을 기술하는 것으로서, 작물 후보에 대한 주요 특성과 생산 및 가격동향 등을 중심으로 상세정보를 검토하는 데 목적이 있다.

작물 일반 현황으로는 생육조건, 주요 품종 및 인기 품종 특성, 재배작형 등의 관점에서 기술하며, 생산동향으로는 재배면적, 생산량, 재배동향 등을, 가격동향에서는 월별 가격추이, 도매가격 · 소매가격 변화 등에 대해 분석하여 기술한다.

예시 Ⅲ 작물 현황

1. 딸기 일반 현황

가. 생육조건

- 생육적온: 주간 17~20℃, 야간 10℃ 내외로 약간 서늘한 기후를 좋아하며, 특히 내한성이 강하여 −2~−3℃ 정도의 저온에서도 견디나, −7℃ 이하에서는 동해, 25℃ 이상에서는 생육 지연, 30℃ 이상에서는 생육 정지, 37℃ 내외에서는 고온 장해 발생
- 토양 pH: 산성토양에 비교적 강하지만, pH 5.0 이상이면 정상적 생육이 가능하나 강산성 토양에서는 새잎의 전개와 발육이 나쁘고 위축
- 토양수분: 토양수분은 꽃이 피기까지는 pF 2.0~2.5, 이후 수확까지는 pF 1.5~2.0의 다소 다습한 상태가 열매의 비대에 좋음. 개화기에는 약간 건조한 편이 좋으나, 유묘기나 과실비대기 및 수확기에는 건조하면 생육이 불량해짐.

나. 주요 품종

설향	매향	육보(레드펄)	장희(아끼히메)
	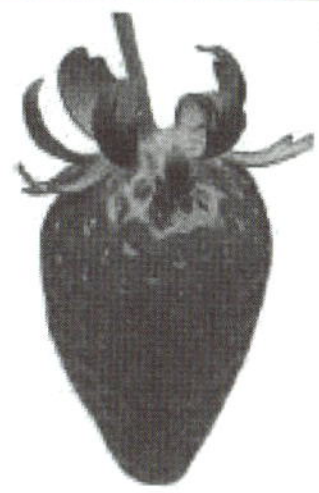		

- 품종별 특징

품종	특징
설향	매향종을 개량한 국산품종으로 선홍빛을 띠며 당도가 높아 맛이 좋음. 가장 많이 판매되고 있는 품종
매향	국산품종 1호로 상큼한 맛과 짙은 향이 나며 육질이 단단함. 오래 보관할 수 있어 수출 시 유리함.
육보(레드펄)	일본품종으로 끝이 둥글고 뭉툭한 모양. 검붉은 색을 띠며 특유의 신맛이 나고 식감이 아삭함.
장희(아끼히메)	일본품종으로 끝이 길쭉하고 선홍빛을 띰. 당도가 높고 신맛은 적음.

- 소비자 인기 품종의 변화
  - 1999년부터 2017년까지의 품종별 판매비중 분석결과, 딸기 주요 품종은 정보 → 여봉 → 장희 → 육보 → 설향으로 변화하였음(농촌진흥청, 2017 농식품소비트렌드).
  - 과거에는 육질이 단단한 품종을 선호했지만 현재는 육질이 부드럽고 향이 좋은 품종을 선호. 대과종이 인기품종인 점은 변함없음.
- '설향'품종의 특성
  - 2005년부터 보급이 시작된 국산품종으로 병해충에 저항성이 높고, 비교적 육묘가 용이하고 초세가 우수하며, 다수 대과성이 우수하여 농가선호도 높음.
  - 저온신장성이 강해 저온기에도 기형과 발생률이 적은 등 촉성재배에 적합하며, 9월 중순 정식하여 12월 중순부터 장기수확이 가능함.
  - 흰가루병에 매우 강하여 친환경재배에 적합

품종	병해				충해	
	흰가루병	탄저병	잿빛곰팡이	시들음병	진딧물	응애
설향	+	+++	++	+	++	++
장희	++++	++++	++	+	++	++
레드펄	++	++	++	+	+	+
매향	++	++++	+++	+	+++	+

* + 약간 발생, ++ 중간 발생, +++ 심하게 발생, ++++ 아주 심함
출처: 농촌진흥청.

- 설향의 당도는 10~11% 정도로 당도가 높은 편이며 겨울철에는 산도가 낮고 과즙이 많아 상쾌한 맛을 나타냄. 과육이 장희보다는 치밀하여 씹는 촉감이 우수하고 기형과나 골진과 발생이 적어 균일한 딸기를 생산할 수 있음.

품종	당도(%)	산도(%)	당산비	경도(g/φ5mm)	기형과율(%)
설향	10.4	0.89	11.7	176	3
장희	11.2	0.82	13.6	175	8

출처: 농촌진흥청.

- 재배 유의사항
  - 과즙이 많고 경도가 약해 고온기에는 저장성이 저하되며 산미가 증가하므로 수분조절과 주간 환기에 유의하여야 함.
  - 육묘기에 탄저병 방제에 주의하여야 함.
  - 수확기에는 과습을 피하고 주간온도를 25℃ 내외로 관리
  - 저온기나 건조 시 칼슘결핍이 발생하기 쉬워 칼슘보충에 유의

다. 재배작형

- 노지재배와 시설재배 중 현재 전국적으로 95% 정도가 시설재배이며 고설식 재배방식이 점차 늘어나는 추세임.
- 재배작형에 따라 무휴면작형의 촉성재배와 휴면작형의 반촉성재배 등으로 구분됨.
  - 촉성재배: 정식한 묘가 휴면에 돌입하기 전 보온 또는 가온하여 꽃눈의 개화 · 결실 등 생육을 촉진시키는 방식
  - 반촉성재배: 정식한 묘를 겨울에는 그대로 추위에 노출시켜 휴면기간을 둔

후, 이른 봄부터 비닐터널을 씌워 보온하여 꽃눈의 개화 · 결실 등 생육을 촉진시키는 방식

구분	육묘 시기	정식 시기	수확 시기	재배품종
촉성	3월 하순~4월 상순	8월 하순~9월 중순	11월 하순~5월 하순	장희, 설향
반촉성	4월 상순~5월 중순	9월 하순~10월 중순	2월~5월 하순	육보

출처: 농촌진흥청.

- 2000년대 초반까지 육보품종을 중심으로 반촉성재배가 대부분을 점유하였으나 촉성재배로 빠르게 전환되어 2015년을 기준으로 국내 딸기재배면적의 90% 이상이 촉성재배 작형으로 재배되고 있음.
- 이는 첫째, 촉성재배에 적합한 매향, 설향 등 국산품종이 개발되어 전국적으로 보급이 확대되었고, 둘째, 봄철에 비하여 겨울철 딸기가격이 높게 형성됨에 따라 출하 시기를 앞당긴 것이 가장 큰 이유로 판단됨.
- 품종별 정식비중은 설향이 78.4%로 가장 높으며, 장희(아끼히메) 8.6%, 죽향 5.3%, 육보(레드펄) 4.5%, 기타 3.2% 순으로 나타남.

2. 딸기 생산동향

가. 재배면적 및 생산량

- 재배면적은 2014년부터 계속 감소세이며 2016년 재배면적은 전년 대비 6.6% 감소한 5,978ha임.

(단위: ha, 톤, kg/10a)

구분		2012년	2013년	2014년	2015년	2016년
전체	재배면적	6,435	6,890	6,875	6,403	5,978
	생산량	192,140	216,803	209,901	194,513	191,218
	단수	2,986	3,147	3,053	3,038	3,199
시설	재배면적	6,290	6,789	6,825	6,306	5,844
	생산량	188,998	214,578	208,894	192,776	188,673
	단수	3,005	3,161	3,061	3,057	3,228
노지	재배면적	145	101	50	97	134
	생산량	3,142	2,225	1,007	1,737	2,545
	단수	2,167	2,203	2,014	1,791	1,899

출처: 통계청(2020).

- 시설재배가 과거 대비 증가하여 전체 딸기 재배면적의 97.8% 차지
- 재배면적 감소에도 불구, 생육조건 조절 등으로 단수(단위면적당 수확량) 5.3% 개선하여 2016년 생산량은 전년보다 1.7% 감소한 191천 톤임.

나. 작황에 영향 미치는 요소

- 최근 기상이변으로 인해 정식기 태풍 및 겨울철 수확기 한파에 따른 피해 증가
- 날씨 건조할 경우 흰가루병 발병하여 품질 저하품 증가 가능성 증가
- 조기 출하를 위해 정식 시기를 앞당긴 경우 생육초기 고온으로 중 · 소과 출하 비율 높아지고 당도 감소 등 품질 하락 가능성 증가

3. 딸기가격 및 유통동향

가. 도매가격

- 2013~2017년간의 딸기 연평균 도매가격은 8,671원/kg → 10,037원/kg으로 증가
- 12월과 1월에 가격이 가장 높게 형성되고 있으며(최근 3개년 평균: 12월 13,226원/kg, 1월 13,092원/kg), 3월 이후로는 가격이 하락하는 경향을 보임.

(단위: 원/kg)

구분	1월	2월	3월	4월	5월	6월	7월	8월	9월	10월	11월	12월
2013년	10,300	10,263	8,360	7,600	6,600	–	–	–	–	–	–	13,600
2014년	13,280	10,860	9,386	7,764	7,400	–	–	–	–	–	–	13,900
2015년	12,695	11,777	9,009	8,087	6,677	–	–	–	–	–	–	14,100
2016년	13,430	13,034	9,700	7,950	7,009	–	–	–	–	–	–	12,747
2017년	13,150	10,430	7,609	6,050	5,934	–	–	–	–	–	14,350	12,832

출처: 통계청(2020).

나. 소매가격

- 소매가격 역시 2013년 평균 9,520원/kg → 2017년 평균 11,940원/kg으로 증가하였음.
- 12월에 가격이 가장 높게 형성되어 최근 3개년 평균 14,873원/kg으로 나타났고, 1월 13,987원/kg, 2월 12,493원/kg으로 점차 하락하고 3월 이후로는 가격이 크게 하락하는 것으로 나타남.

(단위: 원/kg)

구분	1월	2월	3월	4월	5월	6월	7월	8월	9월	10월	11월	12월
2013년	11,780	10,980	8,310	8,370	8,210	-	-	-	-	-	-	15,380
2014년	13,930	12,340	9,490	8,650	8,450	-	-	-	-	-	-	15,930
2015년	14,470	12,890	9,010	9,120	8,830	-	-	-	-	-	-	14,310
2016년	13,040	12,970	10,250	9,080	9,040	-	-	-	-	-	-	15,010
2017년	14,450	11,620	8,810	8,750	8,870	-	-	-	-	-	17,350	15,300

출처: 통계청(2020).

다. 유통동향

- 도매시장 반입량은 11월부터 익년 5월까지 약 6개월간 반입되고, 특히 3월과 4월에 연간 반입량의 50.6%가 집중됨(가락시장 기준).
- 이에 따라 딸기의 월별 출하량은 과거에 비해 2월부터 5월까지의 출하비중이 감소하고 12월과 1월 출하비중이 높아지는 등, 점차 출하 시기가 앞당겨지는 경향이 두드러지고 있음.
- 이는 고단가 실현을 목적으로 포트육묘를 통해 정식 시기를 앞당겨 화아분아 촉진으로 조기출하를 추진하기 때문인 것으로 파악됨.

(단위: %)

구분	1월	2월	3월	4월	5월	6월	7월	8월	9월	10월	11월	12월
2001년	8.6	16.4	32.7	25.6	8.5	0.1	-	-	-	-	1.7	6.2
2008년	10.0	17.0	32.5	24.6	4.9	0.2	-	-	-	0.2	2.9	7.8
2016년	13.5	14.5	26.4	24.3	6.2	0.1	-	-	-	-	2.5	12.4

출처: 서울시농수산식품유통공사 가격연보, 각 년도.

4 스마트팜 사업계획 수립: 사업경영(How?)

4.1 스마트팜 구축전략

스마트팜 구축전략을 수립하는 것은 스마트팜 사업계획에 있어 가장 핵심적인 영역 중 하나이다. 스마트팜을 도입하려는 목적이 원격 모니터링 및 제어를 통한 편이성 향상인지 모델링 기반의 자동 최적생육관리를 통한 생산성 향상인지에 따라 필요로 하는 기술과 장비 · 기기는 다를 것이며 투자비용도 달라질 것이다. 기존에 시설원예에 종사 중인 농가인지 아니면 귀농 후 새롭게 스마트팜 농업을 시작하려는 초보농업인인지에 따라서도 기 구축된 시설의 차이는 물론 재배 노하우 등 암묵지 수준에 차이가 있어 각각 적용하고자 하는 ICT기술 정도에 차이가 있을 것이다. 농장규모에 따라서도 효율적인 스마트팜 구축전략에는 차이가 있을 수밖에 없다.

가령 토마토의 일일 누적광량의 광포화점은 1,800J/cm^2 수준이므로 그 이하 수준에서는 누적광량이 높으면 높을수록 작물의 동화산물이 증가하여 생산성과 품질에 긍정적인 영향을 미친다. 따라서 10월부터 2월까지는 최대 생산성 달성을 위해서는 보광등을 설치하여 운용하는 것을 검토할 수 있을 것이다.

신재생에너지인 지열히트펌프를 이용하여 에너지비용을 절감한다면 동일 생산량 대비 순이익을 극대화할 수 있을 것이다. 그러나 스마트팜 구축에 있어 지열히트펌프를 도입할 것인지에 대한 판단은 투자비용과 에너지 절감비용을 종합적으로 따져본 후 결정할 사항으로 농장규모에 따라 도입전략은 상이할 것이다.

그 외에도 완전히 새롭게 스마트팜을 구축하는 경우에 일조량을 최대로 확보하기 위한 시설의 방향을 결정하는 것에서부터 작업 동선을 고려한 부대시설의 배치, 작물 특성을 고려한 시설 유형은 물론 다양한 ICT장비의 효율적인 도입까지 전략적으로 결정할 사항이 많다.

이처럼 '스마트팜 구축전략'은 자신의 사업목적에 맞게 실제 스마트팜을 구축하기 위한 계획과 고려사항에 대해 기술하는 것으로서, 부지에 스마트팜 및 부대시설의 레이아웃은 어떻게 배치할 것인가, 어떤 기술을 활용할 것인가, 관련 시설 · 장비 · 기기는 어떻게 설치하고 운용할 것인가에 대한 전반적인 내용을 수립하는 데 목적이 있다. 시설 및 기기 · 장치의 구성, 농장 레이아웃, 시설 설치, 센서 배치 및 운용, 기타 기기 · 장치 배치 등을 중심으로 기술한다.

예시 Ⅳ 스마트팜 구축전략

1. 시설 및 기기 · 장치의 구성전략

가. 스마트팜 도입 유형

- 최근 스마트팜의 추세는 '단순 환경제어'에서 '소득극대화'를 위한 방법으로 변하는 추세로, 특히 주요 환경변수를 활용해 생육단계별 최적의 환경을 설정하고 정밀 관리함으로써 생산량과 품질을 극대화시킬 수 있음.
- 본 농업회사법인의 목표 달성을 위하여 2세대 모델을 목표로 하는 1.5세대 모델 수준으로 추진하고자 함. 즉 온도, 습도 등 온실환경만 체크하고, 기본 장치만 제어하던 것에서 발전하여 식물의 생장을 체크하고, 데이터를 축적하는 2세대 모델 추구

나. 1.5세대 모델의 필요 시설 · 설비 및 기기 · 장치

구분		설비 및 기기명
1. 온실시설/설비		• 온실기초, 철골, 외부 피복 필름 • 천창 개폐장치 • 측창 개폐장치 • 천장 및 벽체 보온커튼 • 수평커튼
2. 제어장치		• 냉난방기 • CO_2발생기 • 유동 · 배기팬 • 살수(분무)장치 • 양액시스템 • 컨트롤러
3. 환경 센서기기	온실 외부 환경	• 기상센서(온도, 일사량, 상대습도, 풍향, 풍속, 감우) • CCTV
	온실 내부 환경	• 실내센서(온도, 일사량, 상대습도, CO_2 농도, 냉방과 난방관 온도)
	토양환경	• 배지센서(온도, 수분, 유효수분, 양액수온, 양액 pH, 양액 EC, 토양 pH, 토양 EC)

다. 추가장치 검토 ① 보광등 도입전략

- 광량이 적은 동계기간 최대 생산성 달성을 위하여 보광등 운용을 검토
- LED 보광등은 약 2~3년 후 가능할 것으로 전망되며 현재는 나트륨등이 가용
- 2개의 보광등 row/8m span 필요
- 10,000 lux=평균 133.7 μmol/㎡ · s(시간당 40J/㎠ 추가 보광 가능)
- 보광등 설치에 따른 수익분석

구분	금액	비고
보광등 전기사용료	9,300원/㎡/년	43원/kW 기준(농업용)
생산량 예상 증가분	9.5 kg/㎡/년	
겨울철 토마토 평균단가	3,500원/kg	
매출 증가분	33,250원/㎡/년	
예상수익 증가분	23,950원/㎡/년	1,000평 기준 약 7,900만 원/년

라. 추가장치 검토 ② 일반보일러와 히트펌프 비교 예시(전열면적 1,000평 기준)

구분	기름보일러(면세유)	전기보일러(농업용 전기사용)	히트펌프
에너지 사용금액(천 원/년)	60,732	31,250	7,106
에너지 절감률	0(기준)	48.5%	88.3%
이산화탄소배출량(tCO_2)	323.338	279.156	249.409
열원	화석연료(경유)	농업용 전기	지열, 공기열, 수열

마. (참고) 업체별 연동 가능 센서 및 구동기 종류 검토

중분류	소분류	연동 가능한 센서					
		업체E	업체H	업체A	업체B	업체F	업체L
온도센서	외부 온도	○	○	○	○	○	○
	내부 온도	○	○	○	○	○	○
	난방관(rail) 온도	○		○	○	○	
	난방관(growing) 온도	○		○	○	○	
	난방관(top) 온도	○				○	
	지온	○	○	○	○	○	○
	양액 온도	○				○	
	엽온(작물) 온도	○					
습도센서	외부 습도	○	○		○	○	○
	내부 습도	○	○	○	○	○	○
	지습	○	○	○	○	○	○
풍향센서	풍향	○	○	○	○	○	○
풍속센서	풍속	○	○	○	○	○	○
일사센서	외부 일사량	○	○	○	○	○	
	내부 일사량	○	○			○	
조도센서	조도	○	○			○	○
CO_2센서	내부 CO_2	○	○	○	○	○	○

강우센서	강우량	○			○	○	○
강설센서	강설량	○					○
EC센서	공급 EC	○		○	○	○	○
	슬라브 EC	○		○		○	○
	배액 EC	○	○	○	○	○	○
pH센서	공급 pH	○		○	○	○	○
	슬라브 pH	○				○	○
	배액 pH	○	○	○	○	○	○
양액량센서	공급량	○		○	○	○	
	배액량	○			○	○	
중량센서	배지 중량	○		○	○		
압력센서	양액 공급속도	○					
CCTV	작물 생육상태				○	○	○
	구동기 동작상태		○		○	○	○
창	측창	○	○	○	○	○	○
	천창	○	○	○	○	○	○
스크린	차광스크린	○	○	○	○	○	○
	보온스크린	○	○	○	○	○	○
팬	유동팬	○	○	○	○	○	○
	배기팬	○	○	○	○	○	○
양액기	A, B탱크	○		○	○	○	
	혼합기(C탱크)	○		○	○	○	
	D, E탱크	○		○	○	○	
	펌프	○		○	○	○	
	필터	○		○	○		
	구역 밸브	○		○	○	○	
	비료흡입 밸브	○		○	○	○	
	양액순환시스템	○			○	○	

난방기	보일러	○		○	○	○	
	순환펌프	○		○	○	○	
	3Way 밸브	○		○	○	○	
	바닥(rail) 밸브	○				○	
	열매(growing) 밸브	○				○	
	제설(top) 밸브	○					
	온풍기	○		○	○	○	
CO_2 공급기		○	○	○	○	○	○
보광등		○		○	○	○	○
냉방기		○		○	○	○	○
스프링쿨러		○		○	○	○	○
훈증기		○		○	○	○	
포그시스템		○	○	○	○	○	

2. 농장 레이아웃

가. 부지 개요

- 농장 소재지: ○○도 △△시 □□읍 ◇◇리 ×××번지
- 총부지면적: 5,000㎡(1,512평)

나. 농장 레이아웃 개요

- 농장 배치는 부지환경 및 기타 시설 등을 고려하여 3,308㎡(1,000평)에 대해 6연동을 건축하고, 최대 광량 확보에 유리한 NE(북동)–SW(남서) 방향으로 온실을 배치함.
- 온실과 연결된 공간에 양액시설장치를 설치하고, 관리동은 부지의 출입구와 온실 사이에 건축하여 1층(30평)에는 생산물을 선별 · 관리하는 작업장과 저온저장고를, 2층(30평)에는 사무실 및 창고를 운영함.
- 그 외에 온실과 관리동 사이 공간에 지하저수조를 설치

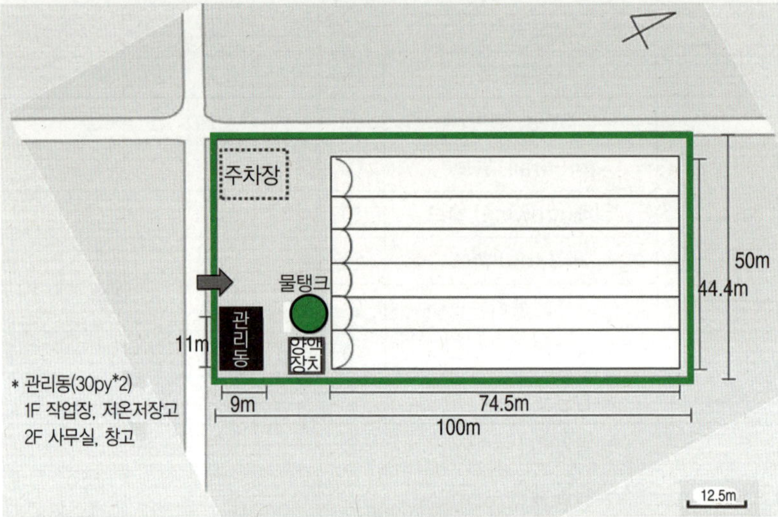

3. 시설 설치

가. 자동화 온실

- 개요
  - 형식: 아치연동형(1-2W형) 비닐하우스
  - 구조: 철재 파이프(트러스 구조) 골조
  - 기본사양: 하우스 폭 21m(7m×3연동)×측고 4.5m×동고 6.5m

※ 천장부 열기로 인한 작물 생장 저해 및 그늘면적 최소화 위해 측고 4m 이상 확보

※ 본 규격은 폭설과 강풍에 의한 연동비닐하우스의 피해를 줄이기 위한 최소한의 규격을 규정한 것이며, 시설의 강도가 저하되지 않도록 아치 곡률의 변경 없이 높이를 낮추어 시공하거나 폭을 줄여 시공할 수 있음.

- 표준평면도

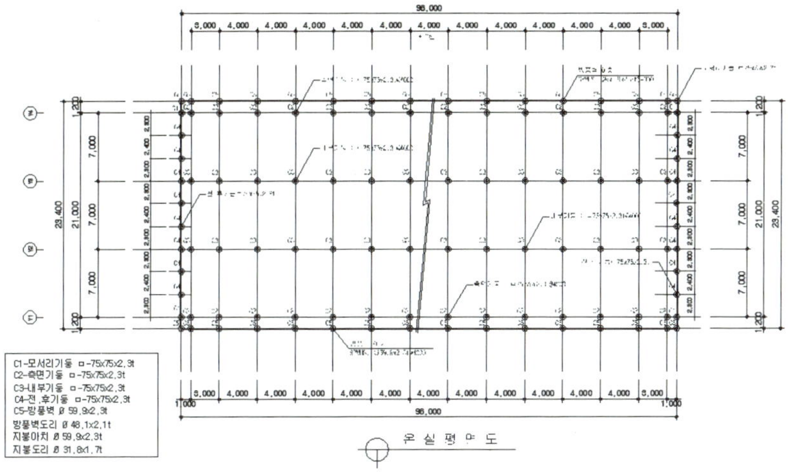

- 표준입면도

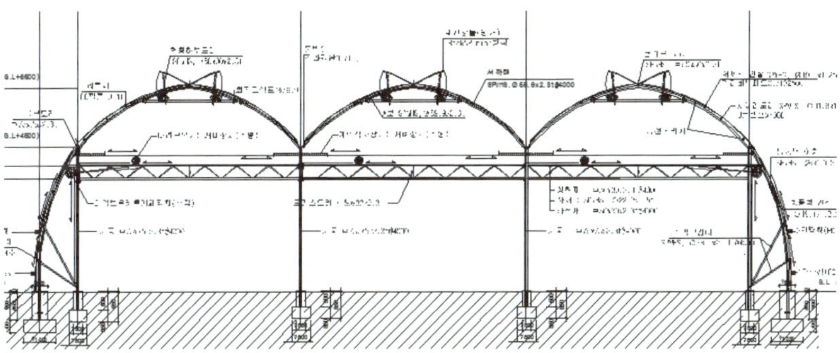

- 기본시설
  - 골조공사
  - 피복공사: PO 재질(광투과성 우수, 겨울철 일사량 부족으로 인한 난방비용 절감)
  - 천창 개폐장치: 랙&피니언식–자동
  - 측면 개폐장치: 권취식–자동
  - 수평커튼장치: 예인식–자동
  - 다겹보온커튼 장치: 천장, 벽체 자동

나. 시설 설치 전 유의사항

- 시설부지는 다음 사항을 만족할 수 있는 곳을 선택
  - 진 · 출입 도로가 양호한 곳
  - 침수 및 과습의 우려가 없는 곳
  - 환기(통풍)가 양호하고 돌풍의 우려가 없는 곳
  - 눈사태, 산사태, 홍수 등으로부터 보호될 수 있는 곳
- 지반정지 및 토공사(부지조성공사)는 발주자가 착공 전 책임 시행하여야 하며, 시공자는 착공 전에 부지조사를 실시하여 성토에 의한 지반침하, 붕괴우려 등 시설물에 영향을 미칠 요소가 발견되었을 경우, 보완(잡석 다짐 및 방석 콘크리트 등)이 필요함.

다. 시설 설치 시 유의사항

- 강풍 및 혹한지역과 폭우 · 폭설지역에서는 기초 골조의 보강을 실시
- 곡부 홈통부위는 그늘 방지, 보온력 증대, 누수 방지 등을 고려하여 시공
- 피복은 1중비닐 0.15mm PO필름으로 시공하며 누수가 우려되는 곳은 비닐보호 필름을 사용하여 피복
- 보온커튼 재질은 물이 고이지 않고 보온효과가 높은 재질을 사용

4. 센서 배치 및 운용

가. 센서류 배치방안

- 센서와 기타 설비들은 현장 여건을 고려하여 설치하되, 센서류는 기상센서 1개(지붕 중앙에 1m 이상 이격하여 설치), 내부 센서는 6개, 배지센서는 2개 설치하는 것이 적절함.
- CCTV의 경우 내부 2개소 이상과 외부 장치 관리용 3개소 이상 설치가 필요하며, 그 외 주출입로 및 선별작업장 등에 설치 필요함.

나. 센서 설치 및 운용 시 유의사항

- 설치하는 위치에 따라 측정값의 오차가 발생할 수 있으므로 정확한 데이터 수집을 위해 내부 센서는 직사광선에 직접 노출되지 않고 난방 배관, 유동팬 등 내부 시설 영향을 받지 않도록 적절한 보호장치를 갖추어 1구역당 1~2개 설치를 권장

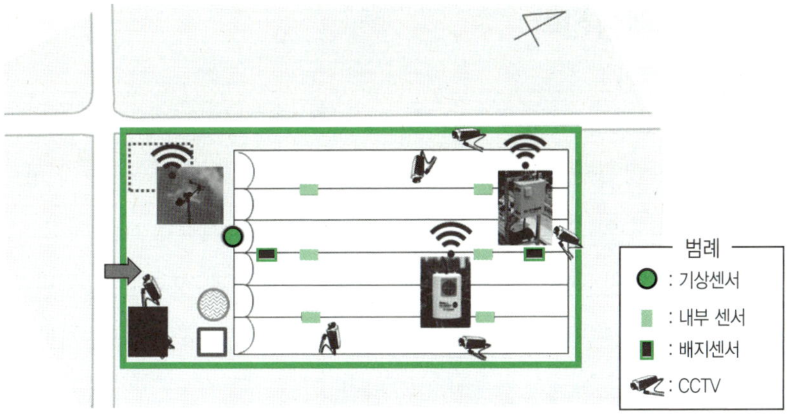

- 설치 위치는 다음 그림과 같이 재배시설의 출입구로부터 약 10m 정도(L1, L3) 떨어진 곳에서 재배작물의 생장점 부근에 설치
- 작물이 성장하면서 필요에 따라 센서의 높이를 알맞게 조절해줄 필요가 있으므로 설치위치 조정이 가능하도록 설치하며, 센서를 고정할 경우에는 지면에서 약 1.5m 높이(H)에 위치
- 외부의 기상센서는 재배시설의 지붕높이보다 1m 이상 높게 설치하되 피뢰침 아래에 놓이도록 함.

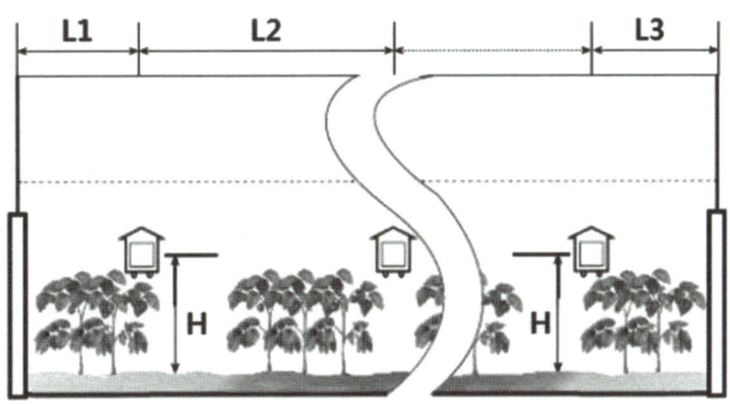

출처: 농촌진흥청 국립원예특작과학원(2017), "시설원예 스마트팜 현장적용기술."

4.2 유통 마케팅전략

스마트팜은 몇몇 시설재배 작물의 생산량을 최근 몇 년간 크게 증가시켰으나 수요 대비 공급량 확대로 인하여 시장경쟁이 심화된 결과, 가격 하락으로 이어져 농가 수익 증대로 이어지지 못하고 있다는 지적이 대두되고 있다. 이를 극복하기 위한 전략으로는 스마트팜 재배 모델과 성과가 검증된 특정 작물들 외에 다양한 작물로의 확대와 함께 전통적인 농산물 유통채널과 차별화된 다양한 유통 마케팅전략이 요구된다.

내수시장 내 도 · 소매 유통채널 외에도 지역 내 생산 · 소비를 통한 '제로푸드 마일리지'를 지향하는 로컬푸드 매장 판매, 지역 내 친환경 급식 납품시장 개척을 검토할 수도 있을 것이다. 온라인 농산물 쇼핑의 빠른 성장세 등 변화하는 유통 트렌드에 맞춰 이커머스(e-commerce) 채널을 주력 판로로 유통하는 것도 좋은 전략이 될 수 있다. 뿐만 아니라 소비자와의 직접 소통을 통한 SNS 활용 직거래, 체험농장 운영을 통한 소비자 직거래 등 'Direct to Consumer' 유통전략도 유통마진을 최소화하며 농가의 수익을 향상시킬 수 있는 전략적 선택이 될 수 있을 것이다.

한편 수출시장의 다변화는 스마트팜 생산이 증가하면서 주요 과제로 떠오르고 있다. 대표적으로 파프리카의 경우 최근 몇 년간 해마다 재배면적과 생산량이 증가함에 따라 수출시장 개척으로 활로를 찾고 있다. 그러나 수출 물량의 대부분은 일본으로 이루어지고 있어 국내 생산농가 간 경쟁이 심화되며 일본 내 파프리카 작황에 따라 수출단가는 하락하는 경향을 보인다. 이는 내수시장으로의 물량 유입과 가격 하락으로 이어질 수 있어 농가 수익에 위험요소로 작용한다. 다행히 최근 중국, 베트남 등으로 파프리카를 수출하기 위한 검역 협상이 마무리단계에 있다.

스마트팜 농가에서는 국내시장만으로 판로를 국한하지 말고 성장 가능성이 높은 수출시장을 공략하는 방안에 대해 검토할 필요가 있다. 타깃 수출국의 소비패턴 및 시장분석을 통한 수출전략 수립, 친환경적인 재배관리를 통한 안전 농산물, 엄격한 수준의 고품질 농산물 표준화 · 규격화 공급 등을 강점으로 해당 국가의 타깃시장 및 유통채널 선정, 현지 거래선을 확보하기 위한 수출회사와의 협업 추진 등이 포함된다.

사업계획 수립에서 '유통 마케팅전략'부분은 생산한 농산물의 판매 및 마케팅전략과 계획을 수립하는 것으로서, 목표시장과 유통 마케팅을 위한 구체적인 세부방안을 기술하는 데 목적이 있다. 우선 재배작물의 유통동향에 대한 분석, 지역 내 생산 및 소비 현황, 수출동향에 대한 분석 수행 후, SWOT분석을 통한 경쟁력요소 도출 및 STP전략에 따른 표적시장 선정과 포지셔닝 방안을 수립한다. 다음으로 유통채널 구축 등의 유통전략을 수립하고, 마지막으로 이에 따른 판매계획을 수립하는 순으로 기술한다.

판매계획은 생산량, 판매량, 판매가격, 매출액에 대한 5개년 시뮬레이션을 실시하여 이후 재무계획에서 예상 매출액과 손익분석에 활용하도록 하는 것이 좋다. 생산량은 농촌진흥청에서 매년 발간하는 '농축산물 소득자료집'을 기준으로 농가평균 대비 스마트팜의 생산성 향상을 고려해 추정할 수 있다. 판매가격은 유통전략 수립 시 결정한 유통채널별로 직접 시장조사를 통해 출하가를 파악할 수 있다. 한국농수산식품유통공사(aT)의 KAMIS시스템(https://www.kamis.or.kr/)에서 해당 작물의 평균적인 도매가, 소매가, 유통비용에 대해 확인하는 방법이 편리하지만 세분화된 유통채널별로 가격 차이를 파악하는 데는 한계가 있으므로 필요에 따라 두 가지 방법을 선택적으로 활용하는 것이 바람직하다.

그림 13-1 I 유통 마케팅전략 수립절차

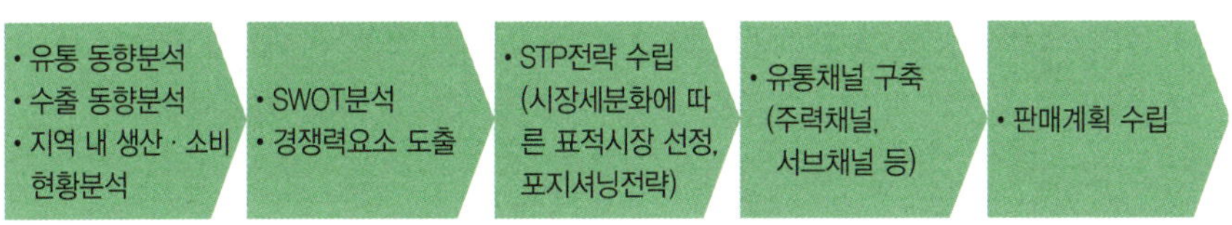

예시 V 유통 마케팅전략

1. 유통동향

가. 수확 · 선별

- 수확된 물량을 자체 선별장으로 이동하여 농가별로 선별 · 포장하거나 생산자 단체 공동선별장으로 운송
- 자체선별: 소규모 비닐하우스 또는 간이시설물형태의 선별작업장을 별도로 갖추고 숙련된 인부가 수작업으로 수행
- 공동선별: 오전 수확물량을 등급별로 1차 선별하여 플라스틱 상자에 담아 1톤 트럭으로 공동선별장 운송 → 공동선별장에서는 2차 선별한 후 포장 작업

나. 출하

- 소규모재배(3~5동): 농가 선별하여 작목반 단위로 시장출하, 대체로 서울 · 수도권 도매시장 등으로 출하
- 대규모재배(9~12동): 전반적으로 APC(공동선별)를 통해 대형유통업체로 납품

다. 유통경로

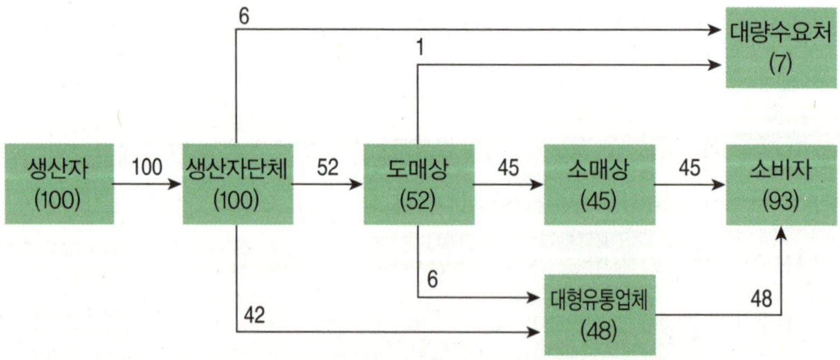

출처: 한국농수산식품유통공사 KAMIS.

라. 유통비용분석

- 유통비용이 40% 안팎 수준이며, 특히 소매단계에서 많은 비중을 차지
- 유통비용을 줄일 수 있는 대형수요처 직거래 등 다양한 판로 개척 필요

구분		비용률(%)	비고
농가수취율		60.3	소비자가격에서 농가수취금액의 비중
유통비율		39.7	소비자가격에서 전체 유통비용의 비중
단계별	출하단계	15.9	포장재비, 운송비, 선별비, 조합수수료
	도매단계	7.3	하차비, 배송료, 상장수수료 등
	소매단계	16.5	판매수수료, 물류수수료, 운송비 등

출처: 한국농수산식품유통공사 KAMIS.

마. 주요 유통업체 현황

- 하나로클럽
  - 농협도매사업단이 지역농협 등 생산자단체로부터 구매하여 하나로클럽 또는 직영점인 하나로마트에 판매(판매수수료 4%)
- 이마트, 롯데마트, 홈플러스
  - 유통경로: 생산자 → 벤더(지역농협) → 물류센터 → 매장
  - 유통비용: 물류수수료 6~9%+판매장려금 2~6%(유통업체마다 다르며, 농협유통보다 높음)
  - 매입방법: 점포별 판매량분석 및 필요량 집계 → MD 주문 → 납품 · 검수

2. 지역 내 생산 · 소비 현황분석

가. △△시 일반 현황 및 딸기 생산 · 소비 현황

- 인구: 64.1만 명, 최근 5년간 연평균 3.1%의 높은 인구증가율
- 세대수: 24.3만 가구, 1세대당 인구는 평균 2.6명
- 농가 수는 12,264가구로 주로 쌀, 배, 포도, 버섯, 엽채류를 주력으로 생산하며, △△시 기본통계상의 생산량에 미포함된 것으로 봤을 때 본 농장에서 재배예정인 딸기 생산량은 미미한 것으로 추정됨.
- △△시 내 유통되고 있는 딸기의 대부분 물량은 타 지역 주산지에서 생산되어 가락동 농수산물도매시장을 거치거나 대형유통업체에서 직접 구매하여 소비자에게 공급되고 있음.
- △△시 연간 딸기 소비량: 약 3,013톤(추정치)
  - 추산 근거: 1인당 딸기 연간소비량 4.7kg×△△시 인구 64.1만 명

3. 수출동향

가. 딸기 수출동향

- 최근 5년간 수출액 63.2% 증가
- 홍콩, 싱가포르 등 동남아시아를 중심으로 빠른 수출 증가세
- 미국산에 비해 당도가 높고, 일본산 대비 가격경쟁력이 있어 선호도 증가하고 있음.

나. 홍콩시장분석

- 홍콩의 과일류의 현지 생산 및 유통은 미미하며 크게 저가의 중국산 시장과 고가의 수입유기농시장으로 구분되어 있음.
- 중국산 야채 · 과일류의 농약 과다검출로 홍콩인들의 중국산 식품류에 대한 신뢰도가 크게 떨어져 있으며, 한국은 미국에 이어 딸기 수입 대상국 2위로 품질 및 가격경쟁력으로 한국산 딸기의 인지도가 확대되고 있는 추세임.
- 별도의 수입규제가 없고 절차가 까다롭지 않아 시장진입이 자유로운 만큼 제품 간의 가격경쟁이 굉장히 치열함.
- 홍콩 바이어들의 최우선 고려사항은 가격 변동이 없는 안정적인 공급. 원하는 가격과 맞지 않을 경우 한국산보다 저렴한 대만, 중국산 차선책을 가지고 있어 저가제품으로는 사실상 진입이 어려움. 지속적인 품질 향상 노력(안전성, 신선도 유지) 요구

다. 태국시장분석

- 태국 딸기시장은 대부분 수입에 의존, 한국산 딸기는 미국, 호주에 이어 시장점유율 3위
- 태국 내 식품 유통은 대부분 대형마트를 통해 이루어지고 있으며, 백화점에서는 수입제품 위주의 프리미엄 상품을 판매하고 있어, 현지에서 고급제품으로 유통되고 있는 한국산 딸기의 경우 백화점에서의 유통이 가능함.
- FTA에 의해 태국으로 수입되는 딸기는 대부분의 국가에 2016년부터 전면 무관세 혜택이 적용되나, 한국만 무관세 혜택에서 제외되어 고가격에 거래되고 있음(40% 또는 kg당 33.50바트의 관세 적용). 그럼에도 불구하고 한국산 딸기는 태국에서 큰 인기를 끌고 있고 고급 과일로 인식되고 있음.

4. 유통 마케팅전략

가. 경쟁력요소

- 스마트팜을 통한 우수하고 균질한 품질의 안정적 상품 공급력
- 신선하고 믿을 수 있는 먹거리 공급(지역 내 유통 시)
- 천연유래 신선보존 포장재로 유통기한 및 저장성 개선

나. 전략: 생산물량의 50%를 지역 내 유통, 50%를 수출 추진으로 수익성 제고

- 전략 1: 지역 내 유통
  - 타깃시장: △△시에 거주하고 있는 64.1만 명의 소비자
  - 포지셔닝: 지역 생산, 지역 소비를 통해 신선하고 믿을 수 있는 식품
  - 유통채널: 학교 급식 등 대형 실수요 직거래를 주력 채널로 하여 유통비용을 최소화함으로써 소득을 제고하고, 로컬푸드 판매점을 보조 채널로 활용
- 전략 2: 수출
  - 타깃시장: 홍콩 등 동남아권의 프리미엄 딸기 수요(고당도, 안전성, 신선도 니즈 있는) 소비자
  - 포지셔닝: 안전하고 고품질의 한국산 프리미엄 딸기
  - 유통채널: 현지의 고급 슈퍼마켓 및 백화점과의 거래선이 확보된 수출업체 납품

5. 유통채널 구축

가. 지역 내 학교 급식시장

- 유통채널: △△시 관내 초 · 중 · 고교 22개소
- 납품단가: kg당 15,000원 – 출하단계 15.9%

나. 지역 내 로컬푸드 매장

- 유통채널: △△시 로컬푸드 직매장 1호점, 2호점
- 납품단가: 최근 3개년 평균 소매가격(상(上)품 기준 11,600원/kg) – 유통비용(출하단계 15.9% + 소매단계(수수료) 10%)

다. 수출

- 유통채널: 국내 홍콩 파트너 확보 중이며 다수의 농식품 수출경험을 보유한 D

사와 파트너십 구축

- 납품단가: 홍콩 수출 FOB price(본선인도가격) 2kg 18,000원 기준 책정

6. 판매계획

구분	1차년도	2차년도	3차년도	4차년도	5차년도
판매량(톤)	11.9	13.7	15.5	15.5	15.5
판가(원/kg)	10,004	10,004	10,004	10,004	10,004
매출액(백만 원)	119.0	136.8	154.7	154.7	154.7

- 전체 판매량 중 국내 판매 50%, 수출 50% 비중으로 시뮬레이션 결과, 수출단가 반영 및 대량수요처(학교급식) 실수요 납품단가 적용에 따라 일반 딸기농가 평균 대비 높은 판매가격 및 매출액 형성이 기대됨.
- 5개년 판매계획 상세

(단위: 톤, 원/kg, 백만 원)

구분	유통채널	1차년도	2차년도	3차년도	4차년도	5차년도
1. 판매량		11.9	13.7	15.5	15.5	15.5
2. 판매가격	실수요납품	12,615	12,615	12,615	12,615	12,615
	로컬매장	8,596	8,596	8,596	8,596	8,596
	수출	9,000	9,000	9,000	9,000	9,000
3. 유통 판매 비중	실수요납품	30%	30%	30%	30%	30%
	로컬매장	20%	20%	20%	20%	20%
	수출	50%	50%	50%	50%	50%
4. 유통별 판매량	실수요납품	3.6	4.1	4.6	4.6	4.6
	로컬매장	2.4	2.7	3.1	3.1	3.1
	수출	5.9	6.8	7.7	7.7	7.7
	소계	11.9	13.7	15.5	15.5	15.5
5. 매출액	실수요납품	45.0	51.8	58.5	58.5	58.5
	로컬매장	20.4	23.5	26.6	26.6	26.6
	수출	53.5	61.6	69.6	69.6	69.6
	소계	119.0	136.8	154.7	154.7	154.7

※ 5개년 판매계획 수립 근거

- 판매량
  - 상품화율 98.4% 적용(생산량 대비 판매량)
  - 1차년도: 작물별 농가평균 수준(자료: 농촌진흥청 '농축산물 소득자료집')
  - 2차년도: 작물별 농가평균의 115%
  - 3~5차년도: 작물별 농가평균의 130%
  - * 농촌경제연구원 연구결과(2016), 스마트팜 도입 후 생산량 증가 44.6%
- 판매가격
  - 실수요납품: △△시 학교급식 납품단가 kg당 15,000원 – 출하단계 15.9%
  - * 2018년 4월 △△시 급식납품업체 H사 대표 인터뷰 결과
  - 로컬푸드매장: 최근 3개년 평균 소매가격(上품 기준 11,600원/kg) – 유통비용(출하단계 15.9%+소매단계(수수료) 10%)
  - * 한국농수산식품유통공사 KAMIS 참고
  - 수출: 홍콩 수출 FOB price(본선인도가격) 2kg 18,000원
  - * 2018년 1월 딸기수출업체 인터뷰 결과
- 매출액 = 판매량 × 판매가격

4.3 재무계획

재무계획에서는 스마트팜 구축 및 운영을 위해 필요한 자금이 얼마인지, 그 자금은 어떻게 조달할 것이며 언제 얼마만큼의 금액을 상환해야 하는지에 대한 계획을 수립하고, 예상손익분석을 통해 언제 손익분기점을 달성할 수 있을 것인지, 예상되는 매출액과 순이익은 얼마인지에 대한 목표계획을 수립한다.

먼저 '투자계획'에서는 스마트팜을 구축하는 데 소요되는 전체적인 투자비용과 내역에 대해 기술하고, 투자재원 조달방안에 대해 검토한 결과를 기술한다.

기존에 시설원예농업을 하고 있는 경우와 그렇지 않은 경우에 따라, 그리

고 기존 시설의 현대화 수준에 따라 투자내역도 각기 다를 것이므로 일률적으로 스마트팜 투자비용이 면적당 얼마라고 계산하여 손익분기점을 따져서는 사업운영에 위험이 따른다. 투자비용항목에는 토지, 건축, 스마트팜 기본시설, 시설원예현대화장치, ICT장비 및 정보시스템 등이 있다. 이 중 스마트팜 도입 관련 비용은 ICT장비 공급업체로부터 견적을 받아 예상비용을 계획에 반영하는 것이 바람직하다.

투자재원 조달방안으로는 자부담, 시중 금융기관 융자 외에 정부지원사업인 '스마트팜 ICT 융복합 확산'사업, '시설원예현대화'사업이나 농협은행의 정책자금 대출상품인 '스마트팜 종합자금' 등을 활용하는 방안을 검토할 수 있다. 주요 투자항목별로 정부지원, 정책대출, 자부담으로 나누어 투자재원을 어떻게 조달할 것인지에 대해 기술한다.

다음은 '비용계획'으로 스마트팜 구축 이후 작물재배와 생산에 들어가는 비용(경영비), 기타 관리비용, 그리고 대출상품 이용에 따른 금융비용인 이자 및 원금 상환계획을 연도별로 반영하여 계획을 수립한다.

이 중 경영비는 생산에 투입되는 비용으로 종자 · 종묘비, 비료비, 농약비, 수도광열비, 소농구비, 대농구상각비, 시설상각비, 수리유지비, 기타요금, 기계 · 시설임차료, 고용노동비 등의 항목으로 구성된다. 자신의 농장과 유사한 규모와 시설 수준을 갖추고 스마트팜 기술 도입 수준이 유사하며 같은 작물을 재배하고 있는 벤치마킹 농장의 경영비내역을 참고하여 계획을 수립하는 것이 가장 정확하겠지만 현실적으로 쉽지 않은 방법이다. 차선책으로 농촌진흥청의 '농축산물 소득자료집'에서 해당 작물의 경영비 세부내역을 참고하는 방법을 고려할 수 있다. 여타 비용항목은 생산농가 평균을 적용하되, 스마트팜 도입으로 인해 증가 또는 감소하는 수도광열비, 고용노동비, 비료비, 농약비, 시설상각비 등의 비용항목을 합리적인 수준으로 조정하여 적용하면 보다 현실적인 재무계획을 작성하는 데 도움이 될 것이다.

마지막으로 '손익계획'에서는 5개년 손익계산서, 필요운영자금, 손익분기점 등에 대해 검토한 결과를 기술한다. 5개년 손익 추정 및 투자비용의 회수 시점 추정을 통해 사업성의 양호 여부를 확인할 수 있으며, 1차년도 수익 발생 전 필요한 운영자금규모를 산정함으로써 안정적인 사업운영을 위한 대비를 할 수 있다.

예시 Ⅵ 재무계획

1. 투자계획

가. 투자비용 산출

(단위: 백만 원)

구분		금액	내역
스마트팜 시설 · 장비	시설원예현대화 지원사업 해당	206	천창 · 측면개폐장치, 수평커튼장치, 다겹보온커튼장치, CO_2발생기, 양액장치, 살수/분무장치, 유동팬 등
	ICT 융복합 확산 지원사업 해당	20	센서장비, 영상장비, 제어장비 및 정보시스템 구축
	지원사업 미해당	30	냉난방기 등
	소계	256	
건축		120	관리동 연면적 60평×200만 원/평 • 1F: 30평(작업장, 저온저장고) • 2F: 30평(사무실, 창고)
계		376	

* 공급업체 견적서 별첨

나. 투자재원 조달방안

- 총투자비용 376백만 원 중 '시설원예현대화'(스마트팜 시설 기반구축) 지원사업 및 'ICT 융복합 확산' 지원사업 신청을 통해 투자재원의 일부를 조달할 계획임.
- 이에 따라 정부보조 115백만 원, 정책융자 61.8백만 원을 조달하고, 이 외 199.2백만 원은 자부담 예정

- '시설원예현대화' 지원사업: 정부보조 50%(국고 20%, 지방비 30%), 정책융자(국고) 30%(고정금리 2%, 3년 거치 7년 분할상환), 자부담 20%
- 'ICT 융복합 확산' 지원사업: 정부보조 60%(국고 30%, 지방비 30%), 자부담 40%

(단위: 백만 원)

구분		정부보조	정책융자	자부담	계
스마트팜 시설 · 장비	시설원예현대화 지원사업	103.0 (50%)	61.8 (30%)	41.2 (20%)	206.0 (100%)
	ICT 융복합 확산 지원사업	12.0 (60%)	-	8.0 (40%)	20.0 (100%)
	지원사업 미해당			30.0	30.0
건축		-	-	120.0	120.0
계		115.0	61.8	199.2	376.0

2. 비용계획

가. 경영비

- 총수입(매출)을 획득하기 위해 외부에서 구입하여 투입한 일체의 비용

(단위: 백만 원)

비용항목	금액	비고
종자 · 종묘비	6.7	딸기 생산농가 평균[1)]
비료비	1.9	농가평균 대비 15%↓(필요성분, 양, 계획적 양액공급)
농약비	0.6	농가평균 대비 15%↓(병충해 감소)
수도광열비	2.7	농가평균 대비 15%↓(에너지 손실 감소)
소농구비	0.0	딸기 생산농가평균[1)]
대농구상각비	1.1	
시설상각비	26.2	비닐피복 16.4백만 원: 10년 시설현대화장치 206백만 원: 10년 ICT 기기장치 20백만 원: 5년

수리유지비	0.3	딸기 생산농가평균[1]
기타요금	0.0	
기계 · 시설임차료	0.0	
고용노동비	3.7	농가평균 대비 15% ↓[2]
계	43.3	

* 근거: 1) 농촌진흥청 농축산물 소득자료집, 2) 한국농촌경제연구원 조사결과

나. 기타관리비용

- 총수입(매출)을 획득하기 위한 투입비용 외에 운영관리를 위한 제반 비용으로 매년 매출액의 3%를 반영

(단위: 백만 원)

구분	1차년도	2차년도	3차년도	4차년도	5차년도
매출액	119.0	136.8	154.7	154.7	154.7
기타관리비	3.6	4.1	4.6	4.6	4.6

다. 금융비용

- 스마트팜 시설 · 장비 투자 시 발생하는 융자금액 61.8백만 원에 대한 이자 및 원금 상환계획을 연도별로 반영하였음(고정금리 2%, 3년 거치 7년 분할상환).

(단위: 백만 원)

구분		1차년도	2차년도	3차년도	4차년도	5차년도
금융비용	계	1.2	1.2	1.2	10.0	9.8
	원금	-	-	-	8.8	8.8
	이자	1.2	1.2	1.2	1.1	1.0

3. 손익계획

가. 5개년 재무제표

(단위: 백만 원)

구분		1차년도	2차년도	3차년도	4차년도	5차년도
매출액		119.0	136.8	154.7	154.7	154.7
생산비용(경영비)		43.3	43.3	43.3	43.3	43.3
매출이익		75.7	93.5	111.4	111.4	111.4
판매관리비	계	4.8	5.3	5.8	14.6	14.4
	금융비용	1.2	1.2	1.2	10.0	9.8
	기타관리비	3.6	4.1	4.6	4.6	4.6
영업이익		70.9	88.2	105.6	96.8	97.0

나. 필요운영자금

- 1차년도 수익 발생 전 스마트팜 운영을 위한 필요자금은 총 247백만 원임(①+②+③).

– ① 스마트팜 시설 · 장비 투자 자부담비용 79.2백만 원

– ② 건축비용 120.0백만 원

– ③ 1차년도(경영비 43.3백만 원+금융비용 1.2백만 원+기타관리비 3.6백만 원)

다. 손익분기점

- 스마트팜 시설 · 장비 투자 자부담분 및 건축 등 총투자금액 199.2백만 원(①+②)에 대한 회수 시점은 약 2년 5개월로 예상됨.

Chapter 14 스마트팜 미래전망

1 스마트팜 시장 투자동향과 미래전망

1.1 스마트팜 시장규모와 향후 전망

세계 각국은 늘어나는 세계인구와 기후변화 및 자연재해에 따른 식량부족 문제, 식량무기화 등의 예상되는 이슈로부터 자국의 식량을 확보하는 방안으로서 스마트팜에 대한 투자와 경쟁력 확보에 총력을 기울이고 있다. 현재 약 73억 명인 세계인구는 2060년이 되면 약 100억 명에 도달할 것으로 전망되고 있으며, 이는 곧 현재의 농업 생산방식으로는 필수적인 식량조차 충당하지 못할 것임을 의미한다.

중소벤처기업부와 중소기업기술정보진흥원이 펴낸 '중소기업 전략기술로드맵 2019-2021'에 따르면 스마트팜 세계시장은 2010년 약 900억 달러에서 2017년 약 1,900억 달러로 급속히 성장하였다. 2022년에는 4,080억 달러 규모로 성장하여 2016~2022년간 연평균 성장률은 13.0%에 이를 것으로 전망된다.

그림 14-1 | 세계 스마트팜 시장규모 및 전망

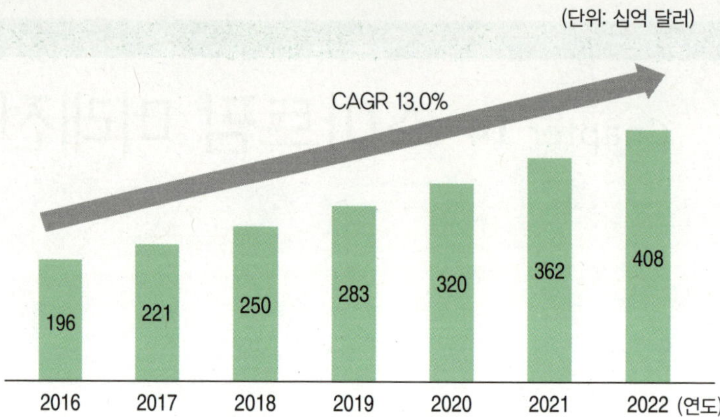

출처: 중소벤처기업부 · 중소기업기술정보진흥원(2018), "중소기업 전략기술로드맵 2019-2021(스마트 팜)," 국내외 스마트농업 산업동향 분석 보고서(2018)를 재인용함.

그림 14-2 | 국내 스마트팜 시장규모 및 전망

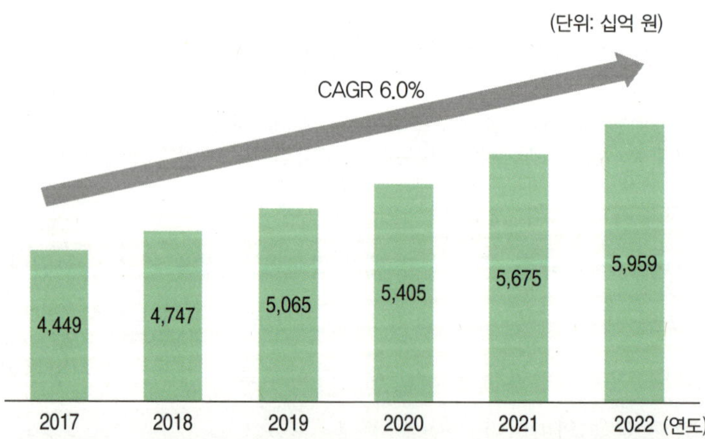

출처: 중소벤처기업부 · 중소기업기술정보진흥원(2018), "중소기업 전략기술로드맵 2019-2021(스마트 팜)," 국내외 스마트농업 산업동향 분석 보고서(2018)를 재인용함.

국내 스마트팜 관련 전후방산업의 시장규모는 2012년 2조 4,295억 원에서 2020년 5조 4,048억 원으로 2022년까지 5조 9,588억 원 수준으로 성장할 것으로 전망하고 있다.

1.2 스마트팜 기업 투자 현황과 미래전망

세계적인 투자전문가이자 투자의 귀재라 불리는 짐 로저스(Jim Rogers) 회장은 농업분야를 향후 가장 잠재력이 우수한 산업 중 하나라고 말하며 유망 투자분야 중 하나로 꼽은 바 있다. 그 이유는 역설적이게도 모든 주요 산업 중 혁신의 속도가 느리고 가장 디지털화가 더딘 분야이기 때문으로 볼 수 있다.

글로벌 어그테크(Agtech) 전문 투자 리서치회사 AgFunder는 전 세계적 인구 증가, 기후변화와 지구온난화, 환경악화, 변화하는 소비자 요구, 제한된 천연자원, 음식물 쓰레기, 소비자 건강 문제 등 농식품산업에 다양한 요구와 제약요인이 증가하고 있으나 모든 주요 산업 중 가장 혁신의 속도가 느리고 디지털화가 더딘 분야이기 때문에 농식품 기술혁신(Agrifood-tech innovation)에 대한 수요가 전 세계적으로 증가하고 있다고 하였다.

이러한 현대사회의 다양한 문제와 변화의 흐름은 기존 농산업을 파괴적으로 혁신하고, 공급망의 다양한 지점에서 새로운 효율성을 창조하여 개선하려는 기술 기반의 스타트업기업 입장에서는 새로운 기회가 되고 있다. 어그테크(Agtech), 특히 스마트팜과 관련하여 높은 미래잠재력을 일찌감치 알아본 투자회사들은 최근 발 빠른 움직임을 보이고 있다.

스마트 농업 관련 시장의 성장이 가속화됨에 따라 글로벌 투자자는 어그테크분야에 주목하며 투자를 늘려가고 있다. 글로벌 투자 관련 시장정보업체 피치북(PitchBook)의 데이터에 따르면 2010~2019년 사이 어그테크분야 스타트업 및 벤처기업에 투자한 건수는 연평균 24.5% 수준의 빠른 증가세를 이루어온 것으로 나타난다. 특히 2016~2019년간의 최근 3개년 투자유치규모를 보면 상위 15개 기업 중 Plenty, AeroFarms, Bowery Farming, Infarm, BrightFarms 등 수직농장시스템 기반의 스마트팜 기술기업이 5개나 포함되어 있음을 볼 수 있다. 이 외에도 농작물 및 재배환경 관련 데이터를 활용한 분석 · 관리 플랫폼 제공기업도 다수 포함되어 스마트팜을 비롯한 스마트 농업분야로의 투자는 앞으로도 상당기간 지속될 것으로 전망된다.

| 표 14-1 | 글로벌 투자모집 TOP 15 어그테크 스타트업 · 벤처 (단위: 백만 달러)

순위	기업명	국가	투자모집 금액	분야	내용
1	Meicai	중국	1,901	어그마켓 플레이스	농부와 시장을 연결해주는 서비스 제공
2	Indigo Agriculture	미국	621	농업생명공학	작물의 수확량과 성장을 돕는 미생물 배양 관련 연구 · 개발, 소프트웨어 · 데이터툴 개발
3	Plenty	미국	401	수직농장 시스템	샌프란시스코를 기반으로 미국 실리콘밸리, 로스앤젤레스, 중국 베이징, 상하이, 센젠 등 대도시에 수직농장 시스템 수출
4	Farmer's Business Network	미국	369	농작물관리 플랫폼	농민 간 종자, 비료정보, 시장동향을 수집, 공유하는 데이터베이스 플랫폼기업으로, 작물데이터에 대한 실시간 접근 및 예측분석기능 제공
5	Mapbox	미국	229	AI · 위성데이터 및 이미저리	AI, 머신러닝, 컴퓨터비전 및 데이터 시각화 등의 조합으로 위성데이터를 실시간 처리할 수 있는 기술 보유. 유럽, 미국 6,000만 개 농경지 실시간 지도를 제공
6	AeroFarms	영국	214	수직농장시스템	실내 수경재배 솔루션으로 농산물재배가 가능한 수직농장을 개발 · 공급
7	Ynsect	프랑스	163	혁신식품	로보틱스기술을 결합하여 갈색거저리를 연간 2만 톤 생산하는 자동화농장을 보유한 식용곤충제조기업
8	Bowery Farming	미국	161	수직농장시스템	도심인근의 실내수직농장에서 로봇을 활용하여 채소를 재배

9	Ninjacart	인도	160	어그마켓 플레이스	농산물중개업자에게 저렴한 수수료로 농작물을 제공하고, 소비자에게는 스마트폰을 이용해 쉽고 저렴하게 신선한 농작물을 이용할 수 있는 농업 공급체인 플랫폼 제공
10	Benson Hill Biosystems	미국	133	농작물관리 플랫폼	클라우드 컴퓨팅과 빅데이터기술을 활용해 농산물의 영양학적 특성과 생산량 등을 관리하는 플랫폼 제공
11	Infarm	독일	129	수직농장시스템	고농도 산소수가 담긴 작은 성장트레이에서 식물을 재배할 수 있는 초소형 수직농장 솔루션 제공업체
12	Bright Farms	미국	125	수직농장시스템	건물 옥상을 온실로 만들어 상추를 재배, 판매할 수 있도록 하는 수직농장기술기업
13	AgBiome	미국	110	농업생명공학	식물미생물(파이토바이옴)을 활용하여 새로운 바이오 작물보호제를 개발
14	Datamars	스위스	106	가축관리시스템	가축의 생산성 및 동물복지 수준을 측정할 수 있는 데이터와 분석 솔루션 등의 가축관리시스템을 제공
15	Voloagri	미국	105	농업생명공학	농업생명과학기술을 활용하여 보다 적은 자원으로 고품질 농산물 생산이 가능한 비GMO 작물종자 개발기업

* 투자 모집기간은 2016년 1월~2019년 12월 투자금 공개 딜 기준이며 미공개 딜은 제외함.
출처: PitchBook Emerging Technology Research report 내용을 재정리함.

국내에서도 단순히 스마트팜을 농가의 생산성 제고나 노동력 절감 차원이 아니라 첨단시설을 활용한 새로운 수익원 창출의 기회로 인식하고 사모펀드 운용사를 중심으로 주요 투자자들의 투자자금이 집중되고 있다.

(1) 스마트팜 재배 농산물의 대규모 수출시장 개척

내수시장 규모의 한계를 뛰어넘어 스마트팜 재배를 통한 표준화된 고품질과 단가 경쟁력을 무기로 대규모 수출시장을 개척하려는 노력에도 투자가 집중되고 있다.

홍콩계 사모펀드인 앵커에퀴티파트너스(AEP: Anchor Equity Partners)는 특수목적회사(SPC)를 설립해 약 500억 원을 투자하는 방식으로 팽이버섯 생산업체 '대흥농산'을 인수하였다. 대흥농산은 투자금을 기반으로 구축한 세계 최대 규모 수준의 스마트팜 생산시설에서 디지털기술 기반의 재배환경 관리와 자동화시스템으로 경쟁력을 강화하였고, 대량 생산한 팽이버섯의 수출시장 개척에 앞장서고 있다.

(2) 스마트팜을 활용한 식품 · 바이오 소재 개발 및 공급

스마트팜을 활용한 식품 · 바이오 소재 개발과 공급 또한 신부가가치 창출 전략으로 조명받고 있다.

카카오 산하의 투자전문회사 카카오인베스트먼트는 2015년 아쿠아포닉스(Aquaponics) 스마트팜 솔루션 및 제어시스템 공급기업인 '만나CEA'에 100억 원 규모를 투자해 지분 33%를 인수하였고, 2016년 제주도에 친환경 스마트팜 실증연구시설을 구축하고 바이오 및 뷰티산업 관련 파트너와 함께 생물자원 관련 연구개발을 진행하고 있다. 2019년에는 만나CEA와 국립생물자원관, 화장품 제조기업인 한국콜마와 업무협약을 체결하고 스마트팜을 활용한 자생식물 소재자원화 개발을 지원하고 있다. 이는 그간 수입 원료에 의존해 오던 국내 바이오업계의 국산 소재 발굴 및 개발에 스마트팜기술을 활용함으로써 부가가치를 극대화하기 위한 새로운 시도라 할 수 있다.

(3) 스마트팜 온실 · 시스템 패키지의 글로벌시장 진출

스마트팜 시장의 성장세에 따라 스마트팜 온실 및 시스템 구축기업에 대한 투자도 증가하고 있다.

이들 기업은 국내시장뿐만 아니라 중동, 중앙아시아 등 해외로의 수출을 통해 향후 더욱 성장이 가속화할 것으로 기대를 모으고 있다. 제10장 국내 사례에서 소개한 '엔씽'이 대표적이라 할 수 있다. KDB산업은행, 스프링캠프, BNK벤처투자, 유진투자증권, 삼성벤처투자, 우아한형제들 등 다수의 투자자로부터 엔씽이 유치한 누적투자금은 180억 원에 육박하고 있다(2020년 4분기 기준). '그린플러스'는 스마트 온실의 설계부터 자재조달, 시공에 이르는 원스톱 서비스와 기술력을 바탕으로 2013년 코넥스에 상장하였으며 2016년 AJ캐피탈파트너스, 마이다스에셋자산운용으로부터 62억 원 규모의 투자를 유치한 바 있다. 2019년 8월에는 코스닥 상장에 성공하며 기업공개(IPO)를 계기로 연구개발, 신사업 진출, 해외 진출 등을 가속화하고 있다.

| 표 14-2 | 국내 주요 스마트팜 기업 투자모집 현황 (단위: 억 원)

기업명	사업내용	투자유치금액(누적)
대흥농산	팽이버섯 생산	650
팜에이트	수직농장을 통한 엽채류 생산 · 가공	290
만나CEA	아쿠아포닉스 스마트팜	290
엔씽	컨테이너를 활용한 모듈형 스마트팜 솔루션	180
그린랩스	스마트팜 솔루션	105
그린플러스	유리온실 스마트팜 설계 · 시공	62

* 투자유치금액(누적)은 2020년 4분기 기준임.
출처: 언론보도자료 및 스타트업 투자 데이터베이스 '더브이씨(thevc.kr).'

| 표 14-3 | 국내 주요 농식품벤처펀드 청산수익률

(단위: 억 원, %)

펀드명	조성금액	분배금액	수익률
AJU-아그리젠토 1호	200	459	130
솔리더스 1호	170	351	106
컴퍼니케이파트너스	200	350	75
그린농림수산식품	200	278	39
KDBC식품산업1호	160	214	34

출처: 농업정책보험금융원 보도자료(2020년 5월 21일).

1.3 글로벌 ICT 공룡기업들의 행보와 스마트팜의 미래

스마트팜 시장의 성장속도와 투자 증가 흐름에서도 확인할 수 있듯이 전 세계적으로 스마트 농업에 대한 관심은 하루가 다르게 높아지고 있다. 특히 기존의 농업분야뿐만 아니라 다양한 산업에서 농업을 미래유망분야로 보고 적극적인 투자와 M&A 등을 통해 기술력을 확보해가며 관련 경쟁력을 강화하는 움직임이 두드러지고 있다.

구글, 마이크로소프트, 알리바바 등 글로벌 ICT기업들은 농업과 첨단 정보통신기술을 결합한 스마트 농업에 대한 각종 솔루션을 개발하기 위하여 관련 기업과의 협력, 스타트업에 대한 투자를 활발히 진행하고 있다. 사업 확장 및 미래성장동력 확보전략으로서 스마트 농업시장을 공략하고 선점하려는 움직임이 뚜렷하게 나타나고 있는 현실이다.

(1) 구글

구글은 지주회사 알파벳(Alphabet)의 사내벤처캐피탈인 GV(전 구글벤처스)를 통해 농업분야에 오랜 기간 투자해왔으며, 알파벳 산하 연구조직인

'X'를 통해 스마트 농업분야의 유망기술 개발을 적극적으로 수행하는 등 스마트 농업 관련 경쟁력 확보에 활발한 투자를 진행하고 있는 글로벌 ICT기업 중 하나이다.

사내벤처캐피탈 GV는 2011년 미국의 기상 · 토지 데이터기업인 클라이밋 코퍼레이션(Climate Corporation)에 투자하였으며, 2015년부터 2017년에는 미 전역의 농가로부터 수집한 농업데이터를 표준화하여 비교 · 분석하여 제공하는 파머스 비즈니스 네트워크(Farmers Business Network)에 투자하였다. 2017년에는 미국의 사과수확용 로봇 개발기업인 어번던트 로보틱스(Abundant Robotics)에 투자하였으며, 2017년과 2018년에는 미국의 실내농장(Indoor Farming)기업인 보어리 파밍(Bowery Farming)에 투자를 단행하는 등 수직농장 스마트팜을 비롯 데이터 농업과 로봇을 통한 농작업 자동화에 걸쳐 다양한 스마트 농업기술 보유기업을 발굴하여 투자를 실시하고 있다.

알파벳 산하 연구조직인 'X'는 2010년 발족 이후 농업을 주요 연구분야 중 하나로 채택하여 전 세계적 식량부족 위기를 타파할 생산 문제해결에 중점을 두고 기후변화 및 해충 · 재해로부터의 피해를 사전 차단하기 위한 기술개발 및 상용화를 목표로 연구 프로젝트를 수행하고 있다.

(2) 마이크로소프트

마이크로소프트는 오래 전부터 스마트 농업 관련 기업과 전략적 협력관계를 구축하는 한편 자사의 클라우드 컴퓨팅, IoT, AI 등의 혁신기술을 기반으로 한 정밀농업 플랫폼 솔루션 고도화 연구개발에 힘쓰고 있다.

마이크로소프트는 액셀러레이터를 통해 농업 관련 유망 스타트업에 투자하고 협력관계 구축 및 이들을 위한 기술지원을 아끼지 않고 있다. 2016년에는 시각적 환경을 통한 가축 · 작물의 모니터링 및 관리, 기상예측, 자동경고 솔루션을 제공하는 AI 기반 기술을 보유한 스타트업인 아르헨티나의 '탐베로닷컴(Tambero.com)'에 투자하였다. 2018년에는 드론을 보유한 농부와 드론을 필요로 하는 수요자를 연결해주는 중국의 농업용 드론 공유 플랫폼 기업 '팜프렌드(Farmfriend)'에 투자하기도 하였다. 2019년 마이크로소프트의 벤처펀드인 M12는 초분광기술을 활용해 비료 · 물 · 살충제의 분배에 대한 농부의 의사결정지원 솔루션 개발기업인 호주의 '플루로샛(FluroSat)'에 투자하였다.

현재 마이크로소프트가 진행 중인 정밀농업기술분야의 프로젝트로는 '팜비트(Farmbeats)'가 대표적이다. '팜비트(Farmbeats)'는 농업 효율성 제고를 위하여 블록체인, IoT, AI 등의 혁신기술을 기반으로 한 농업 플랫폼 솔루션으로서, 마이크로소프트가 지구환경 문제해결 및 지속가능한 미래 구축을 위하여 2017년부터 5년간 5,000만 달러를 투입하는 '지구환경AI(AI for the Earth)' 프로젝트의 일환으로 추진하고 있다. 이 외에도 세계적인 농업용 드론 제조 및 항공 이미지 기술기업인 중국의 DJI와 함께 농장 열지도(Heat Map) 제작을 위한 협력사업을 진행하고 있다.

(3) 알리바바

중국의 전자상거래기업으로 출발한 알리바바는 자사의 빅데이터 및 AI기술력을 바탕으로 스마트 농업분야에 적극적으로 진출하고 있다. 2018년 6월 발표한 'ET 농업 브레인(ET Agricultural Brain)' 프로젝트는 AI와 빅데이터 기술에 기반하여 실시간으로 데이터 수집 · 분석 및 디지털 자료 생성을 통해 농작물 및 가축의 전 생명주기를 모니터링할 수 있는 시스템을 개발함으로써 농작업분석 및 공급망 추적을 구현하는 프로젝트이다. 알리바바는 하이성(Haisheng), 터취(Tequ), 데콘(Dekon) 등의 중국 현지 농 · 축산기업들과 ET 농업 브레인 활용에 대한 협력관계를 맺고, AI에 기반한 스마트 과수 및 스마트 양돈체계를 구축해나가고 있다.

기업형 사과재배단지를 운영하는 하이성그룹(Haisheng)의 경우, 개별 수목마다 QR코드 스캔장치를 설치하였다. 수목별 물, 비료, 작물보호제 투입이력 등에 대한 정보스캔작업이 끝나면 해당 데이터는 모두 ET 농업 브레인의 클라우드로 수집되며, 이를 통해 맞춤형 관리를 실시하고 있다.

돈육 생산기업인 터취그룹의 경우, 2019년부터 돼지의 생장, 건강관리 등에 알리바바의 ET 농업 브레인을 적용하여 대량사육하고 있다. 축사에서 돼지소리의 데이터분석을 통해 질병위험, 새끼돼지의 압사위험 등을 확인하고 있으며, 화상 및 적외선센서를 활용해 돼지 개체별 디지털 파일을 만들어 걸음횟수 같은 수치들을 데이터로 관리하고 있다. 터취그룹은 알리바바의 AI 기술을 활용해 천만 마리에 달하는 돼지를 사육할 방침을 밝혔다. 이는 곧 사육시스템의 효율화와 함께 대량사육환경의 질적 개선을 통한 육류 소비기준의 변화를 가져올 것으로 전망된다.

2 스마트팜과 농업혁신을 위한 발전방안

2.1 스마트팜을 통한 농업혁신의 미래

앞으로의 농업은 전 세계적 인구 증가에 따른 식량수요 증가, 기후변화 심화에 따른 농업환경의 변화, 석유자원 고갈에 따른 농산물의 산업 소재화 등 다양한 글로벌 난제로 인해 그 중요성이 더욱 부각될 것으로 전망된다. 이러한 가운데 스마트팜은 데이터 기반의 과학 영농으로 안정적 생산과 자원이용 최적화를 가능케 하는 대안이자 기회로 작동할 것이다. 기술적 관점에서는 인공지능기술을 기반으로 고도화된 분석 및 추론을 통해 농작업과 관련한 각종 의사결정과 처방을 제시할 수 있을 것으로 기대된다.

또한 일반적인 표준 일괄 생산방식에서 벗어나 판매 · 소비 중심의 수요자 맞춤형 농업으로의 전환이 예상된다. 농산물의 생산 · 유통 · 소비방식이 4차 산업혁명 기술과의 융합을 통해 보다 지능화된 서비스 중심 산업으로 전환될 것이다. 즉 사물인터넷, 모바일 등에 의해 데이터의 수집과 전달, 클라우드시스템 등의 기술에 의해 데이터 접근이 용이해지고 이를 활용한 서비스가 확대될 것이다.

2020년 정부에서 발표한 한국판 디지털 뉴딜프로젝트와 스마트 농업은 매우 밀접한 관련성을 지니고 있다. 현재 한국농업이 수준은 수집된 데이터를 이용 → 모델화 → 작업을 자동화시키는 정도에 머물러 있지만, 디지털 농업에서는 IoT 등으로 데이터를 수집 → 빅데이터분석, 딥러닝, 인공지능분석 → 클라우드에서 로봇, 자율주행농기계 등이 정보를 받아 자동으로 작업을 시행하는 수준으로 발전하게 될 것이다.

2.2 스마트팜 미래경쟁력 제고를 위한 제언

2020년 9월 서울시는 2024년까지 도시농업 시민을 100만 명으로 양성하고 도시 텃밭공간을 240ha까지 넓힌다고 발표했다. 실제로 서울의 도시농부는 2011년 4만 5천 명에서 2019년 64만 명으로 14배가량 증가했다. 또한 메트로팜, 유휴공간을 활용한 식물공장 등의 설계를 계획하고 실행 중에 있다.

스마트팜은 소규모시설에서 대형시설까지 모두 가능하기 때문에 도시에서의 스마트팜, 농촌에서의 스마트팜은 지속적으로 확대될 것이다. 다만 스마트팜의 미래경쟁력을 위한 몇 가지 요소를 제언해본다.

첫째, 스마트팜의 글로벌화 추진이다.

스마트팜은 국내의 문제만이 아니다. 세계적으로 인구 증가에 따른 식량 수요 증가, 자원고갈의 우려, 기후변화로 인한 농업 생산성의 저하, 환경오염 등의 문제를 해결할 수 있는 대안이 될 수 있다. 그리고 미국, 일본, 유럽의 선진국들을 제외하고는 모두 도입이 요구되는 시점으로 우리의 기술을 수출할 수 있는 기회를 활용해야 한다.

둘째, 스마트팜의 범위를 확대해야 한다.

농업을 중심으로 후방농업과 전방농업을 구분하여 그 범위를 확대할 필요성이 있다.

- 농업: 식량, 원예, 축산, 수산 등
- 후방농업: 생산 투입재, 생물자원, 생산 관련 서비스 등
- 전방농업: 저장 · 가공, 유통 · 마케팅, 식품, 의약품, 화장품 소재 등

셋째, 스마트팜 데이터 기반의 생산요소 전환이다.

과거에는 토지와 노동, 자본에 기술을 추가하는 방식을 기반으로 했지만 미래에는 시설과 장비에 데이터와 센서를 접목시키는 방식의 전환으로 데이터 농업, 지능형 농업으로 진화되어야 한다.

넷째, 스마트팜장비의 표준화가 시급하다.

스마트팜 운영을 위한 H/W, S/W의 대부분은 표준화가 되어 있으나 아직도 장비 표준화가 되지 않아 시설운영에 어려움을 발생되고 있다. 스마트팜을 하고 있다면 운영능력을 갖추어야 하고, 장비에 대한 이해를 통해 관리할 수 있는 역량을 확보해야 한다.

다섯째, 스마트팜은 지역적 환경과 초기투자, 인적자원의 역량을 고려한 정부지원정책이 요구된다.

스마트팜의 형태별 구분은 더욱 다양해지고 있다. 현재까지는 유리온실형, 비닐하우스형, 식물공장형, 컨테이너형, 노지형, 축사형, 수산형으로 구분해볼 수 있다.

예를 들어 유리온실형의 경우에는 대형으로 추진하다 보니 규모의 투자가

이루어지고 내수와 수출 등의 사전계획이 없다면 큰 어려움에 직면할 수 있다. 이와 같이 대상에 따라 정부지원정책을 달리하는 검토가 필요하다.

농업은 인프라가 중심인 산업이다. 세계적인 투자자 짐 로저스는 미래유망산업으로 농업을 이야기할 때 기업형 플랜테이션과 축산, 거대한 곡물 타워와 국제적인 운송망을 지닌 거대 복합기업을 중심으로 말한다. 이들은 농산업 가치사슬마다 인프라를 확보해 이를 기반으로 대규모 물량을 효율적으로 생산하고, 경쟁력 있는 가격의 농산물로 경쟁자들의 진입을 차단하면서, 갈수록 규모가 커지는 글로벌시장으로부터 나오는 이익을 챙겨갈 것이다. 현재의 우리 농업과는 엄연히 다른 측면을 보이고 있다.

2050년 세계 농업의 시장규모는 비약적으로 커져 있을 것이고, 수많은 혁신이 이루어져 있을 것이다. 문제는 이런 발전을 위해서는 무엇인가가 필요한데 누가 먼저 혁신을 이루어낼 것인가, 여기에 우리 농업의 미래가 달려 있는 것은 분명하다.

찾아보기 index

| 저자소개 |

허철무_cmheo@hoseo.edu

〈주요 경력〉

현) 호서대학교 벤처대학원 정보경영학과 교수
한국벤처창업학회 회장
(사)한국벤처기업협회 농어촌벤처포럼 의장
한국농업벤처융합포럼 회장
농촌진흥청 현장명예지도관
서울시창업포럼 창업인프라분과 위원장

전) 전라남도 6차산업화 현장코칭전문위원
경기도농업기술원 기술전문위원
대통령직속 농특위 위원
㈜MD아카데미유통교육원 대표이사/원장
농림축산식품부 컨설턴트
농수산홈쇼핑 설립멤버 상품기획총괄
39쇼핑(CJ오쇼핑) 상품기획팀장
롯데공채 26기 매입본부

〈주요 학력〉

호서대학교 벤처대학원 벤처정보경영전공 경영학 박사학위 취득
중앙대학교 경영학 석사학위 취득

〈주요 저서〉

크라우드펀딩 성공하기(2016, 도서출판 청람)
고객을 사로잡는 머천다이징(2015, 도서출판 청람)
나는 MD에 미쳤다(2013, 린BOOKS)
식품유통의 전략포인트(2012, HNCOM)
히트상품으로 대박나기(2011, 한진)
인터넷쇼핑몰 상품기획 실무 스타일 가이드(2009, 비비컴)
머천다이징일반(2009, 서울시교육청)
온라인쇼핑몰창업실무(2008, 한국체인스토어협회 출판부)
소매업 머천다이징(2006, 한국체인스토어협회)
유통관리사 2급(2006, 한국체인스토어협회)

안문형_elixir93@naver.com

〈주요 경력〉

현) 남서울대학교 스마트팜학과 교수
한국벤처창업학회 이사
농림수산식품교육문화정보원 사업 평가위원
농촌진흥청, 시 · 군농업기술센터 연구과제 및 강의 다수 수행

전) 농어촌산업유통진흥원 스마트팜경영연구소 소장
안산대학교 IT융합비즈니스과 겸임교수
스마트팜개발(스마트팜 기술개발) 국가직무능력표준 심의위원
스마트팜개발(스마트팜 계측) 국가직무능력표준 심의위원
스마트팜 일학습병행 교육훈련기준 개발
한국농업벤처융합포럼 운영위원
한국농수산식품유통공사(aT) 식품산업 청년일자리성공패키지 멘토
농업회사법인 농산업벤처스(주) 이사
CJ제일제당 근무

〈주요 학력〉

호서대학교 벤처대학원 정보경영학과 박사과정(농산업시스템경영 전공)
호서대학교 벤처대학원 정보경영학과 경영학 석사학위 취득
서울대학교 농업생명과학대학 졸업

스마트팜 경영전략

2021년 3월 10일 1판 1쇄 발행
2025년 1월 10일 1판 3쇄 발행

저 자 | 허철무 · 안문형
발 행 인 | 이수영
발 행 처 | 도서출판 청람
서울시 마포구 독막로 288(대흥동, 세양상가 109호)
전 화 | 02)3272-2601~2
팩 스 | 02)3272-2603
이 메 일 | crbooks@daum.net
홈페이지 | www.crbooks.co.kr
등 록 | 2000년 8월 26일 제6-0509호

ISBN 978-89-5972-810-7 93320 [정가 20,000원]